职业教育“十三五”规划教材

化工识图

陈淑玲 主编

化学工业出版社

·北京·

内 容 提 要

本书按照国家和行业新标准编写，突出实际应用，内容包括制图基本知识、投影基础、立体及其表面交线、轴测图、组合体、机件常用表达方法、化工设备图、化工工艺图。

本书配套《化工识图习题集》（陈淑玲主编），便于对应练习。另外，配套电子课件，可登录化学工业出版社教学资源网 www.cipedu.com.cn 下载。

本书可作为高职高专院校、中等职业学校化工类及相关专业教材，也可作为成人教育以及职业培训的教材或参考用书。

图书在版编目（CIP）数据

化工识图/陈淑玲主编. —北京：化学工业出版社，2020.6（2024.8重印）

职业教育“十三五”规划教材

ISBN 978-7-122-36590-3

Ⅰ.①化… Ⅱ.①陈… Ⅲ.①化工设备-识图-职业教育-教材 Ⅳ.①TQ050.2

中国版本图书馆 CIP 数据核字（2020）第 052841 号

责任编辑：韩庆利

责任校对：宋 玮　　　　装帧设计：刘丽华

出版发行：化学工业出版社（北京市东城区青年湖南街 13 号　邮政编码 100011）

印　　装：涿州市般润文化传播有限公司

787mm×1092mm　1/16　印张 10¾　字数 257 千字　2024 年 8 月北京第 1 版第 4 次印刷

购书咨询：010-64518888　　　　售后服务：010-64518899

网　　址：http://www.cip.com.cn

凡购买本书，如有缺损质量问题，本社销售中心负责调换。

定　　价：32.00 元

前言

本书主要依据“教育部关于‘十三五’职业教育建材建设的指导意见”的精神，根据化工行业对高职高专化工类专业制图教学的要求编写而成。

本书在编写过程中以培养目标为依据，以岗位需求为导向，内容编排本着“适用、够用”的原则，遵循“循序渐进”的规律，力求突出体现高等职业教育特色。

本书的主要内容包括：制图基本知识、投影基础、基本立体及其表面交线、轴测图、组合体、机件常用表达方法、化工设备图、化工工艺图。本书可供高职高专的石油化工生产技术、应用化工生产技术及相近各类专业使用，可依据不同专业要求在 40 ~ 60 学时内实施，也可作为成人教育以及职业培训的教材或参考用书。

本教材具有以下特点：

1. 本教材内容体系以投影为基础，以机件表达方法为中介，以化工图样为中心，实现了化工识图教学之间的有机衔接，使教学内容更加合理、有效。

2. 依据最新国家标准及行业标准，体现教材的先进性，有利于读者树立贯彻最新国家标准的意识和培养查阅相关标准手册的能力。

3. 力求行文深入浅出，语言流畅，图文并茂，视图和立体对照，从而有效提高读者对化工图样的绘图和读图能力。

4. 与本书配套使用的《化工识图习题集》（陈淑玲主编）同时出版。

本书由陈淑玲主编。编写分工如下：陈淑玲（绪论、第七章、第八章）、赵丹（第一章、第二章、第三章、附录）、刘兴亮（第四章、第五章、第六章）。

在此对为本书出版提供帮助的各位老师表示衷心感谢。

由于编者学术水平和能力有限，本书中疏漏或不妥之处，恳请读者及同仁提出意见或建议，以备再版修改。

编　者

目录

绪论

一、化工识图课程简介

化工图样是根据投影原理、制图标准和有关规定，表示化工生产工程对象并有必要的技术说明的图，主要用于化工设备、化工生产线的设计、施工、运行及维护。化工图样是化工工程技术人员表达设计意图、交流技术思想的“语言”和工具。

化工识图课程是专门研究绘制和阅读化工图样的技术基础课。化工领域生产技术人员必须学好化工识图课程。

二、本课程的主要任务

① 掌握正投影法的基本原理及其应用，培养学生的空间想象能力；

② 培养学生的绘图和阅读化工图样的基本能力；

③ 学习制图国家标准及相关行业标准，初步具有查阅标准和技术资料的能力；

④ 培养学生认真负责的工作态度和一丝不苟的工作作风。

三、本课程的特点和学习方法

① 本课程具有较强的理论性，应重点掌握正投影法的基本理论和基本方法，多看多想，要通过由空间到平面、由平面到空间的一系列循序渐进的练习，逐步建立和提高投影分析与空间想象的能力。

② 本课程具有较强的实践性，其主要内容必须通过一系列的练习和作业才能掌握。因此，在掌握基础理论的基础之上，还应及时、认真地完成练习和作业，是学好本课程的重要环节。只有通过反复实践，才能逐步提高绘图和读图的能力。

③ 树立标准化意识。化工图样是用于指导化工生产、施工和维护的技术文件，为确保设计思想的表达和对图样信息理解的一致性，应重视学习和严格遵守制图方面的国家标准和行业标准，并对常用的标准牢记并能熟练运用。与此同时，随着化工行业的发展，相关标准和规定也在不断完善之中，因此，还应注重行业发展的最新动态，这也是学好本课程的重要方面。

第一章

制图基本知识

本章导读

《技术制图》国家标准是一项基础技术标准，在内容上具有统一性和通用性的特点，处于制图标准体系中的最高层次，工程技术人员必须严格遵守并牢固树立标准化的观念。

本章主要介绍国家标准《技术制图》中工程图常用标准、绘图工具和仪器的使用、平面图形分析与作图技能和方法、徒手绘图的基本方法。

学习目标

- 了解并遵守国家标准《技术制图》的基本规定
- 掌握绘图工具和仪器的使用方法
- 掌握平面图形分析与作图方法；绘制平面图形时，应做到作图准确、图线分明、尺寸齐全、字体工整、布局合理、整洁美观
- 初步掌握徒手画直线和圆的技巧

第一节　国家标准《技术制图》的基本规定

为了便于生产、管理和技术交流，必须对图样的画法、尺寸注法等作出统一的规定。《技术制图》和《机械制图》国家标准是工程界重要的基础技术标准，在技术内容上具有统一性、通用性和通则性，是绘制和阅读机械图样的准则和依据。国家标准（GB/T 14689—2008）是《技术制图》中图纸幅面和格式的标准代号。其中：

GB——国家标准中“国标”的汉语拼音首字母的组合；

GB/T——表示推荐性国家标准；

14689——是国家标准的顺序编号；

2008——是该标准的批准年号。

本节介绍国标中关于图纸幅面及格式、比例、字体、图线和尺寸标注等部分的内容，其它部分内容在相应章节中叙述。

一、图纸幅面及格式（GB/T 14689—2008）

1. 图纸幅面

由图纸的长边和短边尺寸所确定的图面大小称为图纸幅面。绘制技术图样时，应优先选用表 1-1 所规定的基本幅面，其尺寸关系如图 1-1、图 1-2 所示。

表 1-1 图纸基本幅面

幅面代号	A0	A1	A2	A3	A4
$B\times L$（短边×长边）	841×1189	594×841	420×594	297×420	210×297
a（无装订边时留边宽度）	20			10	
c（有装订边时留边宽度）	10			5	
a（装订边宽度）	25				

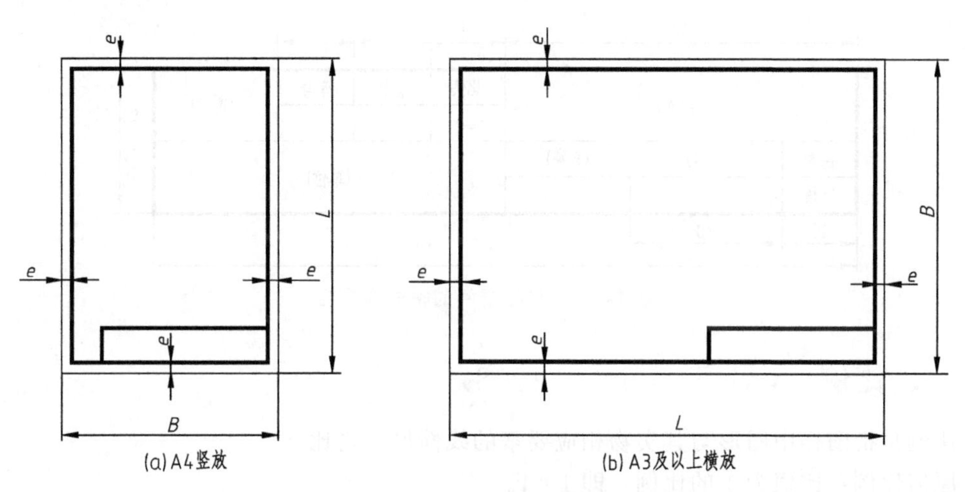

图 1-1 不留装订边的图框格式

幅面代号的几何意义在于将 A0 图幅的对开次数，如 A4 即是将整幅图纸按照长边对开四次之后所得的幅面。

必要时，允许选用加长幅面。标准规定，加长时应按照图纸的短边长度的整数倍增加，以利于图纸的折叠和保管。

2. 图框格式

图框是在图纸上对绘图区域进行限定的线框。在图纸上必须用粗实线画出图框，其格式分为留装订边和不留装订边两种，如图 1-1 和图 1-2 所示。两种格式图框周边尺寸 a、c、e 见表 1-1。

但应注意，同一产品的图样只能采用一种格式。

3. 标题栏

国家标准（GB/T 10609.1—2008）对标题栏的格式、内容和尺寸都作了统一规定，学生制图作业建议采用如图 1-3 所示的标题栏格式。

每张图纸上都必须画出标题栏；外框为粗实线，内格为细实线。标题栏的位置通常应位于图纸的右下角，其中的文字方向应与读图方向一致。标题栏的尺寸不随图纸大小、比例而变化。

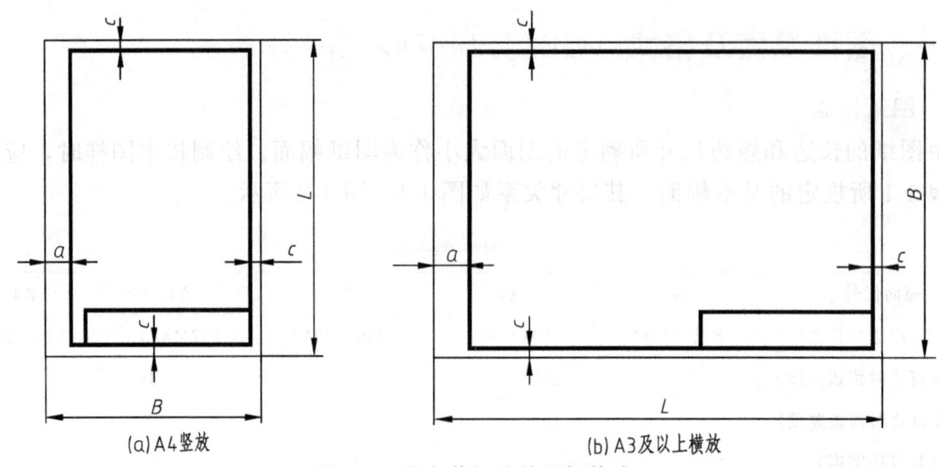

图 1-2　留有装订边的图框格式

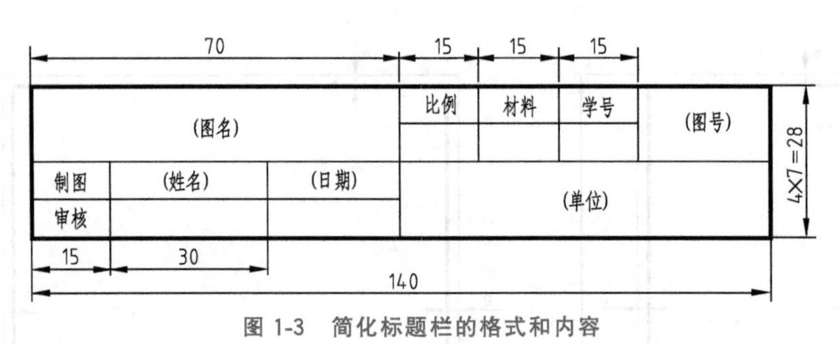

图 1-3　简化标题栏的格式和内容

二、比例（GB/T 14690—2008）

比例是指图样中图形与其实物相应要素的线性尺寸之比。

原值比例：比值为 1 的比例，即 1∶1。

放大比例：比值大于 1 的比例，如 2∶1 等。

缩小比例：比值小于 1 的比例，如 1∶2 等。

绘图时，应尽量采用原值比例。需要按比例绘制图样时，由表 1-2 规定的系列中选取适当的比例。

表 1-2　常用比例系列（摘自 GB/T 14690—2008）

种类	优先选择系列	允许选用系列
原值比例	1∶1	—
缩小比例	1∶2　1∶5　1∶10 $1:1\times10^n$　$1:2\times10^n$　$1:5\times10^n$	1∶1.5　1∶2.5　1∶3　1∶4　1∶6 $1:1.5\times10^n$　$1:2.5\times10^n$　$1:3\times10^n$　$1:4\times10^n$　$1:6\times10^n$
放大比例	2∶1　5∶1 $1\times10^n:1$　$2\times10^n:1$　$5\times10^n:1$	2.5∶1　4∶1 $2.5\times10^n:1$　$4\times10^n:1$

注：n 为正整数。

注意：不论采用何种比例，图形中所标注的尺寸数字必须是物体的实际大小，与图形所用的比例无关，如图 1-4 所示。

比例一般应标注在标题栏中的比例栏内，必要时可在视图名称的下方或右侧标注比例。如图 1-5 所示。

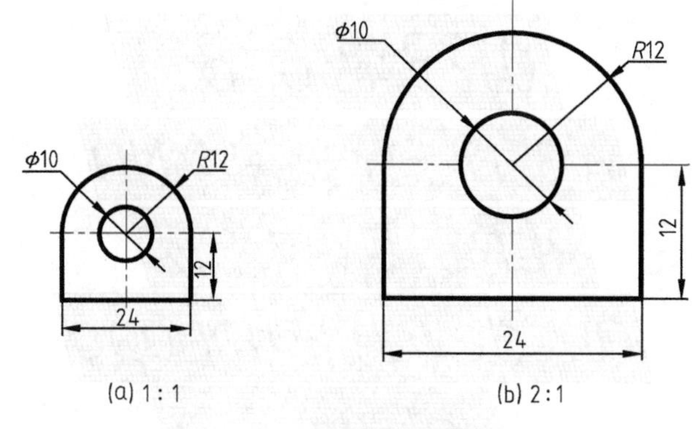

图 1-4 尺寸数值与绘图比例无关

Ⅰ	*A*向	*B*—*B*	墙板位置图	平面图 1:100
2:1	1:100	2.5:1	1:200	

图 1-5 比例标注的不同形式

三、字体（GB/T 14691—1993）

图样上除了表达物体形状的图形外，还要用数字和文字说明物体的大小、技术要求和其他内容。

1. 基本要求

① 在图样中书写的字体必须做到：字体工整，笔画清楚，间隔均匀，排列整齐。

② 字体的号数代表字体的高度 h。其公称尺寸系列为（mm）：1.8，2.5，3.5，5，7，10，14，20 等，如需要更大的字，其字体应按照$\sqrt{2}$的比率递增。

③ 汉字应写成长仿宋体，并采用中华人民共和国国务院正式公布推行《汉字简化方案》中规定的简化字。汉字的高度 h 不应小于 3.5mm，其字宽一般为 $h/\sqrt{2}$。如图 1-6 所示。

④ 字母和数字分为 A 型和 B 型两种。A 型字体的笔画宽度（d）为字高的 1/14，B 型字体的笔画宽度（d）为字高的 1/10。在同一张图样上，只允许选用一种型式的字体。如图 1-7 所示。

字母和数字可写成斜体或直体。斜体字字头向右倾斜，与水平基准线成 75°。

2. 字体示例

10号字

字体工整笔画清楚间隔均匀排列整齐

7号字

横平竖直注意起落结构均匀填满方格

5号字

技术制图机械电子汽车航空船舶土木建筑矿山井坑港口纺织服装

图 1-6 长仿宋体汉字示例

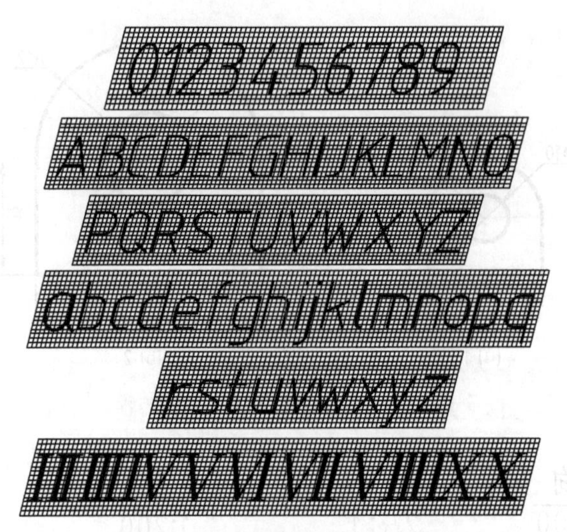

图 1-7 字母及数字示例（斜体）

10JS7(±0.007) HT200

M24−6h Tr32 ϕ25H7/g6

$\frac{A—A}{2:1}$ $\phi30f7(^{-0.020}_{-0.053})$ GB/T5782

图 1-8 综合应用示例

3. 综合应用

① 用作指数、分数、极限偏差、脚注的数字及字母，一般应采用比基本字体小一号的字体。

② 图样中的数学符号、物理量符号、计量单位符号以及其他符号、代号，应分别符合国家的有关法令和标准的规定，如图 1-8 所示。

四、图线（GB/T 4457.4—2002）

图中所采用各种型式的线，称为图线。图线是组成图形的基本要素，由点、短间隔、画、长画、间隔等构成。

1. 定义

① 图线是指起点和终点间以任意方式连接的一种几何图形，形状可以是直线或曲线、连续线或不连续线。

② 线素是指不连续线的独立部分，如点、长度不同的画和间隔。

③ 线段是指一个或一个以上不同线素组成的一段连续的或不连续的图线。

2. 线型及其应用

绘制工程图样时，应采用国家标准中规定的图线。

(1) 线型

国家标准（GB/T 4457.4—2002）中规定了常用的 9 种图线。工程图样中常用的图线名称、型式、宽度及其应用见表 1-3。

表 1-3 基本线型及其应用

名称	线型	线宽	图样中一般应用
粗实线	————————	d	可见轮廓线
细实线	————————	$d/2$	尺寸线、尺寸界线、指引线等
细虚线	– – – – – – – – –	$d/2$	不可见轮廓线

续表

名称	线型	线宽	图样中一般应用
细点画线	——·——————·——	$d/2$	轴线、对称中心线
波浪线	～～～	$d/2$	断裂边界线
双折线	—∧/—∧/—	$d/2$	
细双点画线	——··——————··——	$d/2$	相邻零件轮廓线、极限位置轮廓线
粗虚线	— — — — — — — —	d	允许表面处理的表面线
粗点画线	——·——————·——	d	限定范围表示线

(2) 线宽

机械图样中采用粗、细两种线宽。粗线宽度（d）应根据图形的大小和复杂程度在0.5～2mm之间选择，细线的宽度约为$d/2$。图线宽度的推荐系列为：0.13，0.18，0.25，0.35，0.5，0.7，1，1.4，2（mm）。实际画图中，粗线一般取0.7mm或0.5mm。

(3) 图线画法

① 同一图样中，同类图线的宽度应基本一致。

② 虚线、点画线及双点画线的线段长度和间隔应各自大致相同。

③ 两条平行线（包括剖面线）之间的距离应不小于粗实线宽度的两倍，其最小距离不得小于0.7mm。

④ 点画线、双点画线的首末两端应是线段而不是短画；点画线彼此相交时应该是线段相交；中心线应超过轮廓线2～5mm。

⑤ 虚线与虚线、虚线与粗实线相交应是线段相交；当虚线处于粗实线的延长线上时，粗实线应画到位，而虚线相连处应留有空隙。如图1-9所示。

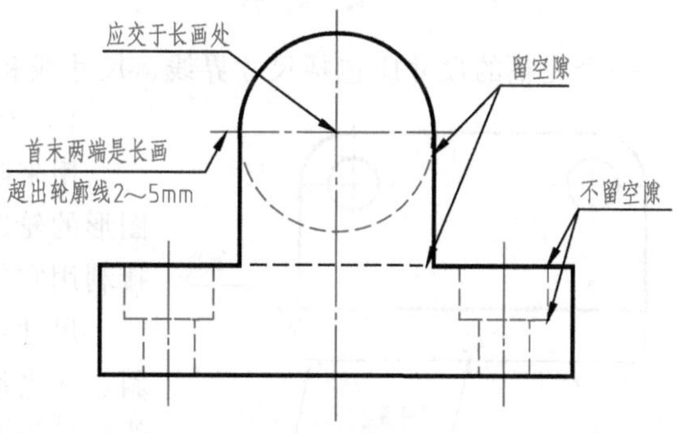

图1-9 图线画法示例

图1-10所示为图线的画法示例。

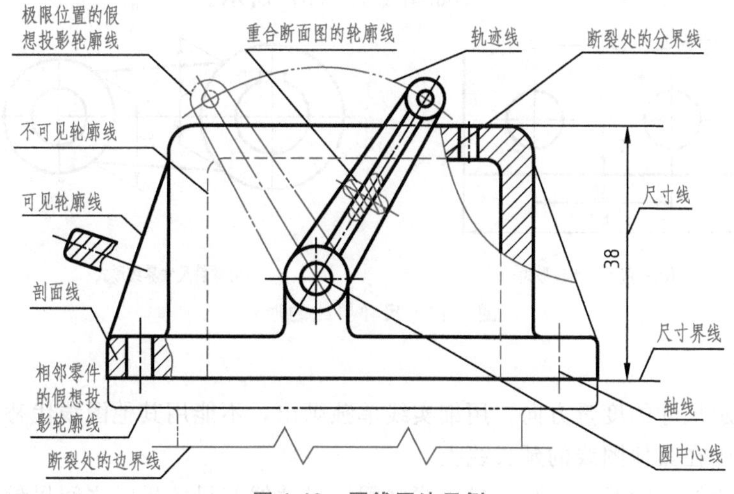

图1-10 图线画法示例

第二节　标注尺寸的基本规则（GB/T 4458.4—2003）

图样中的图形只能表示机件的结构形状，机件的大小由标注的尺寸来确定。机件的加工、生产、检验、安装和维修，都需要尺寸作为依据。因此标注尺寸时，应严格遵守国家标准有关尺寸注法的规定，做到正确、完整、清晰、合理。

一、基本规则

尺寸是用特定长度或角度单位表示的数值。标注尺寸的基本规则如下：

① 物体的真实大小应以图样上所注的尺寸数值为依据，与图形的大小及绘图的准确程度无关。

② 图样中的尺寸以毫米为单位时，不需注明计量单位的代号或名称，如采用其他单位，则必须注明相应的计量单位的代号或名称。

③ 物体的每一尺寸，在图样中一般只标注一次，并应标注在反映该结构最清晰的图形上。

④ 图样中所注尺寸是该物体最后完工时的尺寸，否则应另加说明。

二、标注尺寸的要素

一个完整的尺寸应包括尺寸界线、尺寸线和尺寸数字三个要素组成，如图 1-11 所示。

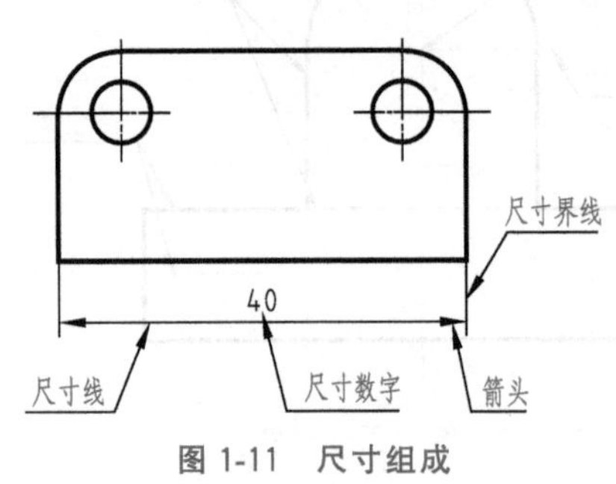

图 1-11　尺寸组成

1. 尺寸界线

用来限定尺寸的度量范围，用细实线绘制，由图形的轮廓线、轴线或对称中心线处引出，也可直接利用它们作尺寸界线，如图 1-12（a）所示。

尺寸界线一般应与尺寸线垂直，必要时允许倾斜。在光滑过渡处标注尺寸时，应用细实线将轮廓线延长至相交，从交点处引出尺寸界线进行标注，如图 1-12（b）所示。

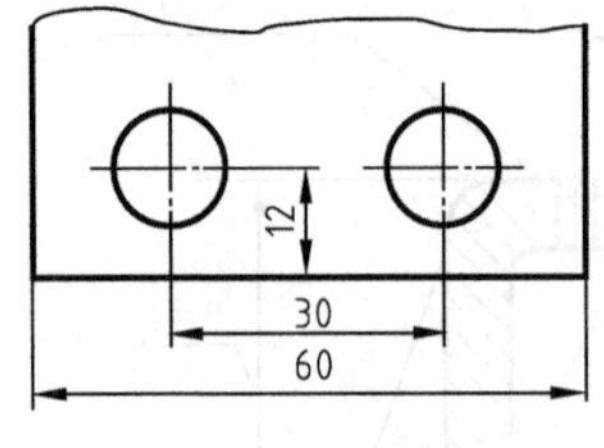

(a)一般尺寸界线形式

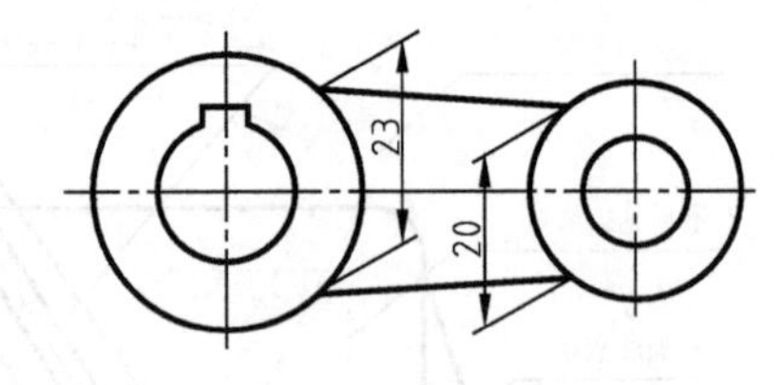

(b)倾斜尺寸界线形式

图 1-12　尺寸界线的形式

2. 尺寸线

尺寸线表示尺寸的度量方向，用细实线单独画出，不能用其他图线代替，也不得与其他图线重合或画在其他图线的延长线上。

尺寸线与所标注的线段平行，尺寸线之间、尺寸线与尺寸界线之间尽量避免相交。因此，往往将小尺寸标注在内，大尺寸标注在外。

尺寸线终端有两种形式：

（1）箭头　箭头的形式如图 1-13（a）所示，箭头尖端与尺寸界线接触，不得超出也不得分开。适用于各种类型的图样。

（2）斜线　斜线终端用细实线绘制，方向以尺寸线为准，逆时针旋转 45°画出，如图 1-13（b）所示。尺寸终端采用斜线绘制时，尺寸线与尺寸界线应相互垂直。

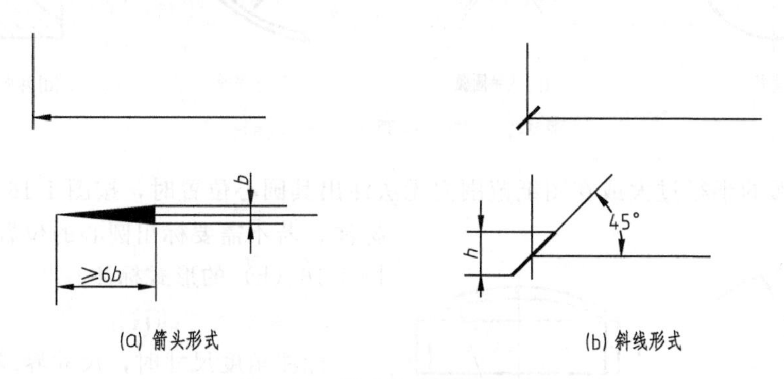

图 1-13　尺寸终端的两种形式

3. 尺寸数字

尺寸数字表示物体尺寸的实际大小。尺寸数字一般应标注在尺寸线的上方。

三、尺寸注法

1. 线性尺寸的注法

线性尺寸数字的方向一般应按图 1-14（a）所示的方向标注，并尽可能避免在图示 30°范围内标注，若无法避免时，可采用引出线的形式标注，如图 1-14（b）所示。总之，水平方向尺寸字头向上，垂直方向字头向左，倾斜方向字头保证向上的趋势。

尺寸数字不可被任何图线所通过，否则，必须将该图线断开。

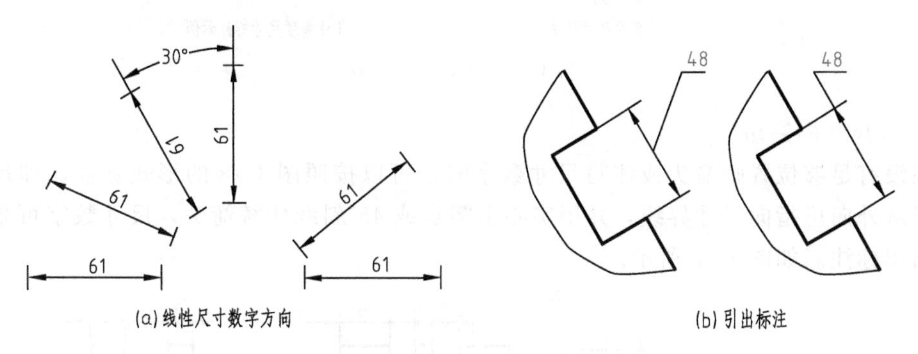

图 1-14　尺寸数字注写

2. 圆、圆弧及球面的尺寸注法

标注圆或圆弧尺寸时，尺寸线应通过圆心，其终端应画箭头。

① 轮廓线是圆或大于半圆时，应标注直径尺寸。此时应在尺寸数字前加注符号“ϕ”，标注半径时，应在尺寸数字前加注符号“R”。如图 1-15（a）、(b)、(c) 所示。

标注球面直径或半径时，应在尺寸数字前加注符号“$S\phi$”或“SR”。对于螺钉、铆钉的头部，轴和手柄的端部等，在不致引起误解的情况下，可省略符号 S。如图 1-15（d）所示。

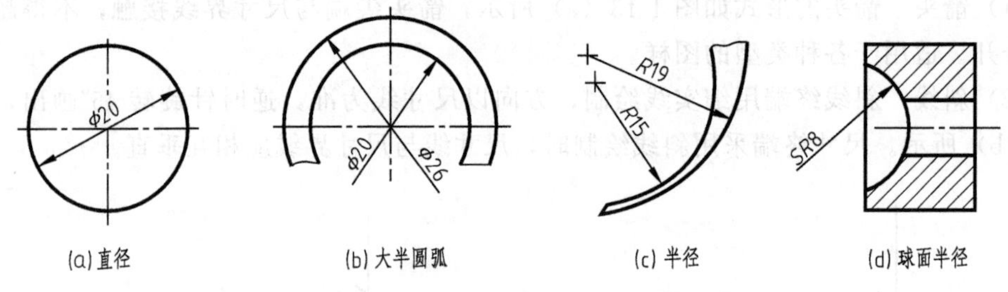

图 1-15　圆、圆弧及球尺寸标注

② 当圆弧的半径过大或在图纸范围内无法注出其圆心位置时，按图 1-16（a）的形式标注；若不需要标出圆心的位置，可按照如图 1-16（b）的形式标注。

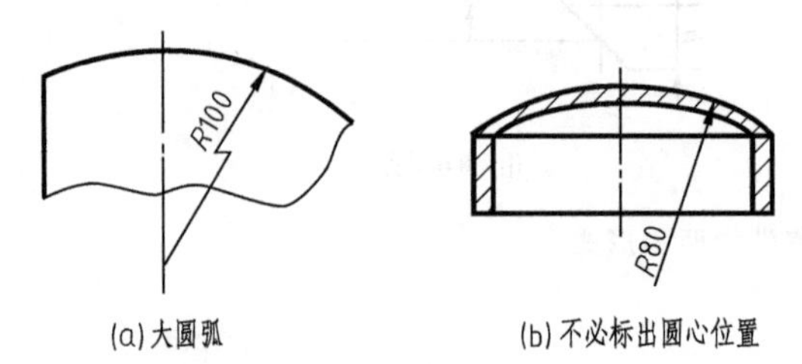

图 1-16　大圆弧尺寸标注

3. 角度尺寸的注法

标注角度尺寸时，尺寸界线应沿径向引出，尺寸线画成圆弧，圆心是角的顶点，尺寸数字应一律水平书写，一般注在尺寸线的中断处，必要时也可写在外面或引出标注。角度尺寸必须注明单位。如图 1-17 所示。

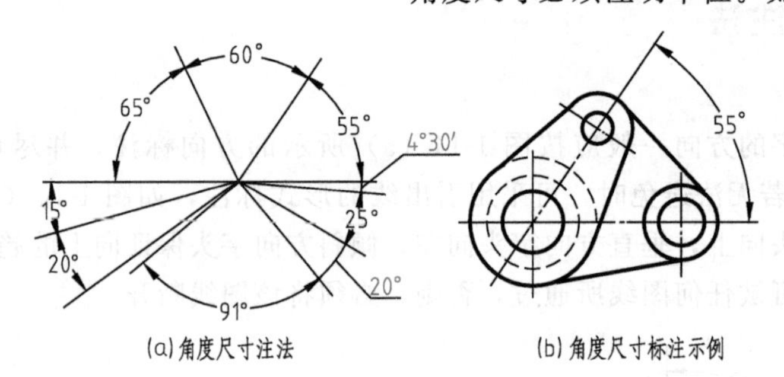

图 1-17　角度尺寸标注

4. 小尺寸的注法

在没有足够位置画箭头或注写尺寸数字时，可以按照图 1-18 的形式标注，即尺寸箭头可以从外向里指向尺寸界线，并用实心小圆点或 45°斜线代替箭头，尺寸数字可采用旁注或引出标注。如图 1-18 所示。

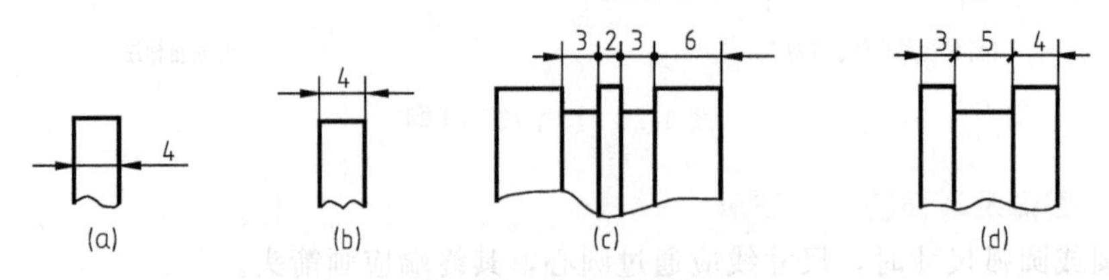

图 1-18　小尺寸标注

5. 参考尺寸符号的注法

标注参考尺寸时，应在尺寸数字外加上圆括号，如图 1-19（a）所示。

6. 对称尺寸符号的注法

当对称机件的图形采用对称画法时，尺寸线应略超出对称中心线，此时仅在尺寸线的一端画出箭头，如图 1-19（b）所示。

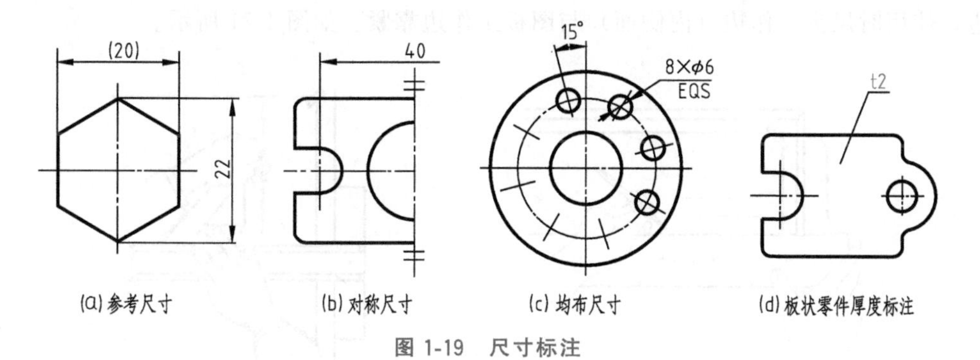

图 1-19　尺寸标注

7. 均布尺寸的注法

沿圆周均匀分布的孔加注“EQS”，如图 1-19（c）所示。

8. 板状零件的注法

标注板状零件的厚度时，在尺寸数字前加注符号“t”，如图 1-19（d）所示。

9. 符号和缩写词的注法

标注尺寸的符号和缩写词时，应符合表 1-4 的规定。表中符号的线宽为 $h/10$（h 为字体高度）。

表 1-4　标注尺寸常用的符号和缩写词

名称	符号或缩写词	名称	符号或缩写词	名称	符号或缩写词
直径	ϕ	球半径	SR	45°倒角	C
半径	R	厚度	t	深度	↧
球直径	$S\phi$	正方形	□	均布	EQS

第三节　绘图工具与仪器的使用

对于工程技术人员，应熟练掌握相应的绘图技术，包括尺规绘图、徒手绘图以及计算机绘图技术。本节主要介绍尺规绘图和徒手绘图的基本方法。尺规绘图时需要使用专门的绘图工具、仪器，掌握正确的使用方法，才能保证所绘图形的准确性，并逐步提高绘图速度。

一、绘图工具

常用的绘图工具有图板、丁字尺、三角板、量角器、曲线板、绘图机等。

1. 图板

图板用来固定图纸等绘图工具及用品，如图 1-20 所示。图板的规格尺寸有 0 号（900mm×

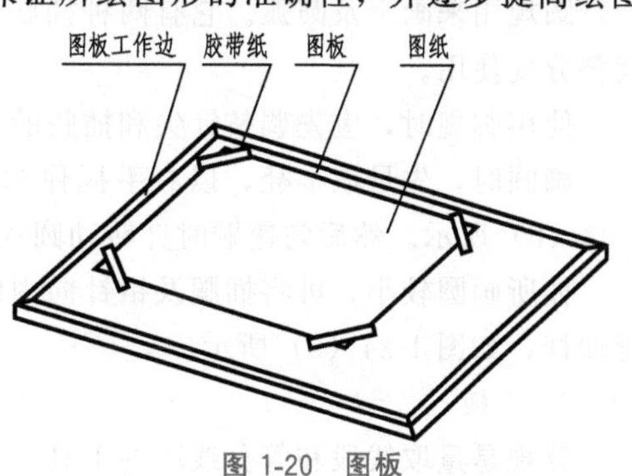

图 1-20　图板

1200mm)、1号（600mm×900mm)、2号（450mm×600mm）等几种规格，根据需要选用。

2. 丁字尺

丁字尺是与图板配合画水平线的长尺，由尺头和尺身构成。尺身上有刻度的一边为工作边，使用时尺头工作边（内侧面）与图板工作边靠紧。如图 1-21 所示。

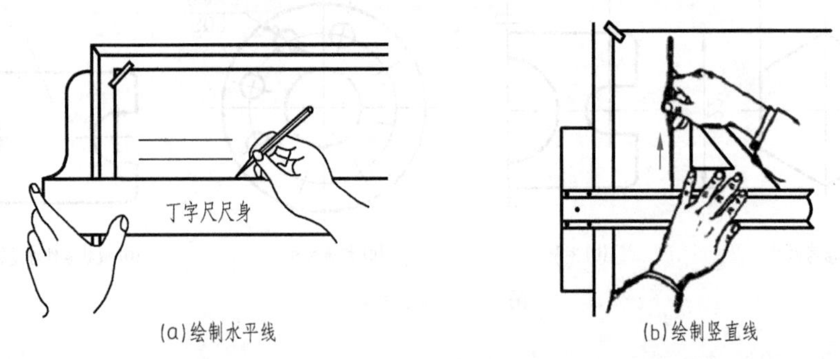

图 1-21　丁字尺配合图板、三角板绘制水平、垂直线段

3. 三角板

一副三角板由 45°和 30°、60°两块组成，由于尺寸 L 不同，分为各种规格。三角板与丁字尺配合，可以画垂直线；三角板与丁字尺配合，可以画 15°倍角的倾斜线。如图 1-22 所示。

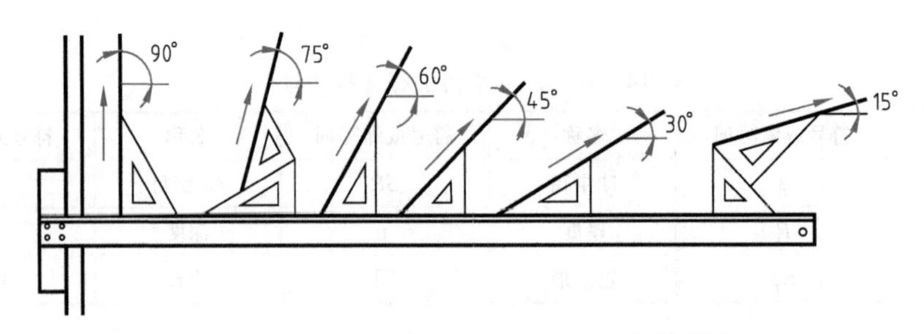

图 1-22　三角板配合丁字尺绘制 15°角的斜线

二、绘图仪器

常用绘图仪器有圆规、分规和曲线板等。

1. 圆规及其附件

圆规用来画圆及圆弧。它有两种插腿——铅芯插腿、钢针插腿，分别用于画铅笔线、代替分规使用。

使用圆规时，应先调整针尖和插腿的长度，使针尖略长于铅芯，如图 1-23（a）所示。

画圆时，先量取半径，以右手握住圆规头部，左手食指协助将针尖对准圆心，如图 1-23（b）所示。然后匀速顺时针转动圆规画圆，如图 1-23（c）所示。

如所画圆较小，可将插腿及钢针向内倾斜，如图 1-24（a）所示。画大圆时，需加装延伸杆，如图 1-24（b）所示。

2. 分规

分规是量取线段和等分线段的工具。如图 1-25 所示。

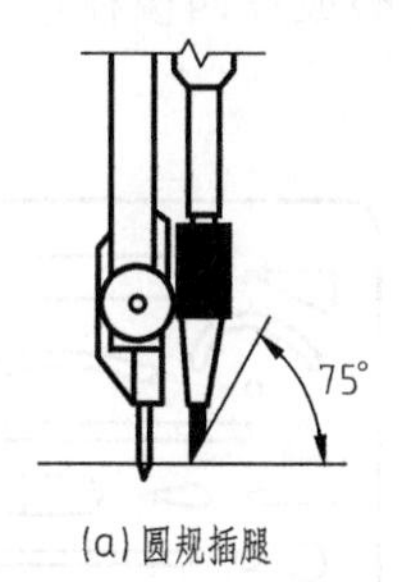

(a) 圆规插腿

(b) 量取半径，确定圆心

(c) 顺时针画圆

图 1-23 圆规及其用法

(a) 画小圆时圆规形式

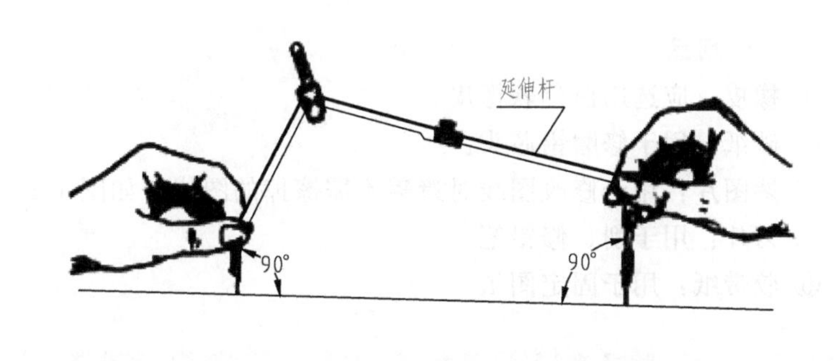

(b) 画大圆时圆规形式

图 1-24 圆规用法

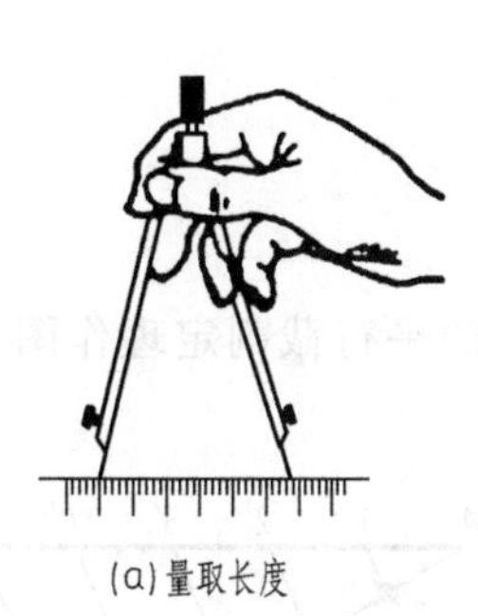
(a) 量取长度

(b) 等分线段

图 1-25 分规用法

三、绘图用品

常用的绘图用品有图纸、绘图铅笔、橡皮、擦图片、小刀、砂纸、胶带等。

1. 图纸

绘图纸要求纸面洁白、质地坚实，橡皮擦拭不易起毛。绘图时应使用绘图纸的正面。

2. 绘图铅笔

绘图铅笔的铅芯有软硬之分，分别用字母 B 和 H 表示。B 前的数字越大，表示铅芯越软，画线越黑；H 前的数字越大，表示铅芯越硬，画线越淡；HB 表示软硬适中。画粗实线常用 B 或 HB，画细线时常用 H 或 2H，写字常用 HB 或 H。

写字及画细线的铅芯头磨成圆锥形；画粗线的铅芯头宜磨成扁四棱柱形，其断面成矩形。如图 1-26（a）、（b）所示。

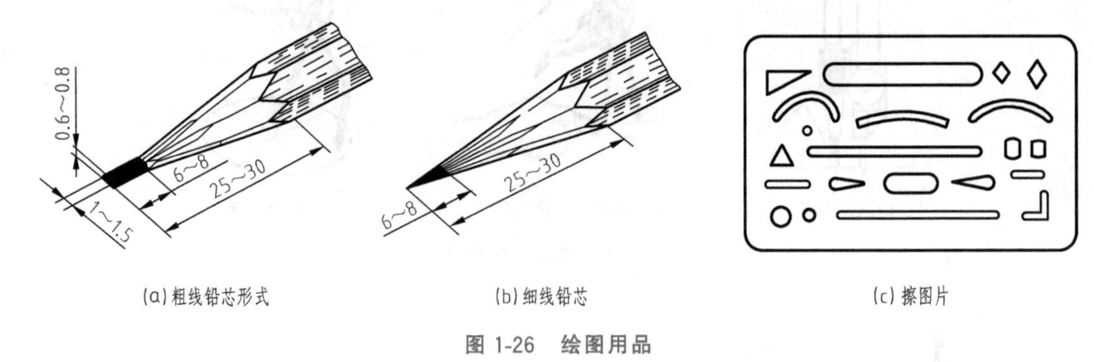

图 1-26 绘图用品

3. 其他用品

① 橡皮：应选用白色软橡皮。

② 砂纸：用于修磨铅芯头。

③ 擦图片：用于修改图线时遮盖不需擦掉的图线。如图 1-26（c）所示。

④ 刀片：用于削、修铅笔。

⑤ 胶带纸：用于固定图纸。

第四节 平面图形分析与绘制

机件的轮廓形状都是由直线、圆弧或一些曲线围成的平面图形，因而在绘制图样时，经常要运用一些最基本的几何作图方法。

一、几何作图

1. 等分作图

（1）等分线段　平行线法：利用相似三角形的平行截割定理作图，如图 1-27 所示将线段 AB 进行五等分。

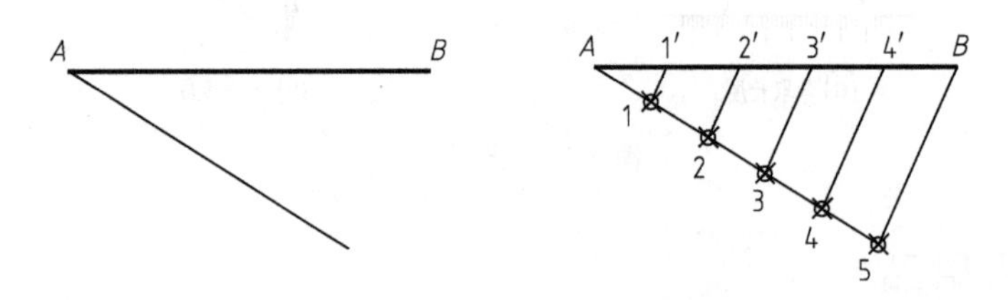

图 1-27 平行线法五等分线段

（2）等分圆周　通常用于绘制圆内接正多边形，而工程实践中以正六边形最为常见。绘制正六边形的方法如下：

方法一：如图 1-28（a）所示，用 60°三角板配合丁字尺通过水平直径的端点作四条边，再以丁字尺作上下水平边，即可作出圆内接正六边形。

方法二：如 1-28（b）所示，取圆的半径分别以 A、B 为圆心画弧交圆于 C、D、E、F，即可作出圆内接正六边形。

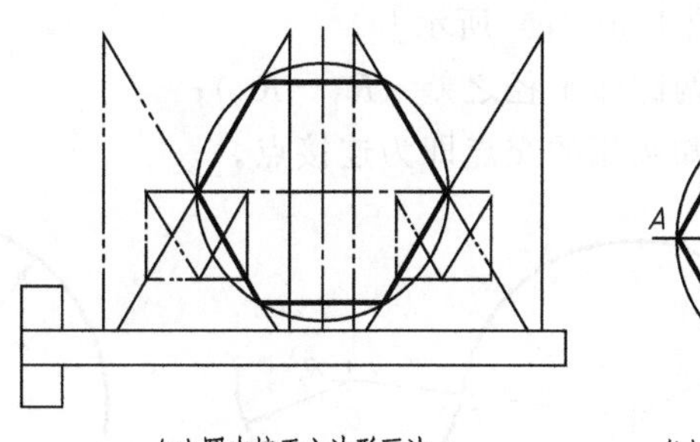

(a) 圆内接正六边形画法一

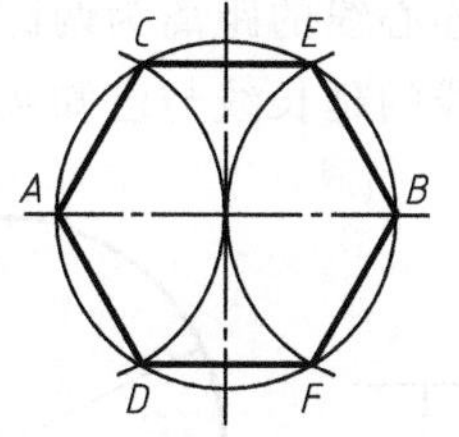

(b) 圆内接正六边形画法二

图 1-28 圆内接正六边形画法

2. 椭圆画法

椭圆的画法有多种，这里仅介绍最常用的椭圆近似画法——四心法：求出画椭圆的四个圆心和半径，用四段圆弧近似地代替椭圆。画图步骤如下：

① 画出相互垂直平分的长轴 AB 和 CD。

② 连接长、短轴的端点 AC，并在 AC 上取 $CE=OA-OC$，如图 1-29 (a) 所示。

③ 作 AE 的中垂线，与长短轴分别交于 O_1、O_2，再作对称点 O_3、O_4，如图 1-29 (b) 所示。

④ 分别以 O_1、O_2、O_3、O_4 为圆心，O_1A、O_2C、O_3B、O_4D 为半径画弧，即可得近似椭圆。其中 T_1、T_2、T_3、T_4 是四段圆弧的连接点，如图 1-29 (c) 所示。

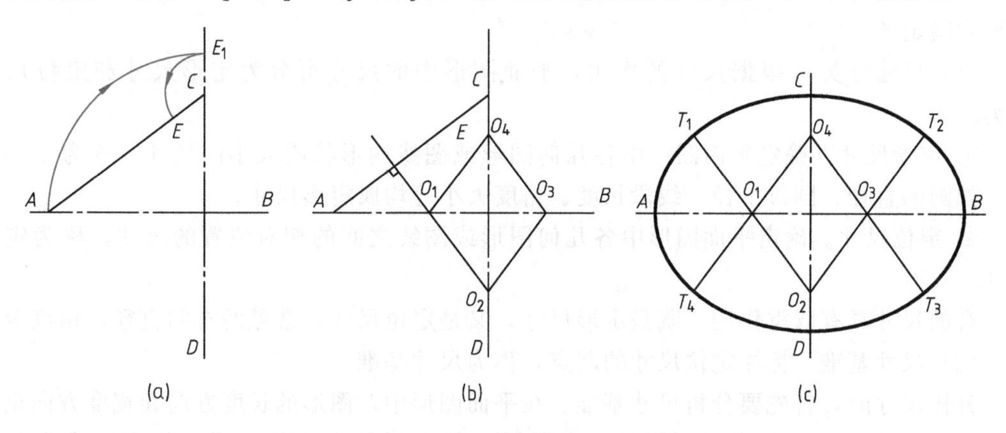

图 1-29 椭圆近似画法——四心法

3. 圆弧连接

用一段圆弧光滑地连接另外两条已知线段（直线或圆弧）的作图方法，称为连接。该圆弧称为连接圆弧；两线段中圆滑过渡的分界点称为连接点。按照线段连接的几何特点，分为以下三种情况。

(1) 圆弧与直线连接［如图 1-30 (a) 所示］

① 连接弧圆心在与已知直线平行的直线上，两直线间的垂直距离为圆弧半径 R；

② 由圆心向已知直线作垂线，其垂足即为连接点（切点）。

(2) 圆弧与圆弧外连接［如图 1-30 (b) 所示］

① 两个圆弧连心线的距离为两圆弧半径之和 (R_1+R_2)；

② 两圆心的连线与已知圆弧的交点即为连接点。

(3) 圆弧与圆弧内连接［如图 1-30 (c) 所示］

① 两个圆弧连心线的距离为两圆弧半径之差 (R_1-R_2)；

② 两圆心连线的延长线与已知圆弧的交点即为连接点。

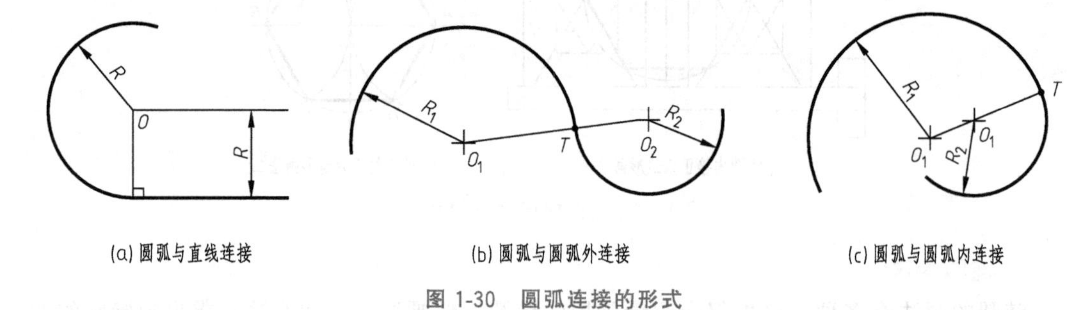

图 1-30　圆弧连接的形式

二、平面图形分析及画法

平面图形通常包含图形和尺寸两方面内容。图形由各种线段连接而成，这些线段之间的相互位置及连接关系由尺寸确定，二者相辅相成，缺一不可。绘制平面图形时，首先应分析线段和尺寸之间关系，才能顺利完成作图。

1. 平面图形的尺寸分析

平面图形中的几何图形、图线的形状、大小以及它们之间的相对位置是由图中所标注的尺寸确定的。

(1) 尺寸分类　根据尺寸的作用，平面图形中的尺寸可分为定形尺寸和定位尺寸两类。

① 定形尺寸。确定平面图形中各几何图形或图线的形状或大小的尺寸，称为定形尺寸。如圆的直径、圆弧半径、线段长度、角度大小等均属定形尺寸。

② 定位尺寸。确定平面图形中各几何图形或图线之间的相对位置的尺寸，称为定位尺寸。

有的尺寸具有双重作用，既是定形尺寸，又是定位尺寸，常见的有圆直径、角度等。

(2) 尺寸基准　标注定位尺寸的起点，称为尺寸基准。

分析尺寸时，首先要分析尺寸基准。在平面图形中，图形的长度方向和宽度方向至少要有一个尺寸基准。通常以图形的对称轴线、较大圆的中心线、图形轮廓线作为尺寸基准。

2. 平面图形中的线段分析

绘制平面图形时，直线的作图比较简单，在此只对圆弧进行分析。

平面图形中的圆或圆弧，需要确定半径和圆心位置，而圆心位置需要水平和竖直两个方向的定位尺寸才能确定，因此根据图中线段的尺寸是否齐全，将线段分为三类：

(1) 已知线段　定形、定位尺寸全部明确给定的线段。半径和圆心位置均已确定的圆弧，称为已知圆弧。它可根据图中所注尺寸直接画出。

(2) 中间线段　注出定形尺寸和一个方向的定位尺寸的线段。已知半径和圆心的一个定位尺寸，这种圆弧称为中间圆弧。它需待与其一端连接的线段画出后，才能通过作图确定其圆心位置。

(3) 连接线段　仅注出定形尺寸，未注出定位尺寸的线段。只注出半径尺寸，而无圆心的定位尺寸，这种圆弧称为连接圆弧。它需待与其两端相连接的线段画出后，才能确定其圆心位置。

分析上述三类线段的含义可知，在作图时，由于已知线段有两个定位尺寸，故可直接画出；而中间线段虽然缺少一个定位尺寸，但它总是与一已知线段相连接，可利用连接的条件画出；连接线段唯有借助两端与其相连的两条线段的连接关系才能最终画出。

3. 平面图形的画法

首先对平面图形进行尺寸分析，确定图形中的已知线段、中间线段和连接线段。线段（尤其是圆弧）分析清楚后，即可确定画图步骤：画图时，应先画出基准线，平面图形中的基准线相当于坐标轴，然后画已知线段，再画中间线段，最后画连接线段。

三、尺规作图的方法与步骤

1. 画图前的准备工作

① 准备好必需的绘图工具和仪器，擦净图板、丁字尺、三角板；削磨铅笔、铅芯。

② 分析了解所绘图形，图形采用的比例和图纸幅面的大小。

③ 将图纸固定在图板的适当位置，使丁字尺、三角板移动方便。

④ 按照国标规定画出图框和标题栏。

2. 画图步骤

（1）图形分析　绘制平面图形，首先应对平面图形作尺寸和线段性质分析，分清定形尺寸和定位尺寸以及尺寸基准，辨别已知线段、中间线段和连接线段，以确定正确的绘图步骤。

（2）画底稿　底稿线按正确的作图方法绘制，要求图线细而淡，布图匀称、合理。图形底稿完成后应检查，如发现错误，应及时修改，最后擦去多余的图线。

（3）铅笔描深　可用铅笔描深图线，顺序宜先粗后细、先曲后直、先水平后垂斜、从上到下、从左到右。

（4）画箭头、注尺寸、填写标题栏

① 图线要求：线型正确，粗细分明，均匀光滑，深浅一致。

② 图面要求：布图适中，整洁美观，字体、数字及字母符合标准规定。

【例 1-1】 完成如图 1-31 所示的平面图形。

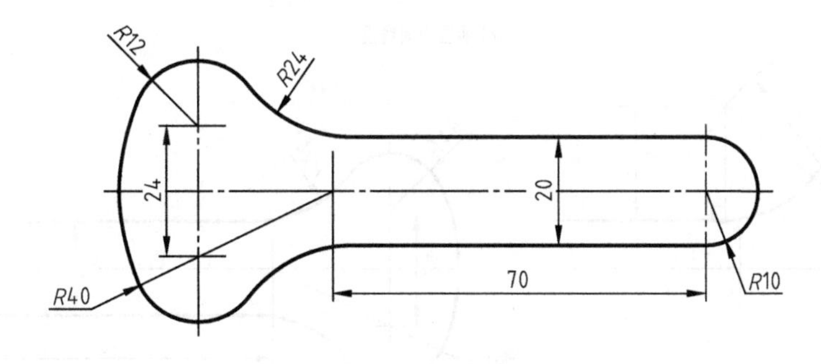

图 1-31　平面图形示例

（1）图形分析

对平面图形作尺寸和线段性质分析，其中 $R10$、20、$R12$、$R24$、$R40$ 是定形尺寸，

70和24是定位尺寸；圆弧$R10$、直线20、圆弧$R40$是已知线段，圆弧$R12$只有一个宽度方向的定位尺寸24，因此是中间圆弧；$R24$没有定位尺寸，因此是连接线段。

(2) 画底稿、描深

① 画出$X—X$、$Y—Y$以及水平距离70的三条基准线，如图1-32 (a) 所示。

② 画已知线段（圆弧）$R10$、$R40$以及垂直距离为20的两条水平轮廓线如图1-32 (b) 所示。

③ 画中间线段（圆弧）$R12$：如图1-32 (c) 所示。由圆弧$R12$圆心O_2的垂直定位尺寸为24，画出两条距离水平基准线为12的平行线；圆弧$R12$与已知圆弧$R40$内连接，因此以O_2为圆心，以$R40-R12=R28$为半径画弧；两条线段的交点即为$R12$的圆心O_3，确定连接点后画弧。

④ 画连接线段（圆弧）：如图1-32 (d) 所示，圆弧$R24$左侧与$R12$外连接，以O_3为圆心，以$R24+R12=R36$为半径画弧；右侧与直线相切，画出与水平轮廓线距离为24的水平线；两条线段的交点即为$R24$的圆心O_4，确定连接点后画弧。

⑤ 利用图形对称性，完成草图，如图1-32 (e) 所示。

⑥ 检查，没有错误后，描深、画箭头、标注尺寸。

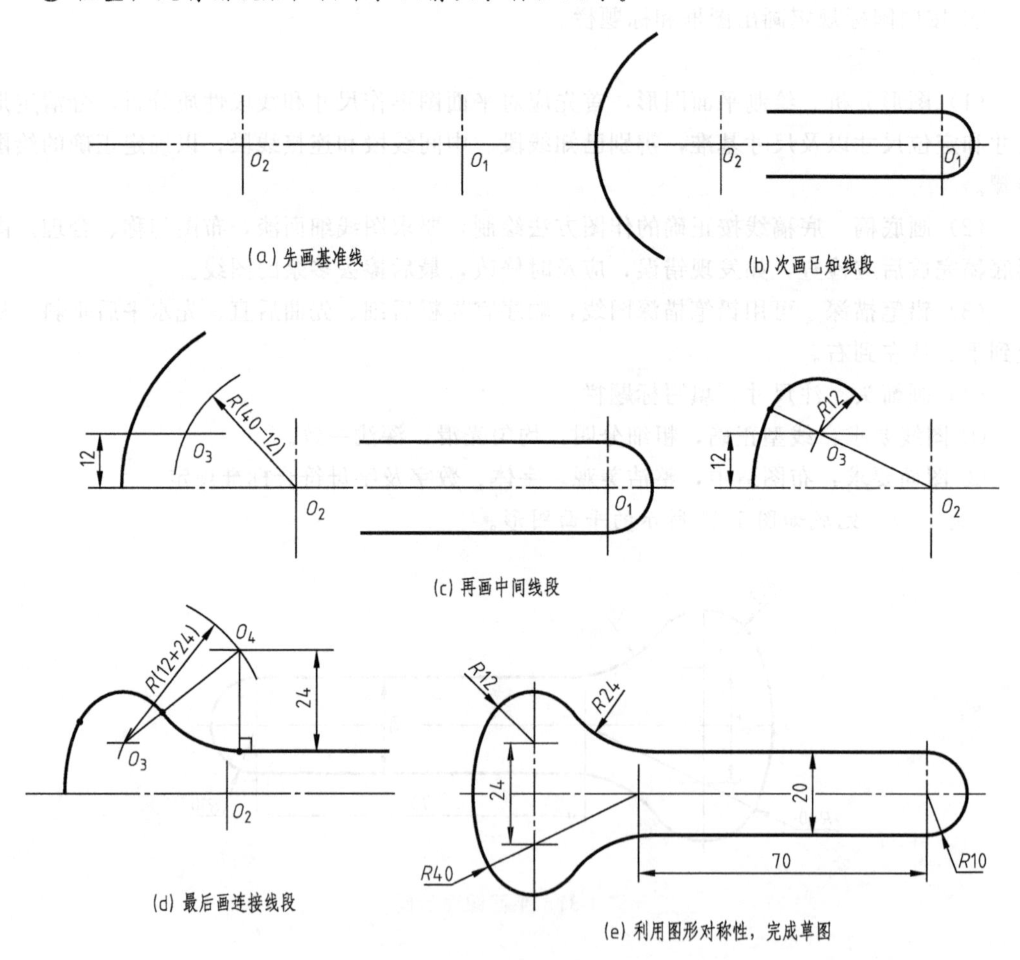

图1-32　平面图形画图步骤

第五节 徒手绘图

一、徒手绘图

不借助绘图工具，以目测估计图形与实物的比例，按照一定画法要求徒手绘制的图称为草图。草图的绘制迅速、简便，常常用于构思设计、技术交流和现场测绘等场合。

徒手绘出的图样虽然称为草图，但绝对不是潦草的图，而是要求图样各部分比例匀称，图线尽量标准，符合绘图标准，尺寸标注合理，图线和字体清晰。徒手绘图是工程技术人员应具备的一种能力。要达到准确快速徒手绘图，除了需要多做练习之外还必须掌握徒手绘图的一些基本方法。

二、徒手绘图的方法

要绘制好草图，必须掌握好直线、圆、椭圆、线段的等分、常见角度及正多边形的画法等。

1. 徒手画直线

直线的绘制要点为：标记好起始点和终止点，铅笔放在起始点，眼睛的余光看着终止点，用较快的速度绘出直线，切记不要一小段一小段地画。

一般地，水平线从左向右绘，铅垂线从上向下绘，向右斜的线从左下向右上绘，向左斜的线从左上向右下绘。如图 1-33（a）所示。

角度线可借助于直角三角形来近似得到角度，如图 1-33（b）所示。

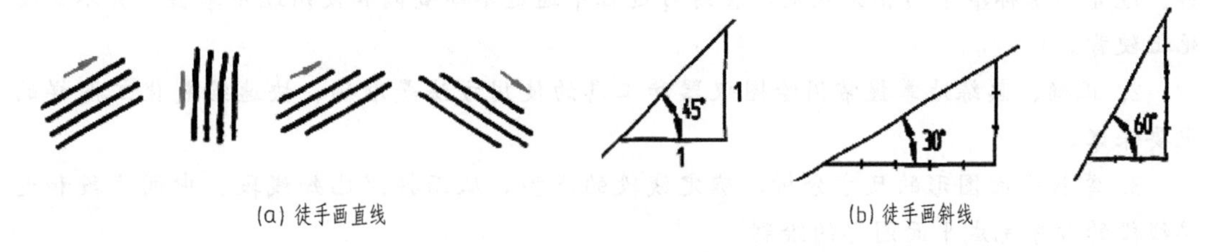

(a) 徒手画直线　(b) 徒手画斜线

图 1-33　徒手画直线

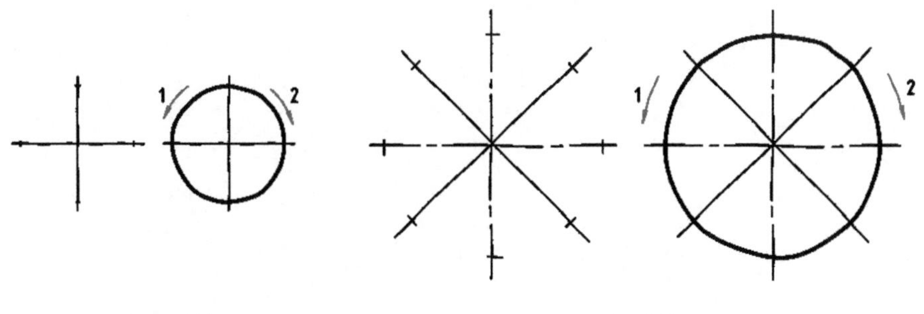

(a) 画小圆　(b) 画大圆

图 1-34　徒手画圆

2. 徒手画圆、圆弧

圆的绘制要点为：先将两条中心线画好，并在中心线上按半径标记好四个点，接着先画左半（或右半或上半），再画右半（或左半或下半），如图 1-34（a）所示。画大圆时过圆心加画两条 45°斜线，再定四个圆上的点，过八个点画圆，如图 1-34（b）所示。

3. 徒手画椭圆

画椭圆时，先在中心线上按长短轴标记好四个点，作四边形，并顺势画四段椭圆弧，如图 1-35（a）所示。画较大的椭圆时，可先画出椭圆的外切矩形，将矩形对角线六等分，如图 1-35（b）所示，然后过长、短轴端点和对角线靠外等分点画出椭圆，如图 1-35（c）所示。

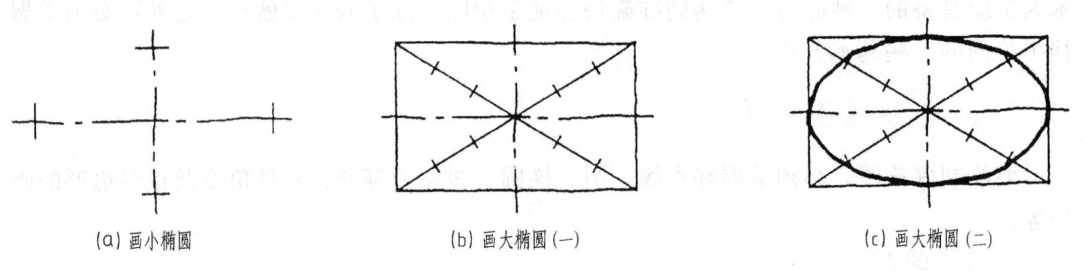

(a) 画小椭圆　　(b) 画大椭圆（一）　　(c) 画大椭圆（二）

图 1-35　徒手画椭圆

本章小结

1. 本章介绍了与化工识图有关的《技术制图》国家标准中的基本知识，必须正确理解、遵守国家标准中的相关规定，在练习过程中通过不断查阅和使用逐步掌握，并不需要死记硬背。

2. 正确、熟练地掌握常用绘图仪器和工具的使用方法是准确、快速绘制化工图样的重要保证。

3. 掌握平面图形的尺寸分析，确定线段的类型，从而按照已知线段、中间线段和连接线段的顺序完成平面图形的绘制。

4. 徒手绘图是工程技术人员技能的一种体现，应给予足够的重视。

第二章

投影基础

本章导读

本章主要介绍投影法的基本知识、三视图的形成及其投影规律、物体上的点、直线以及平面的投影规律、平面上的点和直线的投影。

学习目标

- 掌握正投影法的基本概念及其投影特性
- 熟练掌握三视图的形成及其投影规律
- 掌握各种位置的点、直线、平面的投影特性及分析、作图
- 掌握直线上的点、平面上的点、直线的投影分析、作图

第一节 投影法的基本知识

一、投影法概述

物体在灯光或日光的照射下，会在地面上或墙壁上留下影子，对这一自然现象进行科学地抽象和总结，便产生了投影法。

如图 2-1 所示，$\triangle ABC$ 在光源 S 的照射下，在平面 P 上留下一个影子$\triangle abc$。其中，S 称为投射中心；P 称为投影面；连接 S 与点 A 的直线 SA 称为投射线；投射线 SA 与投影面 P 的交点 a，称为 A 在投影面上的投影；同理，可得到$\triangle ABC$ 在投影面上的投影$\triangle abc$，也可得到一个物体在投影面上的投影。

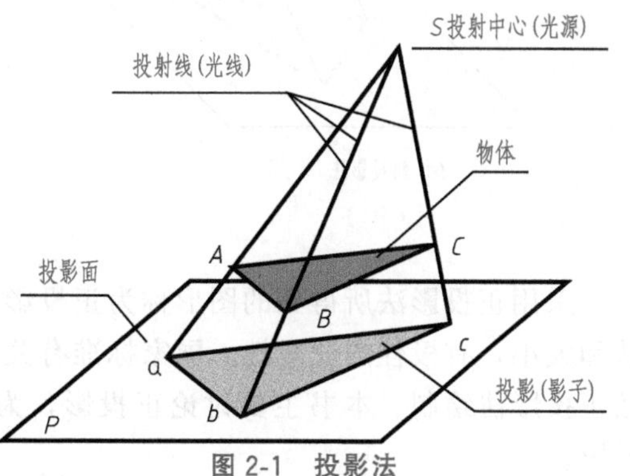

图 2-1 投影法

投射线通过物体向选定的面投射，并在该面上得到物体图形的方法，称为投影法。

二、投影法的分类

根据投射线的汇交与平行情况，投影法可分为中心投影法和平行投影法两大类。

1. 中心投影法

在图 2-2（a）中，所有投射线都汇交于一点的投影法（投射中心在有限远处）称为中心投影法。其投影特性是：投影的大小与空间物体相对于投影面的距离有关，且不能反映空间物体的真实形状和大小，作图也较复杂。因此，该投影法常用于建筑物、道路、桥梁的直观图，如图 2-2（b）所示。

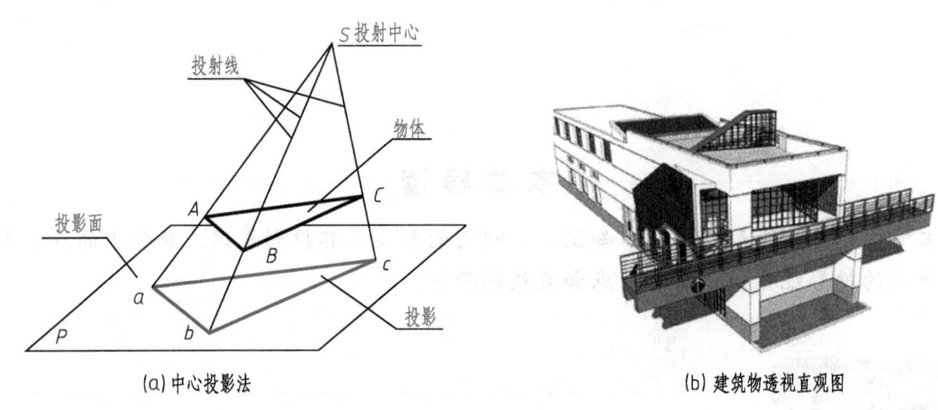

(a) 中心投影法　　(b) 建筑物透视直观图

图 2-2　中心投影法

2. 平行投影法

投射线相互平行的投影法（若投射中心在无限远处，可认为投射线是相互平行的）称为平行投影法。其投影特性是：当平行移动空间物体时，投影的大小和形状都不会改变。

根据投射方向与投影面是否垂直，平行投影法可分为正投影法和斜投影法两种。

斜投影法：投射线与投影面相倾斜的平行投影法，如图 2-3（a）所示。

正投影法：投射线与投影面相垂直的平行投影法，如图 2-3（b）所示。

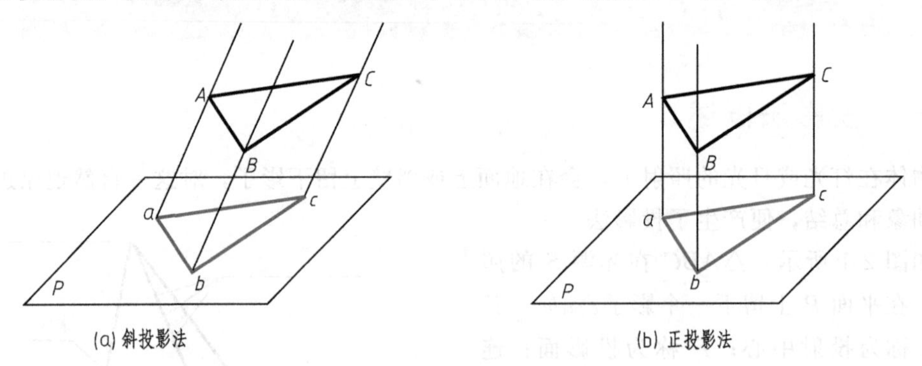

(a) 斜投影法　　(b) 正投影法

图 2-3　平行投影法

采用正投影法所得到的图形称为正投影（正投影图），它能真实地表达空间物体的形状和大小，有极佳的度量性。国家标准有关“图样画法”的规定中明确指出：机件的图样按正投影法绘制。本书主要讨论正投影，为方便起见，后续内容中一律将正投影简称为投影。

三、正投影法的基本性质

1. 显实性

当空间直线或平面平行于投影面时，其投影反映直线的实长或平面的实形，这种投影特性称为显实性，如图 2-4（a）所示。

2. 积聚性

当空间直线或平面垂直于投影面时，其投影积聚为一点或一条直线，这种投影特性称为积聚性，如图 2-4（b）所示。

3. 类似性

当空间直线或平面倾斜于投影面时，其投影仍为直线或与之类似的平面图形，其投影的长度变短或面积变小，这种投影特性称为类似性，如图 2-4（c）所示。

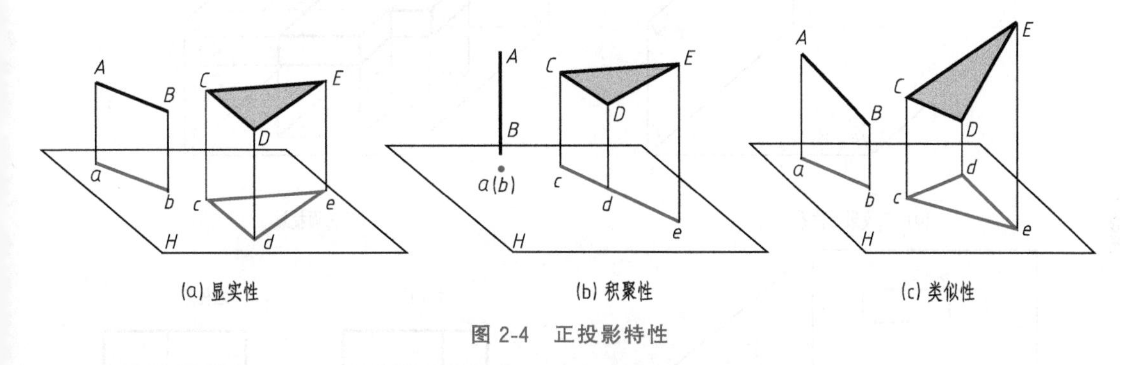

(a) 显实性　(b) 积聚性　(c) 类似性

图 2-4　正投影特性

第二节　三视图

一、三视图的形成

在工程图样中，假想用视线代替相互平行且垂直于投影面的投射线，进而得到的正投影图形称为视图。

用正投影法将物体向一个投影面上投射仅可以得到物体的一个视图。但从图 2-5 可知，多个不同的物体有可能得到相同的视图。因此仅凭单一方向的投影并不能确定空间物体的形状和结构，尚需将物体向其他方向投射，画出足够数量的视图，才能完整清晰地表达该空间物体。

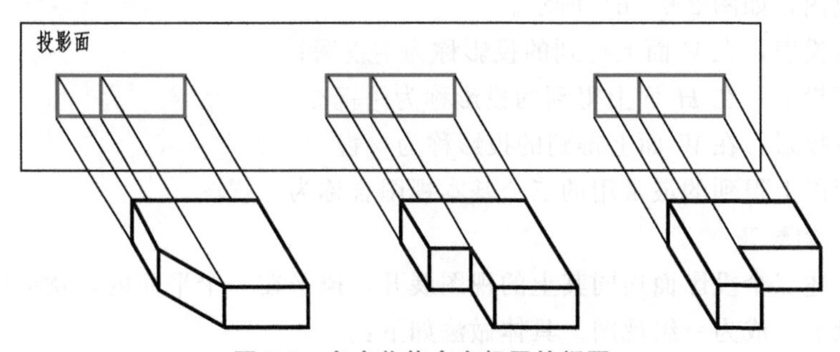

图 2-5　多个物体会有相同的视图

通常用三视图表达物体的形状和结构。

1. 三投影面体系

如图 2-6（a）所示，设立三个互相垂直相交的投影面构成一个三投影面体系。

三个投影面：将正对着观察者的投影面称为正面，用 V 表示；将水平放置的投影面称为水平面，用 H 表示；将侧立的投影面称为侧面，用 W 表示。

三个投影轴：每两个投影面的交线称为投影轴，共有三条互相垂直的投影轴，其中，V 面与 H 面的交线称为 X 轴；H 面与 W 面的交线称为 Y 轴；V 面与 W 面的交线称为 Z 轴。X、Y、Z 三个投影轴交于一点，称为原点，用 O 表示。

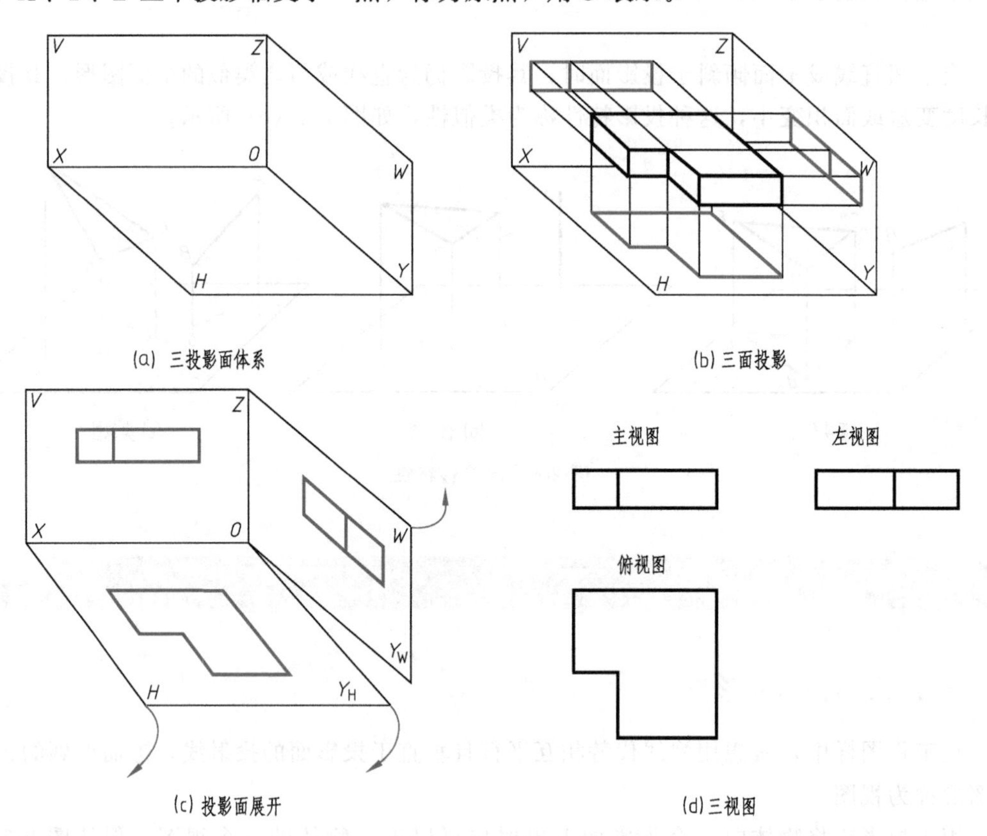

图 2-6　三视图形成

2. 三面投影

将空间物体置于三投影面体系中，并分别向三个投影面进行投射，即可在三个投影面上得到三个视图，如图 2-6（b）所示。

由前向后投射，在 V 面上得到的投影称为主视图；

由上向下投射，在 H 面上得到的投影称为俯视图；

由左向右投射，在 W 面上得到的投影称为左视图。

通常，把以上得到的最常用的三个基本视图合称为三视图。

3. 投影面的展开

如果将上述三个投影面连同其上的视图展开，摊平在一个平面内，就可以把三个视图画在一张图纸上，成为一组视图。具体做法如下：

保持 V 面不动，沿着 Y 轴将 H 面和 W 面分开，将 H 面绕 X 轴向下旋转 90°，将 W

面绕Z轴向右旋转90°，并分别与V面平齐，如图2-6（c）所示，即可得到三视图。

由三视图的形成过程可知，左视图在主视图右侧且上下平齐；俯视图在主视图正下方且左右对正。三个视图的位置由此确定，而与物体和投影图的相对距离无关，因此，投影面的边框线和投影轴均可不必画出，三个视图的名称也无需标注，如图2-6（d）所示。

二、三视图的投影规律

三视图是将物体分别沿三个不同方向投射到三个相互垂直的投影面而得到三个视图，因此三个视图之间、每个视图与物体之间都有严格的对应关系。

1. 视图与物体方位的对应关系

物体有上、下、左、右、前、后等六个空间方位。在三投影面体系中，规定X轴方向表示物体的长度方向，反映物体的左右方位；Y轴方向表示物体的宽度方向，反映物体的前后方位；Z轴方向表示物体的高度方向，反映物体的上下方位。由于视图都是二维平面图形，因此，每个视图只能反映三维中的二维，即四个方位，如图2-7所示。

主视图——反映物体的上、下和左、右相对位置关系；

俯视图——反映物体的左、右和前、后相对位置关系；

左视图——反映物体的上、下和前、后相对位置关系。

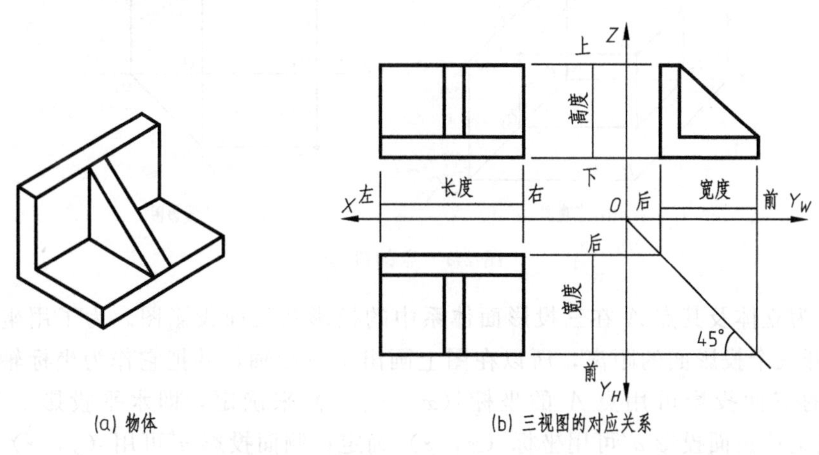

图2-7　物体三视图及其投影规律

2. 三视图间的对应关系

三视图的投影规律，即三个视图两两之间的投影对应关系。结合图2-7可以看出：

主、俯视图长对正——共同反映了物体的长度，共用X轴，反映物体左右方位；

主、左视图高平齐——共同反映了物体的高度，共用Z轴，反映物体上下方位；

俯、左视图宽相等——共同反映了物体的宽度，共用Y轴，反映物体前后方位。

“长对正、高平齐、宽相等”的三等关系，便是三视图的投影规律。它揭示了物体各视图之间的内在关系，要求三个视图无论是在整体上还是局部上都要保持这个投影规律，同时它也是绘制物体视图和读物体视图时应遵循的基本准则和方法，必须熟练掌握和应用。

俯、左视图靠近主视图的一边，表示物体的后侧；远离主视图的一边，则表示物体的前侧，这一规律可归纳为“远为前”。绘图和读图时，应特别注意俯视图与左视图的前后对应关系。

在作图时，“长对正、高平齐”易于保证，但是对于“宽相等”，可以利用圆规或者通过作一条45°的辅助斜线来保证，如图2-7（b）所示。

只有将几个视图综合起来考虑，才能确定物体的空间形状和结构。

第三节 点、直线和平面的投影

立体的表面往往包含点、线和平面等基本几何元素，要完整、准确地绘制物体的视图，就要熟悉基本几何元素的投影特性和作图方法，对今后画图和读图具有重要意义。

一、点的投影

1. 点的投影规律

点是构成一切立体最基本的几何元素，它存在于立体的任一表面或棱线上。通常，用大写的英文字母表示空间的点，用相应的小写字母表示其在投影面上的投影。如图2-8所示立体上一点 A，它在 H、V、W 面上的投影分别用 a、a'、a''表示。

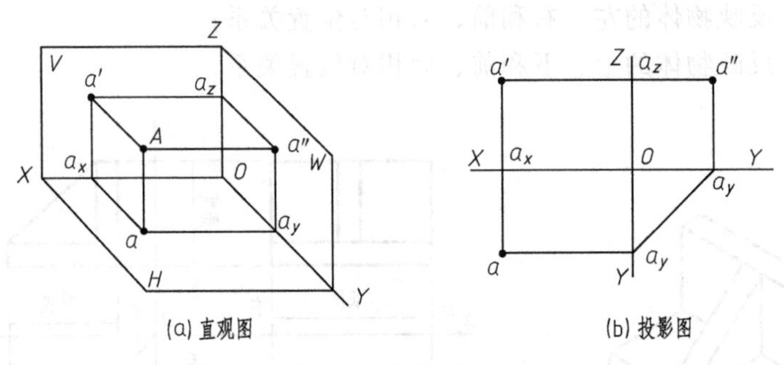

图2-8 点的投影

图2-8为立体及其点 A 在三投影面体系中的投影及三面投影图。为了用坐标点表示出点 A 离开三个投影面的距离，所以在图上画出了投影轴，并把它作为坐标轴。由图可知，点 A 的三面投影可用点 A 的坐标（x，y，z）来确定，即水平投影 a 可用坐标（x，y）确定；正面投影 a'可用坐标（x，z）确定；侧面投影 a''可用（y，z）确定。可将点的投影规律归纳如下：

① 空间点的投影到投影轴的距离等于该点到相应投影面的距离。

② 空间点的正面投影与水平投影的连线垂直于 OX 轴；点的正面投影与侧面投影的连线垂直于 OZ 轴；点的水平投影与侧面投影都反映了 y 坐标。

由上述点的投影可知，两面投影即可确定一个空间点的位置。因此，只要已知空间点的两面投影，利用点的投影规律定可求出其第三面投影。

2. 两点间的相对位置

（1）两点间的相对位置关系　点的投影不仅反映了点对投影面的位置，也反映了两点间左右、前后、上下的相对位置。由图2-9可知，$x_A > x_B$，故点 A 在点 B 之左；同理，点 A 在点 B 之前（$y_A > y_B$），点B在点A之上（$z_B > z_A$）。因此，可以利用空间两点间的坐标差来确定空间点的位置。

（2）重影点　若空间中若干点均在投影面的同一条投射线上，则它们在该投影面的投影重合，将这些点称为对该投影面的重影点。如图2-10所示，A、B 为水平面的重影点，

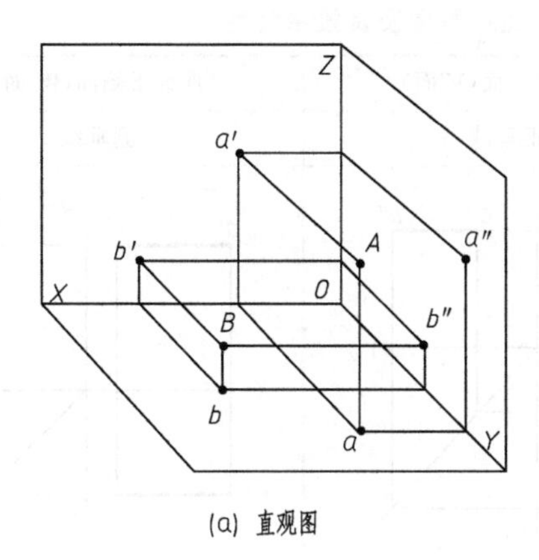

(a) 直观图

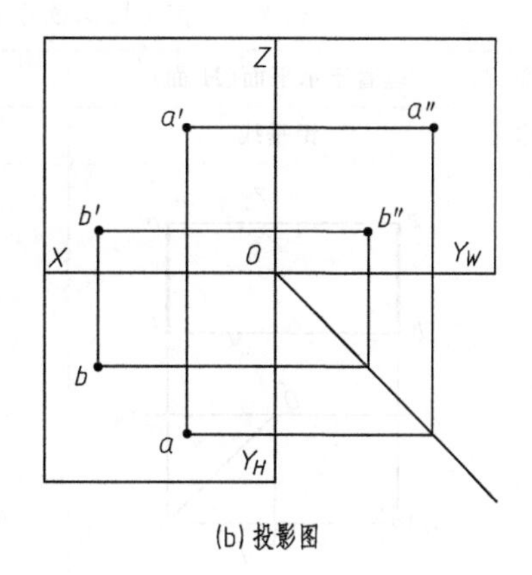

(b) 投影图

图 2-9　点的三面投影

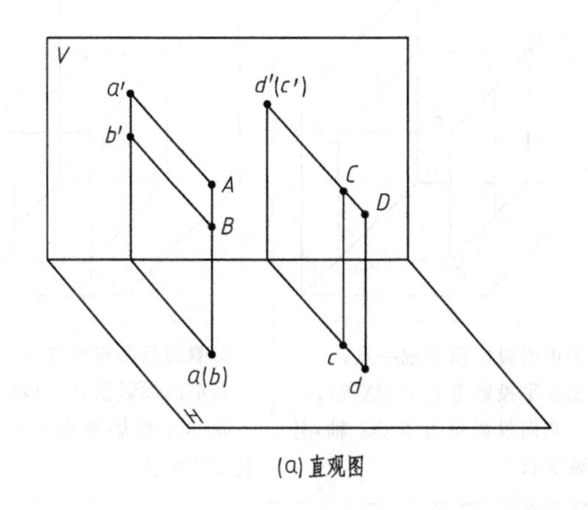

(a) 直观图

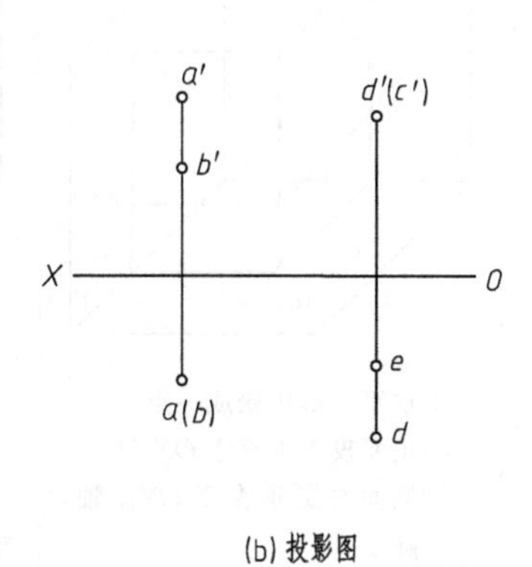

(b) 投影图

图 2-10　点在三投影面体系中的投影

C、D 为正面的重影点。

两点重影，其投影必有可见与不可见之分。判断方法如下：

若点 A 在点 B 的正上方（$z_A > z_B$），则点 A、B 在 H 面上的投影 a 可见，b 不可见（并加括号以示区别）；同理，C、D 两点在 V 面上重影，则 y 坐标值大者其投影可见；在 W 面上重影，则 x 坐标值大者其投影可见。

二、直线的投影

1. 直线的投影特性

直线在立体表面上表现为棱线、素线等。从“两点定线”可知，不重合的两点能够确定并且唯一确定一条直线。由正投影法的投影特性可知“直线的投影还是直线，特殊情况下积聚为一点”。因此，只需作出直线上任意不重合两点的投影，连接其同面投影，即可得到直线的投影。

直线在三投影面体系中的相对位置有以下三种情况：

（1）投影面垂直线　在三投影面体系中，凡垂直于一个投影面且平行于另外两个投影面的直线称为投影面垂直线。表 2-1 列出了各种投影面垂直线的三面投影图及其投影特性。

表 2-1 各种投影面垂直线的三面投影图及其投影特性

直线位置	垂直于水平面(H 面)	垂直于正面(V 面)	垂直于侧面(W 面)
直线名称	铅垂线	正垂线	侧垂线
投影图	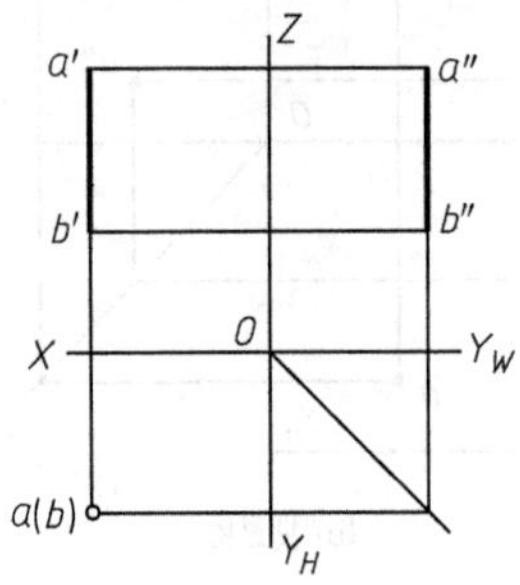	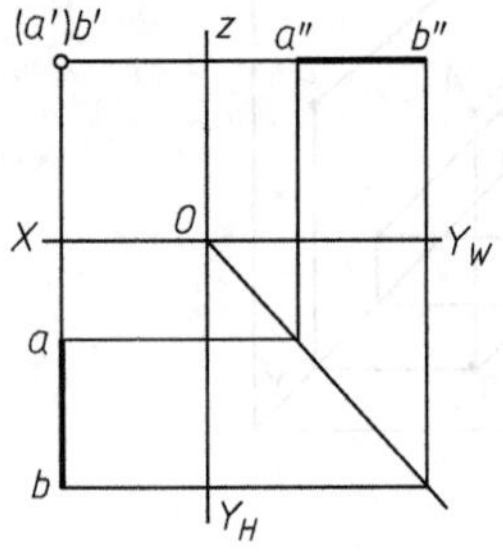	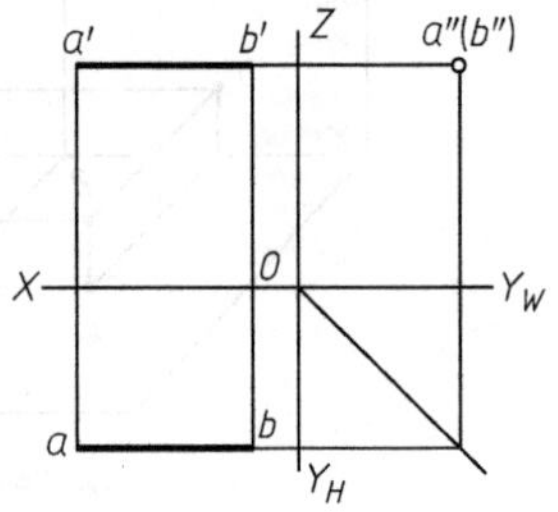
直观图	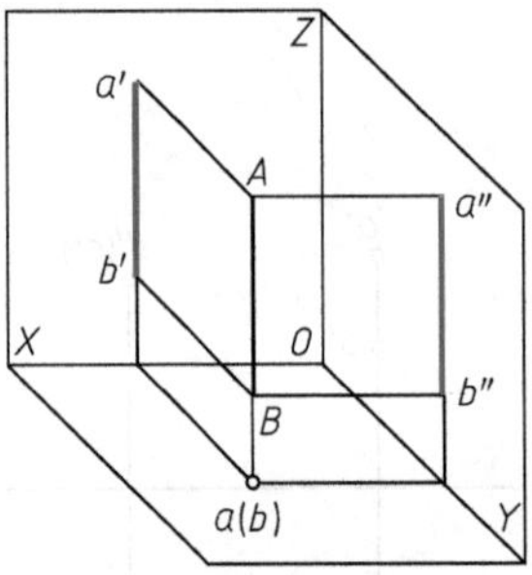	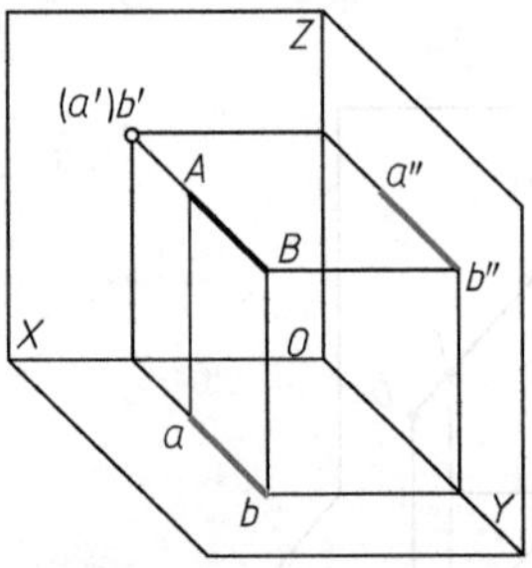	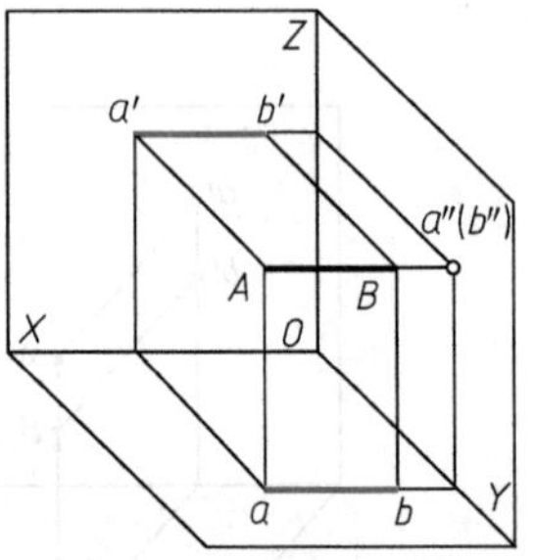
投影特性	①水平投影积聚成一点；②正面投影垂直于 OX 轴；③侧面投影垂直于 OY_W 轴，且反映实长	①正面投影积聚成一点；②水平投影垂直于 OX 轴；③侧面投影垂直于 OZ 轴，且反映实长	①侧面投影积聚成一点；②正面投影垂直于 OZ 轴；③水平投影垂直于 OY_H 轴，且反映实长

投影面垂直线的投影特性可归纳为：

① 直线在其所垂直的投影面上的投影积聚为一点。

② 在其他两个投影面上的投影为垂直于相应投影轴并反映实长的线段。

(2) 投影面平行线 在三投影面体系中，凡平行于一个投影面而倾斜于其他两个投影面的直线称为投影面平行线。表 2-2 列出了各种投影面平行线的三面投影图及其投影特性。

表 2-2 各种投影面平行线的三面投影图及其投影特性

直线位置	平行于水平面(H 面)	平行于正面(V 面)	平行于侧面(W 面)
名称	水平线	正平线	侧平线
投影图	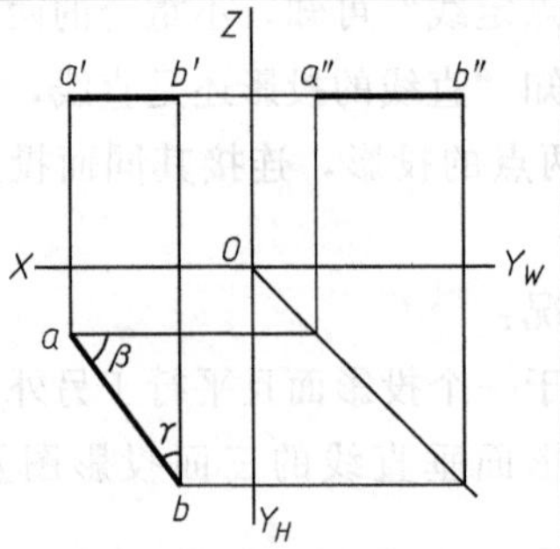	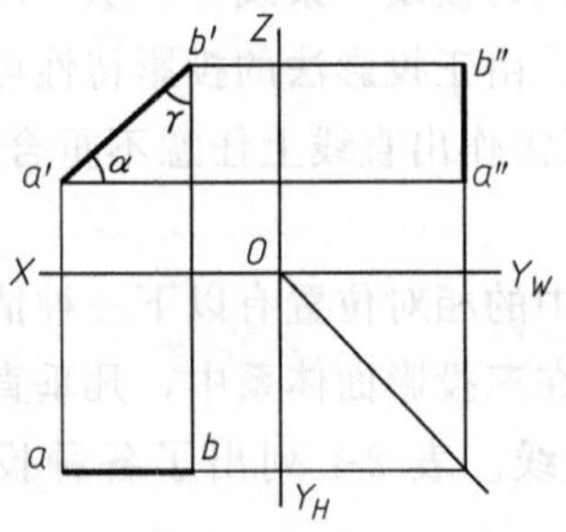	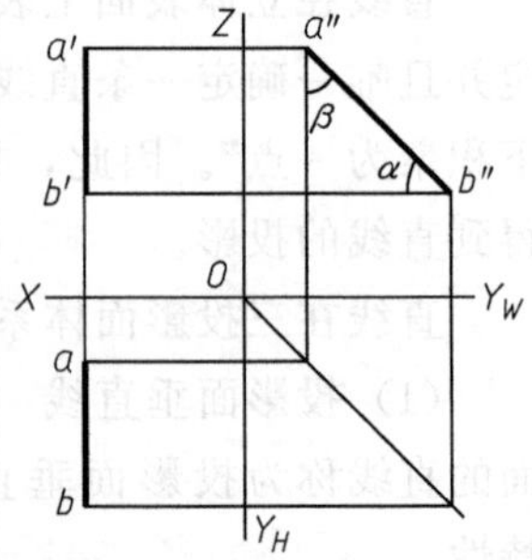

续表

名称	水平线	正平线	侧平线
直观图			
投影特性	①水平投影反映实长，它与 OX、OY_H 轴的夹角分别反映 β、γ 角； ②正面投影缩短，且平行于 OX 轴； ③侧面投影缩短，且平行于 OY_W 轴	①正面投影反映实长，它与 OX、OZ 轴的夹角分别反映 α、γ 角； ②水平投影缩短，且平行于 OX 轴； ③侧面投影缩短，且平行于 OZ 轴	①侧面投影反映实长，它与 OZ、OY_W 轴的夹角分别反映 β、α 角； ②正面投影缩短，且平行于 OZ 轴； ③水平投影缩短，且平行于 OY_H 轴

投影面平行线的投影特性可归纳为：

① 在与直线平行的投影面上的投影反映直线实长，且其投影与两投影轴的夹角反映该直线和其他两个相应投影面的倾角。表 2-2 中 α、β、γ 分别为直线对水平面、正平面及侧平面的倾角。

② 在其他两个投影面上的投影为缩短了的、且平行于相应投影轴的直线。

(3) 一般位置直线　在三投影面体系中，凡与三个投影面都倾斜的直线称为一般位置直线。其投影特性为：直线在三个投影面上的投影均为缩短了的、且倾斜于三个投影轴的直线。图 2-11 中立体上的线段 AB 应为一般位置直线。

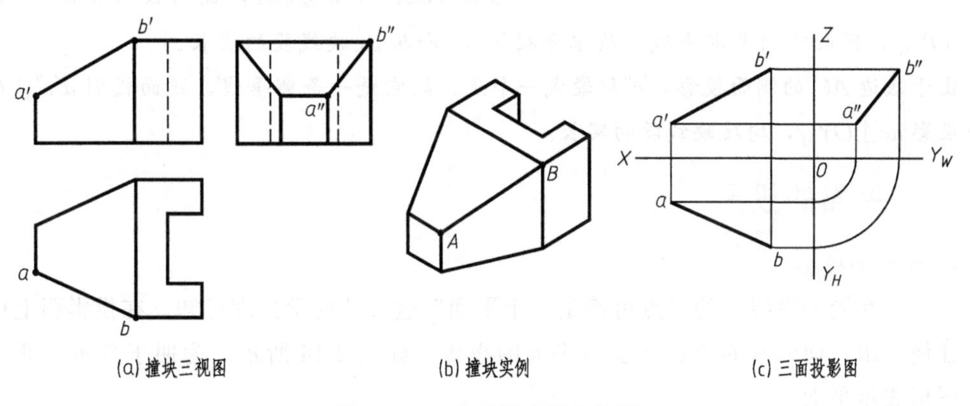

(a) 撞块三视图　(b) 撞块实例　(c) 三面投影图

图 2-11　一般位置直线的投影

2. 直线上的点

位于直线上的点，其投影必然满足从属性和定比性。即：

(1) 从属性　点的投影必在该直线的同面投影上。

(2) 定比性　点分线段的比在投影中保持不变。

如图 2-12 所示，$AC:CB=ac:cb=a'c':c'b'=a''c'':c''b''$

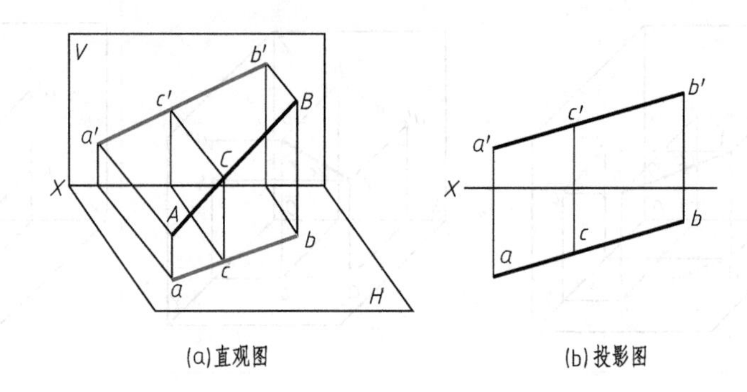

图 2-12　直线上点的投影

【例 2-1】　如图 2-13 所示为正三棱锥的投影，试分析其上各线段相对于投影面的位置。

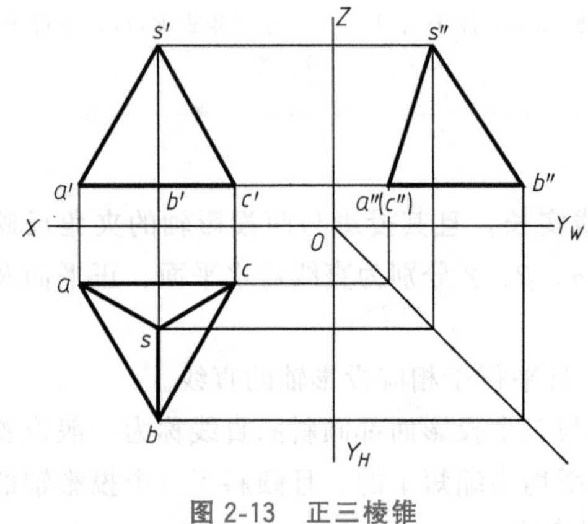

图 2-13　正三棱锥

分析：

按照三棱锥的三面投影上标出的各顶点 S、A、B、C，对照各种位置直线的投影特性分析各线段：

由于棱线 SA 的三个投影 $s'a'$、sa、$s''a''$ 都与投影轴倾斜，因此 SA 是一般位置直线。同理可判定棱线 SC 也为一般位置直线。

由于棱线 SB 的正面投影 $s'b'/\!/OZ$，水平投影 $sb/\!/OY$，侧面投影 $s''b''$ 反映实长，因此它是一条侧平线；底边 AB 和 BC 的正面投影 $a'b'/\!/OX$，$b'c'/\!/OX$，侧面投影 $a''b''/\!/OY_W$，$b''c''/\!/OY_W$，因此它们是水平线，故水平投影 ab 和 bc 反映线段的实长。

由于底边 AC 的侧面投影 $a''c''$ 积聚成一个点，故它是一条侧垂线，正面投影 $a'c'\perp OZ$，水平投影 $ac\perp OY_H$，均反映线段的实长。

三、平面的投影

1. 平面的投影

由“不在同一直线上的三点可确定一个平面”这一几何学公理可知，在投影图上可用以下任何一组几何元素的投影来表示平面的投影，如图 2-14 所示。为便于分析，通常用平面图形表示平面。

2. 各种位置平面

平面在三投影面体系中的相对位置有以下三种情况：

(1) 投影面平行面　在三投影面体系中，凡平行于一个投影面的平面称为投影面平行面。表 2-3 列出了各种投影面平行面的三面投影图及其投影特性。

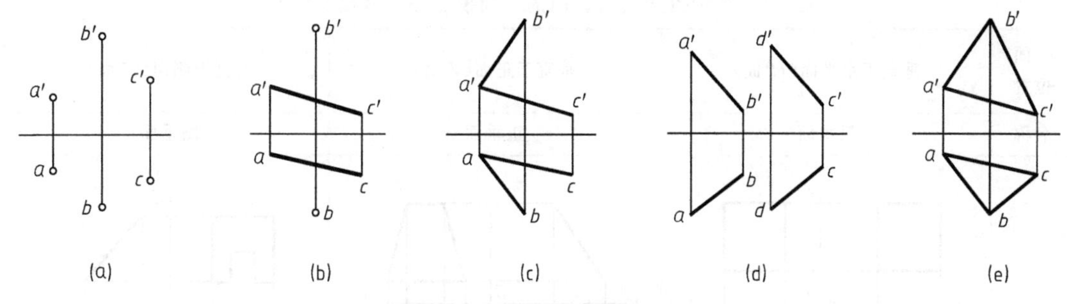

图 2-14 平面的投影表示法

表 2-3 各种投影面平行面的三面投影图及其投影特性

平面位置	平行于水平面（*H* 面）	平行于正面（*V* 面）	平行于侧面（*W* 面）
名称	水平面	正平面	侧平面
投影图			
直观图			
投影特性	①水平投影反映实形； ②正面投影积聚成一条线段，该线段平行于 OX 轴； ③侧面投影积聚成一条线段，该线段平行于 OY_W 轴	①正面投影反映实形； ②水平投影积聚成一条线段，该线段平行于 OX 轴； ③侧面投影积聚成一条线段，该线段平行于 OZ 轴	①侧面投影反映实形； ②正面投影积聚成一条线段，该线段平行于 OZ 轴； ③水平投影聚成一条线段，该线段平行于 OY_H 轴

投影面平行面的投影特性可归纳为：

① 平面在它所平行的投影面上的投影反映实形。

② 其他两面投影都积聚成直线段，且分别平行于相应的投影轴。

（2）投影面垂直面　在三投影面体系中，凡垂直于一个投影面而倾斜于其他两个投影面的平面称为投影面垂直面。表 2-4 列出了各种投影面垂直面的三面投影图及其投影特性。

表 2-4 各种投影面垂直面的三面投影图及其投影特性

平面位置	垂直于水平面(H 面)	垂直于正面(V 面)	垂直于侧面(W 面)
名称	铅垂面	正垂面	侧垂面
投影图	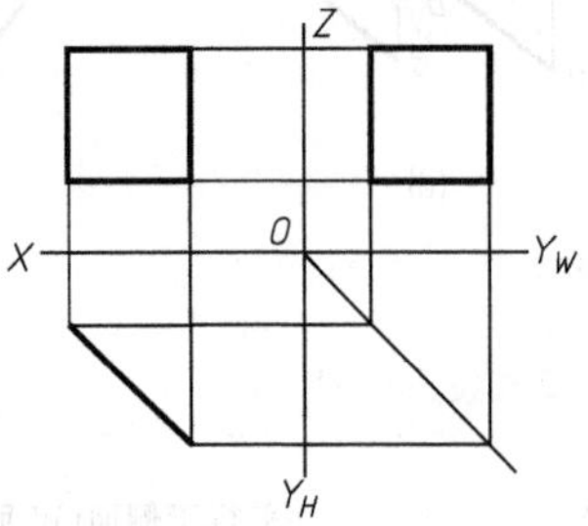	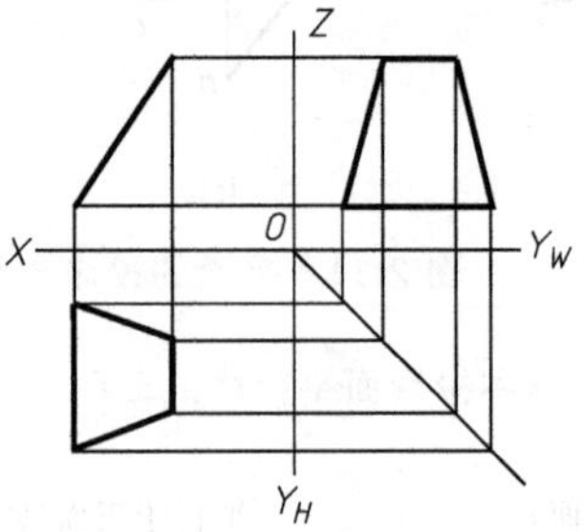	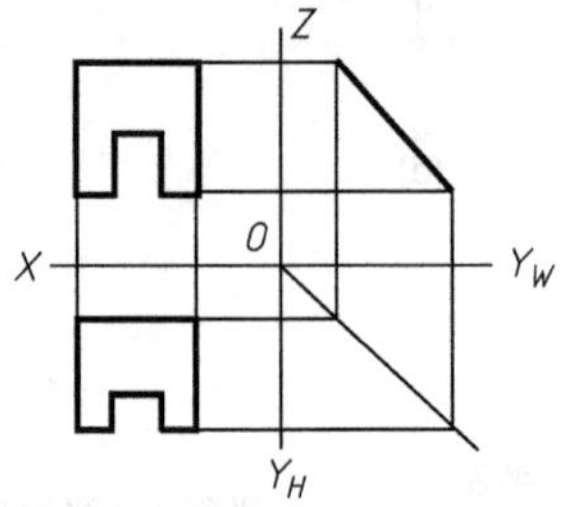
直观图	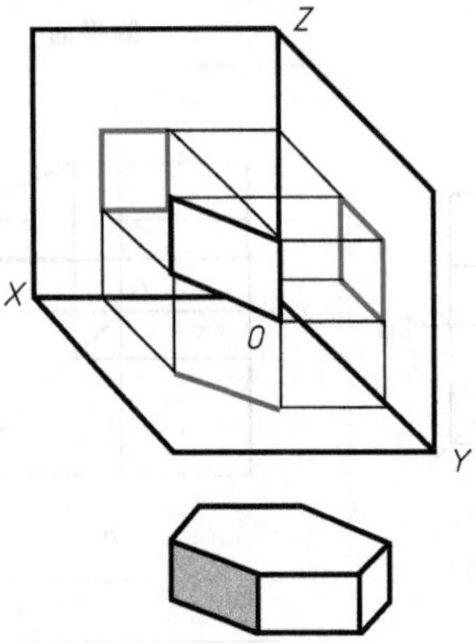	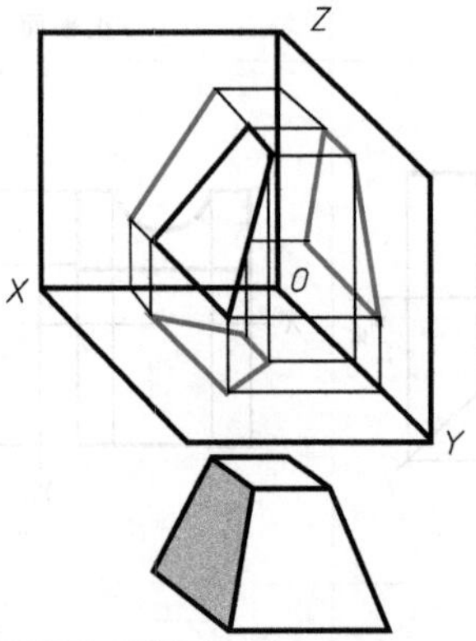	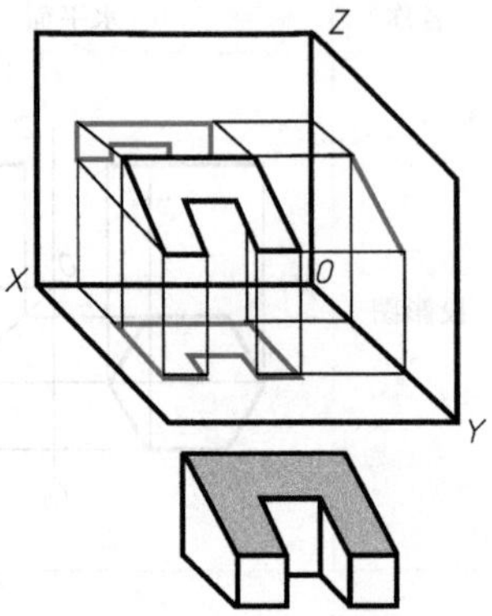
投影特性	①水平投影积聚成一线段,它与 OX、OY_H 轴的夹角分别反映 β、γ 角; ②其他投影有类似性	①正面投影积聚成一线段,它与 OX、OZ 轴的夹角分别反映 α、γ 角; ②其他投影有类似性	①侧面投影积聚成一线段,它与 OZ、OY_W 轴的夹角分别反映 α、β 角; ②其他投影有类似性

投影面垂直面的投影特性可归纳为:

① 平面在它所垂直的投影面上的投影积聚成与投影轴倾斜的直线(斜线),该直线与两投影轴的夹角分别反映了该平面与相应两投影轴的倾角;

② 其他两面投影有类似性。

(3) 一般位置平面　在三投影面体系中,与投影面都倾斜的平面称为一般位置平面,如图 2-15 所示。一般位置平面的投影特性:

三个投影面上的投影都具有类似性。

2. 平面上的点和直线

(1) 点和直线在平面上的几何条件

① 点在平面内,则必在平面内的一条直线上。

② 直线在平面上,则必经过平面上的两个点,或经过平面上的一点且平行于平面上的一条直线。

(2) 点、直线在平面上的投影特性

将上述几何条件经正投影的"从属性"加以转化,则得到点和直线在平面上的投影

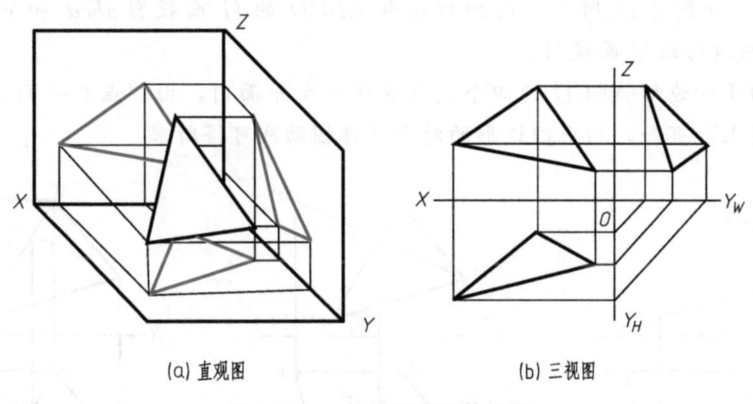

(a) 直观图　　(b) 三视图

图 2-15　一般位置平面的投影

特性：

① 点在平面上，则其投影必在平面内的一条直线的同面投影上。

② 直线在平面上，则其投影必经过平面上的两个点的同面投影，或经过平面上的一个点且平行于平面上的一条直线的同面投影。

点和直线在平面上的投影作图见表 2-5。

表 2-5　平面上的点和直线的投影作图

几何关系	几何条件	投影图例	作图说明
点在平面上			①作平面上包含该点的直线的投影； ②若平面有积聚性，则点的投影必位于有积聚性的投影上
直线在平面上			①先作平面上直线所经过的两点的投影； ②若平面有积聚性，则直线的投影必与平面的积聚性投影重合； ③过平面内一点，作与平面内的一已知直线的平行线

【例 2-2】 如图 2-16 所示，已知四边形 $ABCD$ 的 H 面投影 $abcd$ 和 V 面投影中的 $a'b'c'$，求作四边形的 V 面投影。

分析：由于四边形 $ABCD$ 的四个顶点在同一个平面内，由“点在平面内，则必在平面的一条直线上”可知，利用四边形的对角线作辅助线可得所求。

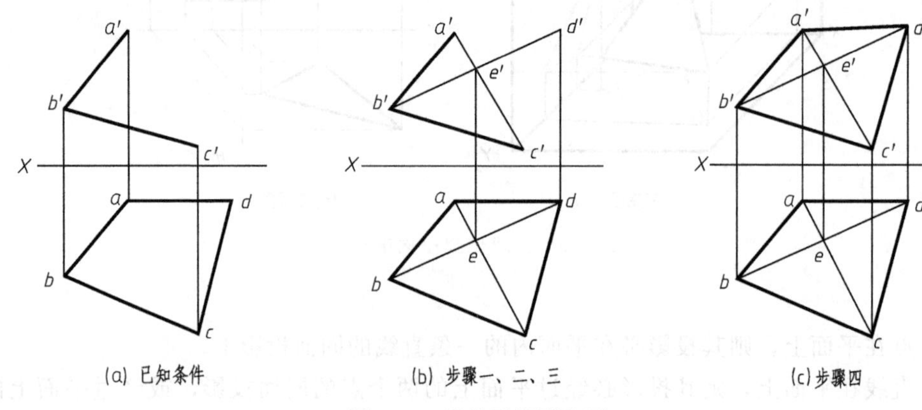

图 2-16 四边形投影作图

作图：

步骤一：如图 2-16（b）所示，连接 a、c 和 b、d 以及 $a'c'$，bd 交 ac 于 e；

步骤二：由 e 向 $a'c'$ 作投影连线交 $a'c'$ 于 e'；

步骤三：连接 $b'e'$ 并延长，与由 d 所作投影连线交于 d'；

步骤四：如图 2-16（c）所示，分别连接 $a'd'$ 及 $c'd'$，即为所求。

本章小结

1. 本章介绍了投影法的基本知识，并详细分析了正投影的基本性质。在正投影的基础上，建立了三面投影体系——三视图。

平行投影法是中心投影法的特例，而正投影又是平行投影法的特例。正投影的显实性、积聚性和类似性使得视图具有良好的度量性，因此在工程中得到广泛的应用。

2. 三视图是本章的重点和难点，也是本课程的理论基石。读者只有通过大量练习，才能逐步理解、印证三视图的投影规律。

3. “长对正、高平齐、宽相等”的投影对应关系是三视图的精髓。在本章的学习阶段，要求读者能够用三视图正确地表达一些基本形体，做一些初步的练习。在此过程中理解、印证三视图的投影规律并加深认识。牢记“长对正、高平齐、宽相等”的投影对应关系，在今后的学习过程中，并将其作为指导性的原则应用于画图、识图实践中。

4. 为了满足本课程进一步学习的需要，本章特地介绍了最基本的几何元素——点、线和平面的投影规律，为后续章节的投影分析做好铺垫。

5. 本章主要知识点归纳如下：

（1）三投影面体系、名称及其表示方法；三视图形成及其投影规律；

（2）点的投影规律、两点相对位置判定以及重影点；

（3）各种位置直线的概念、投影规律及其空间位置判断；

（4）各种位置平面的概念、投影规律及其空间位置判断。

第三章 基本立体及其表面交线

本章导读

本章主要介绍基本几何体（平面立体和曲面立体）的投影，立体表面交线——截交线和相贯线的性质和作图方法。

学习目标

- 掌握基本体的投影特性和分析、作图，能够正确绘制基本体的投影图
- 掌握截交线、相贯线的性质，熟练运用表面取点法求解常见立体截交和相贯的投影分析、作图
- 熟练掌握两圆柱正交时不同形体布尔运算而形成的相贯线及其投影

第一节 平面立体

前面学习了点、线、面的投影知识和视图的基本知识，在此基础上进一步研究立体的投影。任何复杂形状的物体都可以视为由若干基本体组成。基本体按照其构成的表面可以分为平面立体和曲面立体两大类。

平面立体是指完全由平面围成的立体，如棱柱、棱锥等。

一、棱柱

1. 棱柱的投影分析

棱柱的棱线互相平行，各棱面为矩形，上、下底面为正多边形。常见的棱柱有三棱柱、四棱柱、五棱柱和六棱柱等。如图 3-1（a）所示为一正六棱柱，由上、下两个底面（正六边形）和六个棱面（长方形）组成。将其放置成上、下底面与水平面平行，前、后棱面平行于正面。其在三投影面体系中的投影特性分析如下：

如图 3-1（b）所示，正六棱柱的上、下两底面均为水平面，其水平投影重合且反映

实形、正面及侧面投影分别积聚为两条相互平行的直线；前、后两个棱面为正平面，其正面投影反映实形、水平投影及侧面投影则分别积聚为一直线；其他四个棱面均为铅垂面，其水平投影均积聚为直线、正面投影和侧面投影均为类似形——矩形。

分析立体的投影时，应以围成立体的各个表面的投影为着眼点，这些表面将各个顶点和棱线（交线）包含其中。

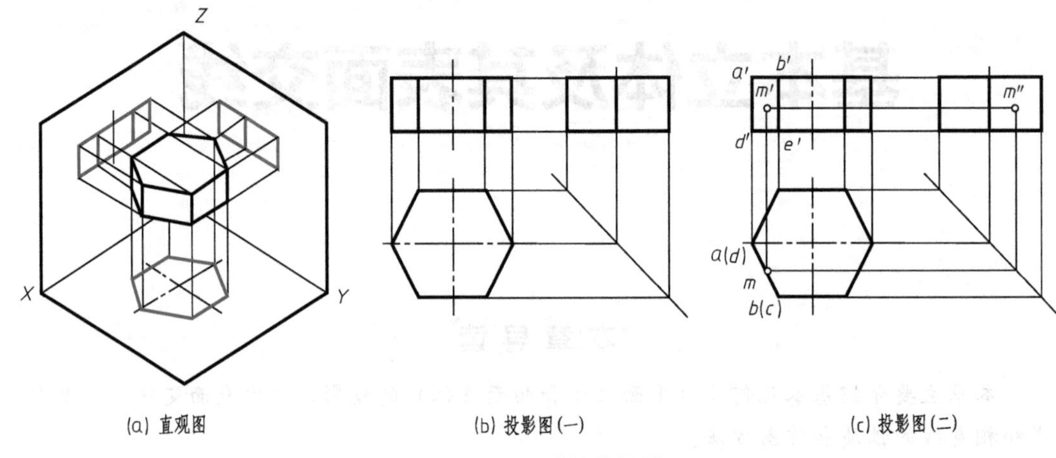

图 3-1　正六棱柱的投影

2. 作图步骤

如图 3-1（b）所示为正六棱柱的三视图，其作图步骤如下：

① 作三视图的基准线；

② 作特征视图，即水平投影正六边形；

③ 作顶面和底面在正面和侧面的投影——积聚为两条直线；

④ 作侧面投影，侧面的轮廓为矩形，其中前后两条边是前后两个棱面的积聚投影，其余四个棱面在侧面的投影均为矩形。

3. 棱柱表面上点的投影

在平面立体表面上取点实际就是在平面上取点。首先确定点所在棱柱的平面，并分析该平面的投影特性，再根据点的投影规律求得其投影。

点的可见性：点所在的平面可见，则点可见，否则不可见。点所在的平面积聚时，不判断可见性。

【例 3-1】 如图 3-1（c）所示，已知正六棱柱体表面上点 M 的正面投影 m'，求作 m、m''。

作图：根据 m' 的可见性判断点 M 必在正六棱柱的左、前棱面 $ABCD$ 上，由于该棱面是铅垂面，其水平投影积聚成一条直线，故点 M 的水平投影 m 必在此直线上，再根据 m、m' 可求出 m''，最后由 $ABCD$ 的侧面投影的可见性判断 m'' 也可见。

二、棱锥

1. 棱锥的投影分析

棱锥的所有棱线交汇于一点，即锥顶。常见的棱锥有三棱锥、四棱锥、五棱锥和六棱锥等。如图 3-2（a）所示为一正三棱锥，其表面由底面（正三角形）和三个棱面（等腰三角形）围成，将其放置成底面与水平面平行，并有一个棱面垂直于侧面。在三投影面体系中的投影特性分析如下：

如图 3-2（b）所示，正三棱锥的底面△ABC 为水平面，其水平投影反映实形、正面投影和侧面投影分别积聚为直线段 $a'b'c'$ 和 $a''(c'')b''$；棱面△SAC 为侧垂面，其侧面投影积聚为一条斜线 $s''a''(c'')$、正面投影和水平投影为类似形△$s'a'c'$ 和△sac；棱面△SAB 和△SBC 均为一般位置平面，其三面投影均为类似形；棱线 SB 为侧平线，棱线 SA、SC 为一般位置直线，底边 AC 为侧垂线，AB、BC 为水平线。

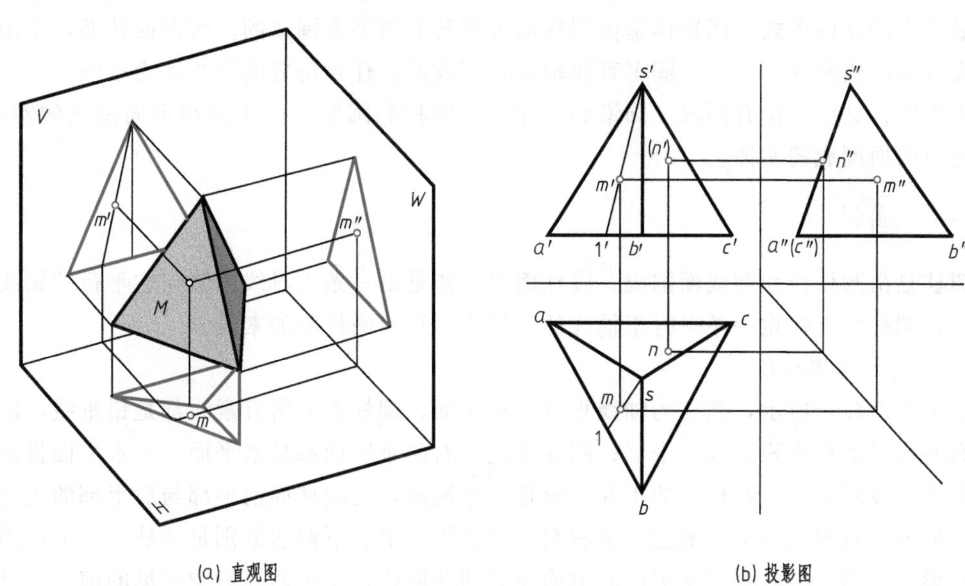

(a) 直观图　　(b) 投影图

图 3-2　正三棱锥体的投影

2. 棱锥三视图作图

如图 3-2（b）所示为正三棱锥的三视图。其作图步骤如下：

① 作三视图的基准线；

② 作特征视图，即水平投影中三角形和顶点 S，连接 S 与三角形顶点的连线；

③ 在 V 面、W 面作底面积聚投影和顶点 S 的投影；

④ 侧面投影为三角形，其中后棱面△SAC 积聚成直线，连接其余顶点即完成三棱锥的投影。

3. 棱锥表面上点的投影

首先确定点所在棱锥的平面，再分析该平面的投影特性。若该平面为特殊位置平面，可利用投影的积聚性直接求得点的投影；若其为一般位置平面，可采用辅助线法求得。

【例 3-2】 如图 3-2（b）所示，已知正三棱锥棱面上点 M 的正面投影 m' 和点 N 的水平面投影 n，求作 M、N 两点的其余两面投影。

作图：据 m' 判断点 M 在△SAB 上。因△SAB 为一般位置平面，可采用辅助线法。过点 M 及锥顶点 S 作一条直线 SⅠ，与底边 AB 交于点Ⅰ。在图 3-2（b）中即过 m' 作 $s'1'$，再作出其水平投影 $s1$。由于点 M 属于直线 SⅠ，根据点在直线上的从属性可知 m 必在 $s1$ 上，求出水平投影 m，最后根据 m、m' 求出 m''，m 和 m'' 均可见。

由于 n 可见，故点 N 在棱面$\triangle SAC$ 上。而棱面$\triangle SAC$ 为侧垂面，其侧面投影积聚为一直线段 $s''a''(c'')$，故 n''必在 $s''a''(c'')$ 上，最后由 n、n''即可求出 n'。由于$\triangle s'a'c'$不可见，因此 n'也就不可见。

第二节 曲面立体

若围成立体的表面包含曲面，这样的立体称为曲面立体。回转体是曲面立体中最常见、最基本的立体形式。回转体是由回转面或回转面与平面围成的。所谓回转面，是由一条母线（直线或曲线）围绕一固定直线轴旋转而成的。任意位置的母线称为素线。

工程中常见回转体有圆柱、圆锥和球体等。圆柱和圆锥是由曲面和平面围成的实体，球体是由曲面围成的实体。

一、圆柱

圆柱是由圆柱面和两底面围成。圆柱面可看作是由一条直母线围绕与它平行的轴线回转而成。圆柱面上任意一条平行于轴线的直母线，称为圆柱面的素线。

1. 圆柱的投影分析

如图 3-3（a）所示，圆柱的轴线垂直于水平面，圆柱面上所有素线都是铅垂线，因此圆柱面的水平面投影积聚成一个圆；圆柱体左、右两个底面都是水平面，其水平面投影反映实形并与该圆重合。圆柱面的正面投影是一个矩形，是圆柱面前半部与后半部的重合投影，矩形的左右两边分别为最左、最右素线的投影，上、下两边分别是圆柱上、下底面的积聚投影。最左、最右素线是圆柱面由前向后的转向线，是正面投影中可见的前半圆柱面和不可见的后半圆柱面的分界线，也称为正面投影的转向轮廓素线。同理，可对侧面投影中的矩形进行类似的分析。

圆柱体的投影特性：当圆柱体的轴线垂直于某一个投影面时，必在该面的投影为圆形，另外两个投影为全等的矩形。

2. 作图步骤

如图 3-3（b）所示为圆柱的三视图，其作图步骤如下：

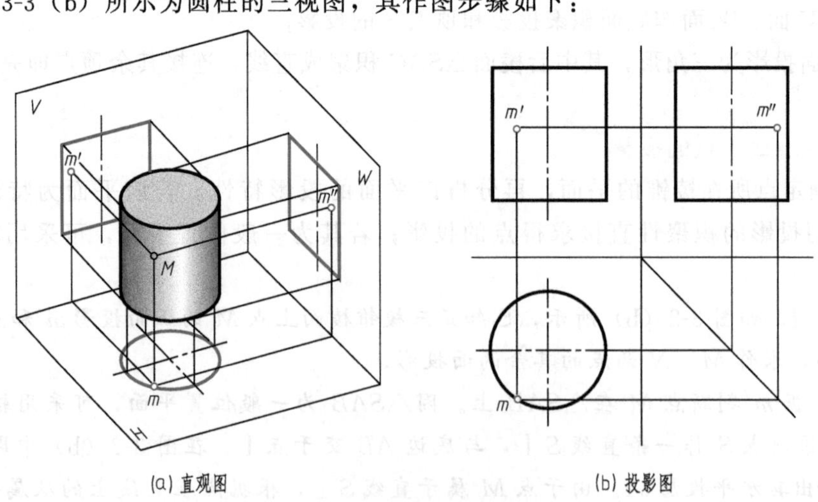

(a) 直观图　　(b) 投影图

图 3-3　圆柱体的投影

① 作三视图的基准线；

② 作特征视图，即水平投影——圆；

③ 在 V 面、W 面作顶面、底面积聚而成的两条水平线；

④ 作圆柱面的投影，正面投影为矩形，左右两条边为最左、最右素线的投影；侧面投影为矩形，前后两条边为最前、最后素线的投影。

圆柱的投影为一个圆和两个等大的矩形。

3. 圆柱面上点的投影

【例 3-3】 如图 3-3（b）所示，已知圆柱面上点 M 的正面投影 m'，求作点 M 的其余两面投影。

作图：由于圆柱面的水平投影具有积聚性，因此圆柱面上点的水平投影必重影在圆周上。根据 m' 可见，判定点 M 必在左、前四分之一圆柱面上，由 m' 求得 m，最后由 m' 和 m 求得 m。由于左、前四分之一圆柱面的侧面投影可见，因此 m'' 也可见。

二、圆锥

圆锥是由圆锥面和底面围成。圆锥面可看作是一条直母线围绕与它相交的轴线回转而成。在圆锥面上通过锥顶的任一直线称为圆锥面的素线。

1. 圆锥的投影分析

如图 3-4（a）所示圆锥体的轴线是铅垂线，底面是水平面，图 3-4（b）是其投影图。圆锥体的水平投影为一个圆，反映底面的实形，同时也表示圆锥面的投影；圆锥的正面、侧面投影为相同的等腰三角形，其底边均为圆锥底面的积聚投影；正面投影中三角形的两腰 $s'a'$、$s'b'$ 分别表示圆锥面最左、最右轮廓素线 SA、SB 的投影，它们是圆锥面的正面投影可见与不可见的分界线。SA、SB 的水平投影 sa、sb 和横向中心线重合，侧面投影 $s''a''(b'')$ 与轴线重合。同理可对侧面投影中三角形的两腰进行类似的分析。

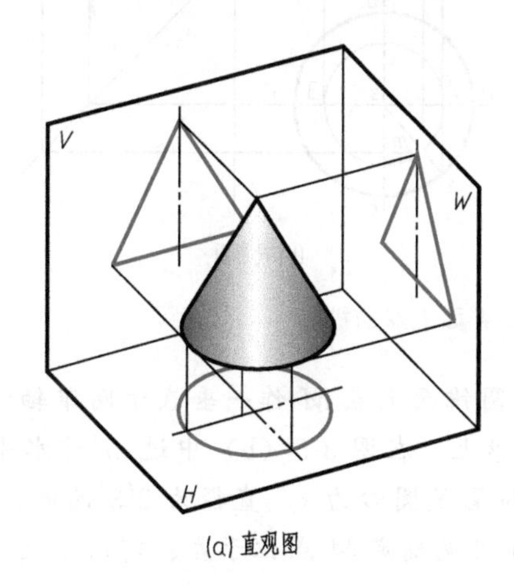

(a) 直观图

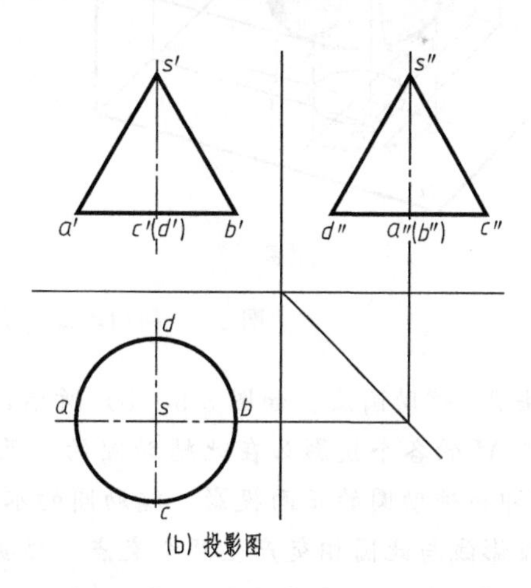

(b) 投影图

图 3-4 圆锥体的投影

圆锥的投影特性：当圆锥体的轴线垂直于某一个投影面时，圆锥体在该投影面上的投影为与其底面全等的圆形，另外两个投影为全等的等腰三角形。

2. 作图步骤

如图 3-4（b）所示为圆柱的三视图，其作图步骤如下：

① 作三视图的基准线；

② 作特征视图，即水平投影——圆；

③ 在 V 面、W 面作底面积聚而成的一条水平线；

④ 作圆锥面的投影，正面投影为等腰三角形，左右两条腰为最左、最右素线的投影；侧面投影为等腰三角形，前后两条腰为最前、最后素线的投影。

圆柱的投影为一个圆和两个等大的等腰三角形。

3. 圆锥面上点的投影

【例 3-4】 如图 3-5 所示，已知圆锥面上点 M 的正面投影 m'，求作点 M 的其余两个投影。

分析：由于 m' 可见，故可判定点 M 必在左、前四分之一圆锥面上，因此可知点 M 的水平面投影和侧面投影均为可见。

作图方法有二：

方法 1：辅助（素）线法。如图 3-5 所示，过锥顶 S 和 M 作一直线 SⅠ，与底边交于点Ⅰ，点 M 的各个投影必在此 SⅠ的相应投影上。在图 3-5（b）中过 m' 作 $s'1'$，然后求出其水平投影 $s1$。由点在直线上的从属性可知 m 必在 $s1$ 上，以此求出水平投影 m，最后由 m、m' 可求出 m''。

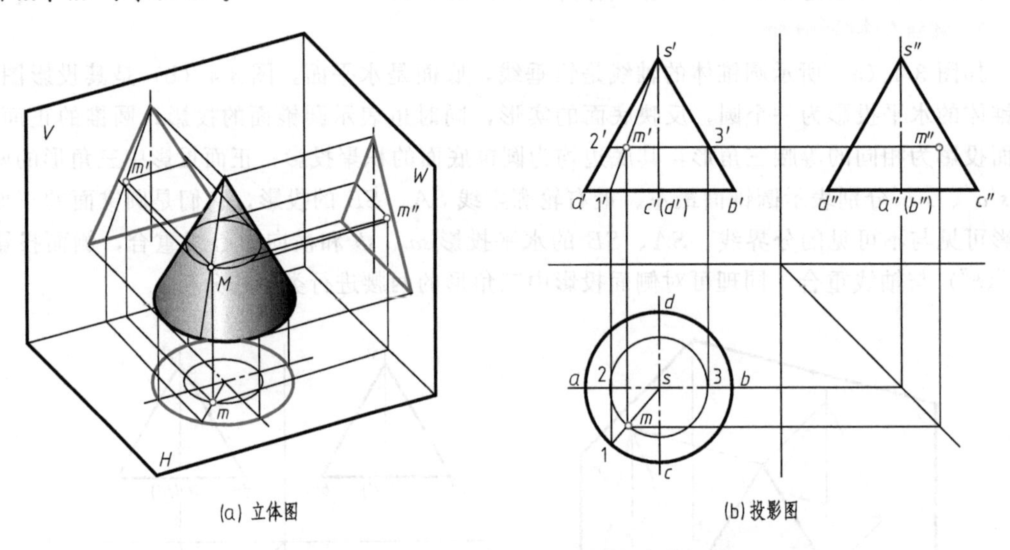

(a) 立体图　　(b) 投影图

图 3-5　利用辅助线法作圆锥面上点的投影

方法 2：辅助圆法。如图 3-5（b）所示，过圆锥面上点 M 作一垂直于圆锥轴线的辅助圆，点 M 的各个投影必在此辅助圆的同面投影上。在图 3-5（b）中过 m' 作水平线 $2'3'$，$2'3'$ 即为辅助圆的正面投影。辅助圆的水平投影是圆心为 s，直径为 $2'3'$ 的圆，由 m' 向下作投影线与此圆相交产生两个交点。根据 m 可见确定 M 点位于左、前四分之一圆锥面上，即可确定 m，最后再由 m 和 m' 求出 m''。

三、球体

球体的表面是球面，球面可看作是一条圆母线绕其直径回转而成。

1. 球体的投影分析

由于球体的对称性，其三面投影均为等大的圆。如图 3-6（a）所示，球体在三个投影面上的投影都是直径相等的圆，但这三个圆分别表示三个不同方向的球面轮廓素线的投影。正面投影的圆是平行于 V 面的圆素线（它是前面可见半球与后面不可见半球的分界线）的投影；与此类似，侧面投影的圆是平行于 W 面的圆素线的投影；水平投影的圆是平行于 H 面的圆素线的投影。这三条圆素线的其他两面投影，都与相应圆的中心线重合，故不画出。

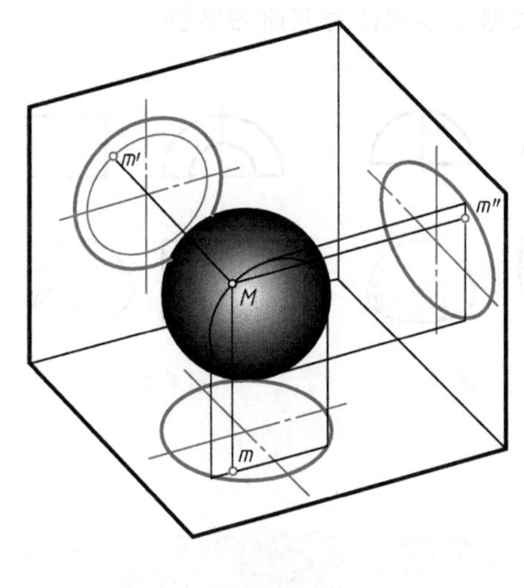

(a) 直观图

(b) 投影图

图 3-6　球体的投影

球体的投影特性：球体的三面投影都是圆，这三个圆的直径完全相等，都等于球的直径。

2. 作图步骤

如图 3-6（b）所示，为圆球体的三视图，作图步骤如下：

① 作三视图的基准线。

② 作 H 面投影圆，为平行于水平面的赤道圆（大圆）的投影。

③ 作 V 面投影圆，为平行于正面的赤道圆（大圆）的投影。

④ 作 W 面投影圆，为平行于侧面的赤道圆（大圆）的投影。

圆球是曲面体，三面投影是三个圆，分别为三个不同方向的大圆的投影。

3. 球体表面上点的投影

求作球体表面上点的投影需采用辅助圆法，即过该点在球面上作一个平行于任一投影面的辅助圆。需要注意的是，在球面上是无法作出直线的。

【例 3-5】　如图 3-6 所示，已知球面上点 M 的水平投影，求作其余两面投影。

作图：采用辅助圆法。如图 3-6（b）所示，过点 M 作一平行于正面的辅助圆，其水平投影为过 m 的直线 12，正面投影为直径等于 12 长度的圆。自 m 向上作投影线，在正面投影上与辅助圆相交于两点。由 m 可见，可确定点 M 必在上、左、前八分之一圆球面上，据此可确定位置偏上的点即为 m'，再由 m、m' 求出 m''。由于点 M 必在上、左、前八分之一圆球面上，故点 M 的三面投影均可见。

四、基本体视图分析

综合上述柱、锥、圆球等各种基本体的三视图，有如下规律：

① 三视图中若有两个视图轮廓为等大的矩形，则此基本体为柱体；若有两个视图轮廓为三角形，则此基本体为锥体；若为梯形，则为棱台或圆台。

② 区别上述基本体是平面立体和回转体的方法是：根据第三视图的形状，若为多边形则是平面立体（棱柱、棱锥、棱台）；若为圆，则为回转体（圆柱、圆锥、圆台）。

③ 若三个视图均为等大的圆，则为球体。

图 3-7 为部分常见简单形体的三视图，读者可根据上述规律对照研习掌握。

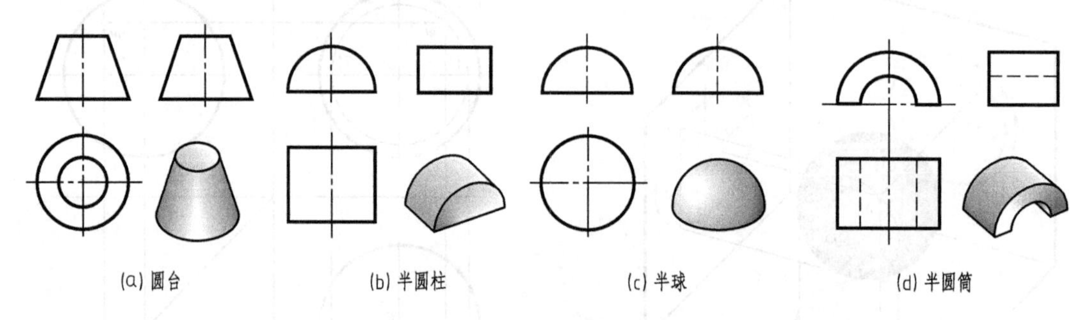

(a) 圆台　(b) 半圆柱　(c) 半球　(d) 半圆筒

图 3-7　常见简单形体

第三节　截交线

平面与立体相交，可视为用平面截切立体，此平面称为截平面，截平面与立体表面的交线称为截交线，截交线所围成的平面图形称为截断面，如图 3-8 所示。

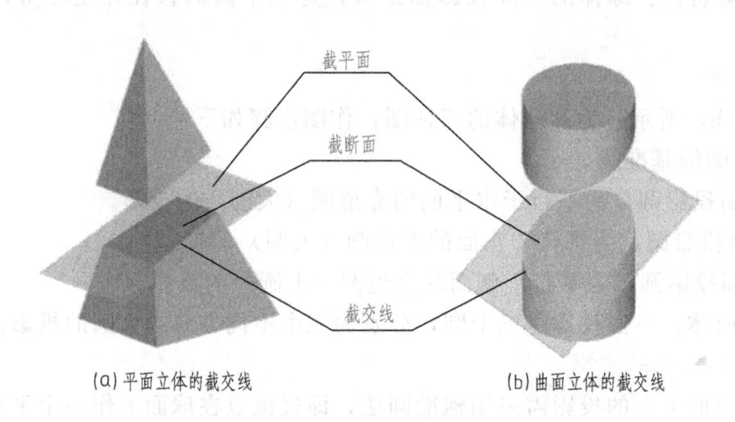

(a) 平面立体的截交线　(b) 曲面立体的截交线

图 3-8　立体的截交线

由于立体有各种不同形状，平面与立体相交时又有各种不同的相对位置，因此截交线的形状也各不相同，但都具有以下两个基本特性：

① 截交线为封闭的平面图形。

② 截交线既在截平面上，又在立体表面上，因此截交线是截平面和立体表面的共有线，截交线上的点都是它们的共有点。

一、平面立体的截交线

平面立体的截交线形成一个封闭的平面多边形，多边形的每条边就是截平面和平面立体表面的交线，每个顶点就是平面立体各棱线与截平面的交点。因此，平面立体截交线的投影作图，就是求作平面立体的棱线或底边与截平面的各个交点的投影，然后依次连接其同面投影即为截交线的投影。

【例 3-6】 求作如图 3-9 所示正四棱柱被正垂面截切后的三视图。

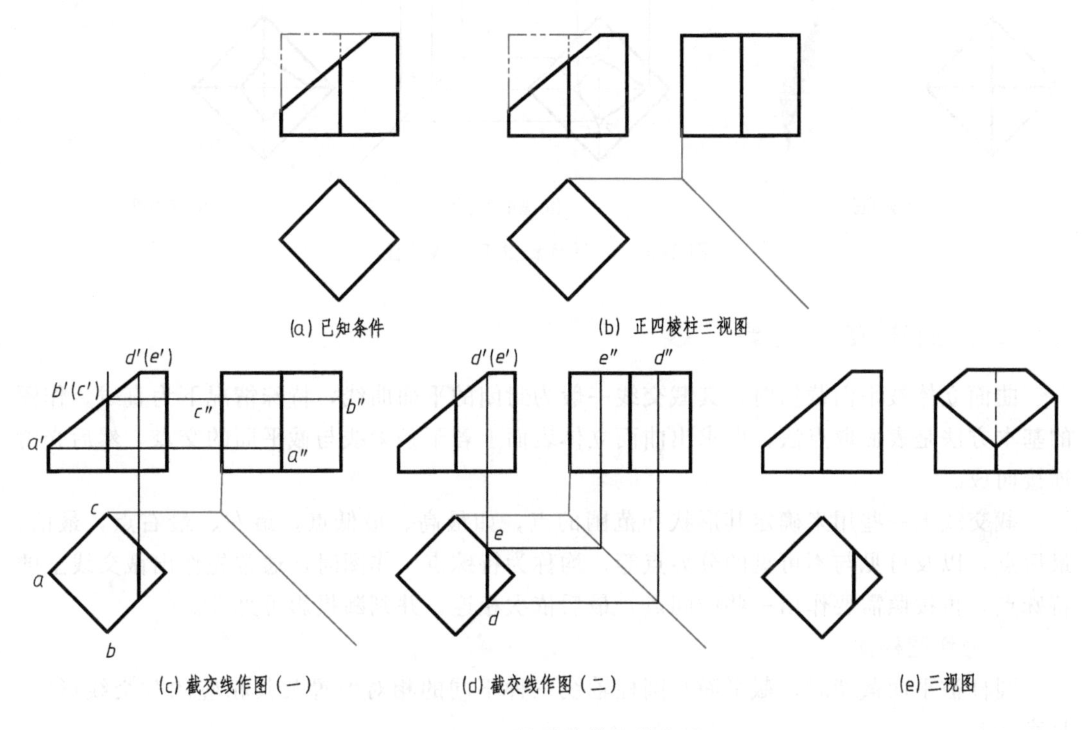

图 3-9 正四棱柱的截交线作图

分析：如图 3-9（a）所示，截平面为正垂面，它与棱柱的四个侧面及顶面五个面相交，故截断面为五边形。其正面投影积聚为直线段 $a'b'c'(d')(e')$。四棱柱的四个侧面均为铅垂面，四条侧棱线均为铅垂线，可利用它们的水平投影具有积聚性求得 a、b、c、d、e，再根据截面的正面投影与水平投影求出其侧面投影 a''、b''、c''、d''、e''，并依次连接，即得截交线的三面投影。

作图：

① 作出正四棱柱侧面投影，如图 3-9（b）所示。

② 求截断面 $ABCDE$ 的三面投影，如图 3-9（c）、（d）所示。

③ 判断可见性，整理轮廓线，完成正四棱柱截切后的三视图，如图 3-9（e）所示。

【例 3-7】 求作如图 3-10（a）所示正四棱锥被正垂面 P 斜截后的三视图。

分析：截平面与棱锥的四条棱线相交，可确定截交线是四边形，其四个顶点分别是四条棱线与截平面的交点。因此，只要求出截交线的四个顶点在各投影面上的投影，然后依次连接各顶点的同面投影，即得截交线的三面投影。

作图：

① 求作截断面ⅠⅡⅢⅣ的三面投影，如图 3-10（b）所示。

② 判断可见性，整理轮廓线，完成四棱锥截切后的三视图，如图 3-10（c）所示。

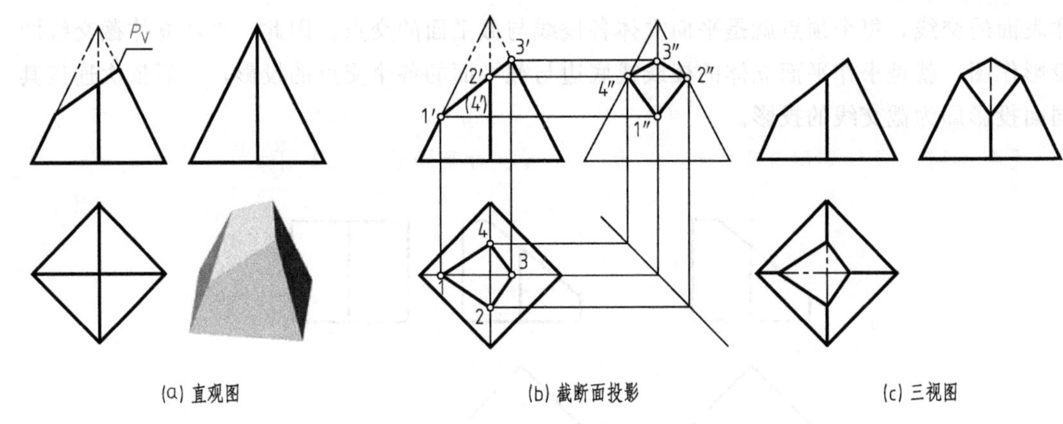

(a) 直观图　　(b) 截断面投影　　(c) 三视图

图 3-10　正四棱锥的截交线作图

二、曲面立体的截交线

曲面立体被平面截切时，其截交线一般为封闭的平面曲线，特殊情况下为直线。作图的基本方法是表面取点法，即求出曲面立体表面上若干条素线与截平面的交点，然后光滑连接而成。

截交线上一些用来确定其形状和范围的点，如最高、最低点，最左、最右点，最前、最后点，以及可见与不可见的分界点等，均称为特殊点。作图时，通常先作出截交线上的特殊点，再按照需要作出一些中间点，最后依次相连，并判断投影可见性。

1. 截切圆柱体

圆柱被平面截切时，截平面与圆柱轴线三种不同的相对位置及其相应的截交线形状，见表 3-1。

表 3-1　平面截切圆柱体的三种情况

截平面位置	与轴线垂直	与轴线倾斜	与轴线平行
截交线形状	圆	椭圆	矩形
直观图			
三视图			

【例 3-8】 求作如图 3-11 所示圆柱被正垂面截切后的三视图。

分析：截平面与圆柱体的轴线倾斜，故截交线为椭圆。此椭圆的正面投影积聚为一直线；因圆柱面的水平投影积聚为圆，而椭圆位于圆柱面上，故椭圆的水平投影与圆柱面水平投影重合；椭圆的侧面投影是其类似形，仍为椭圆，可根据投影规律由正面投影和水平投影求出其侧面投影。

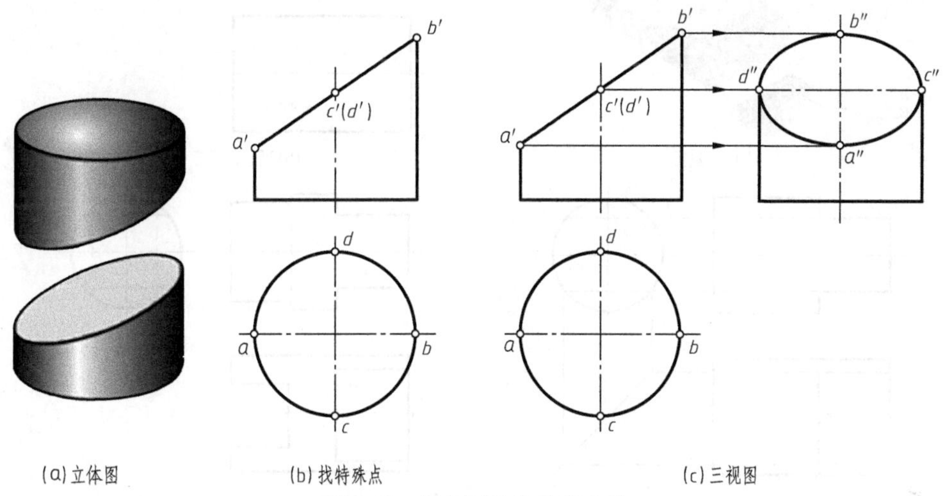

图 3-11 斜切圆柱体的截交线

作图：

① 作特殊点：最低点 A、最高点 B（点 A、B 既是椭圆长轴的两端点，又是圆柱面正面投影的转向轮廓线上的点）、最前点 C、最后点 D（点 C、D 既是椭圆短轴的两端点，又是圆柱面侧面投影的转向轮廓线上的点），如图 3-12（c）所示。

② 作中间点：用圆柱面上取点的方法求中间点的投影。此步骤通常可以省略，只需按照椭圆画法，直接利用四个端点画出椭圆即可。

③ 按照各点水平投影的顺序依次光滑连接侧面投影，并整理得到最终三视图，如图 3-12（c）所示。

【例 3-9】 完成如图 3-12 所示接头的三视图。

分析：接头是一个带切口的圆柱体零件。圆柱体右端的开槽是由两个平行于圆柱体轴线的对称的正平面和一个垂直于轴线的侧平面切割而成（截断面分别为两个矩形和一个弓形）；圆柱体左端的切口是由两个平行于圆柱体轴线的水平面和两个侧平面切割而成（截断面分别为两个全等的矩形和两个全等的弓形）。

作图：

① 作圆柱三视图，如图 3-12（b）所示。

② 作圆柱左端切口各截平面的正面投影和水平投影，圆柱左端的最上、最下素线被截去，如图 3-12（c）所示。

③ 作圆柱右端方槽各截平面的正面投影和水平投影，圆柱右端的最上、最下素线被截去，方槽底面在主视图中只有少部分可见，如图 3-12（d）所示。

2. 截切圆锥体

圆锥被截平面截切时，截平面与圆锥体轴线各种相对位置及其相应的截交线形状，见表 3-2。

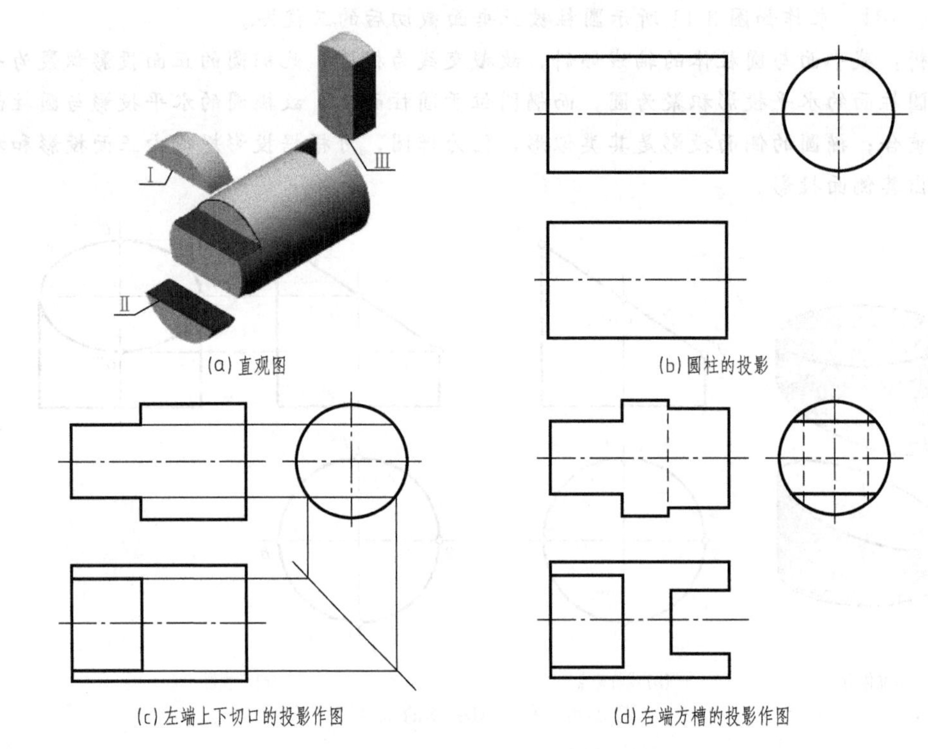

(a) 直观图　(b) 圆柱的投影

(c) 左端上下切口的投影作图　(d) 右端方槽的投影作图

图 3-12　接头的三视图

表 3-2　平面截切圆锥体的五种情况

截平面位置	与轴线垂直	与轴线倾斜 $\theta>\alpha$	平行于一条素线 $\theta=\alpha$	平行于两条素线 $\theta<\alpha$	过锥顶
截交线形状	圆	椭圆	抛物线＋直线	双曲线＋直线	三角形
轴测图					
三视图					

【例 3-10】　求作如图 3-13 (a) 所示圆锥被正平面截切后的三视图。

分析：由于截平面为一水平面，与圆锥的轴线平行，因此截交线为一条双曲线。截交线的正面投影和侧面投影都积聚为直线，其正面投影为双曲线的实形。

作图：

① 作圆锥体的截交线的水平投影和侧面投影，如图 3-13（b）所示。

② 作出特殊点Ⅰ、Ⅲ、Ⅴ的水平面投影，用辅助圆法作出中间点Ⅱ、Ⅳ的水平面投影，如图 3-13（c）所示。

③ 依次连接上述各点，完成双曲线的水平面投影，如图 3-13（d）所示。

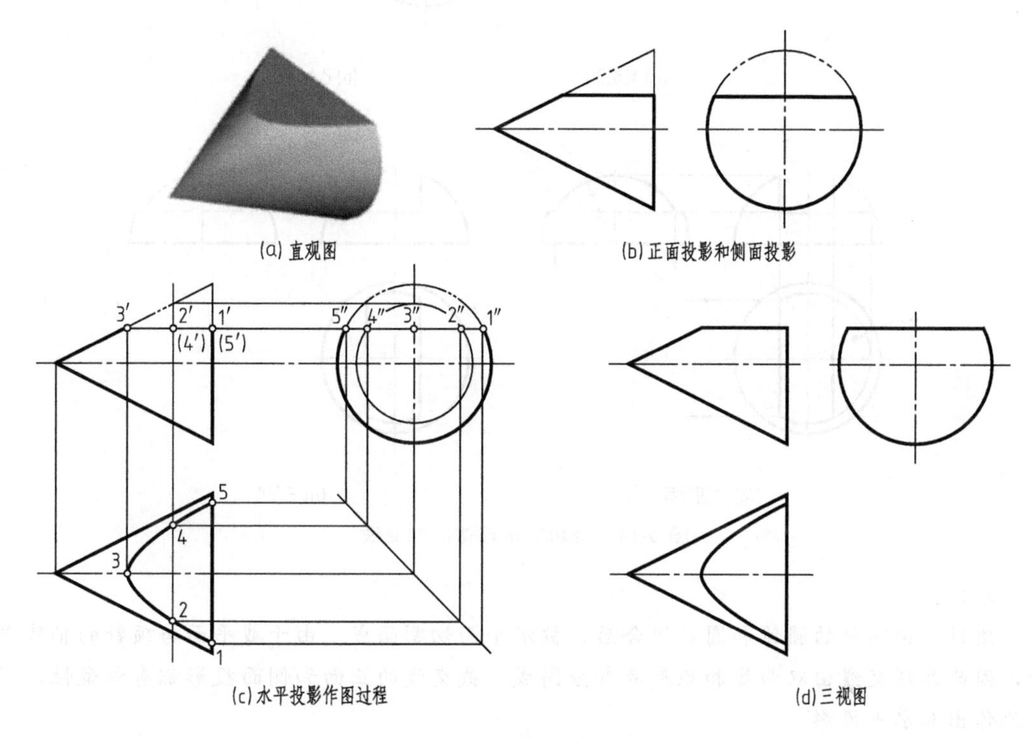

图 3-13　正平面截切圆锥的截交线

3. 截切球体

平面在任何位置截切球体的截交线都是圆。当截平面平行于某一投影面时，截交线在该投影面上的投影反映圆的实形，在其余两面上的投影都积聚为直线。

【例 3-11】　求作如图 3-14 所示半球体开槽后（如圆头螺钉头部开的起子槽）的三视图。

分析：半球体表面的凹槽是由两个侧平面和一个水平面切割而成，两个侧平面和球体的交线为两段平行于侧面的圆弧；水平面与球体的交线为前后两段水平圆弧；截平面之间的交线为正垂线。

作图：

① 作半球的三视图。

② 用辅助圆法作球体的截交线的水平投影和侧面投影，其中方槽的两侧面为弓形，槽底为鼓形，如图 3-14（c）所示。

③ 检查、整理完成，如图 3-14（d）所示。

【例 3-12】　求作如图 3-15（a）所示顶针的三视图。

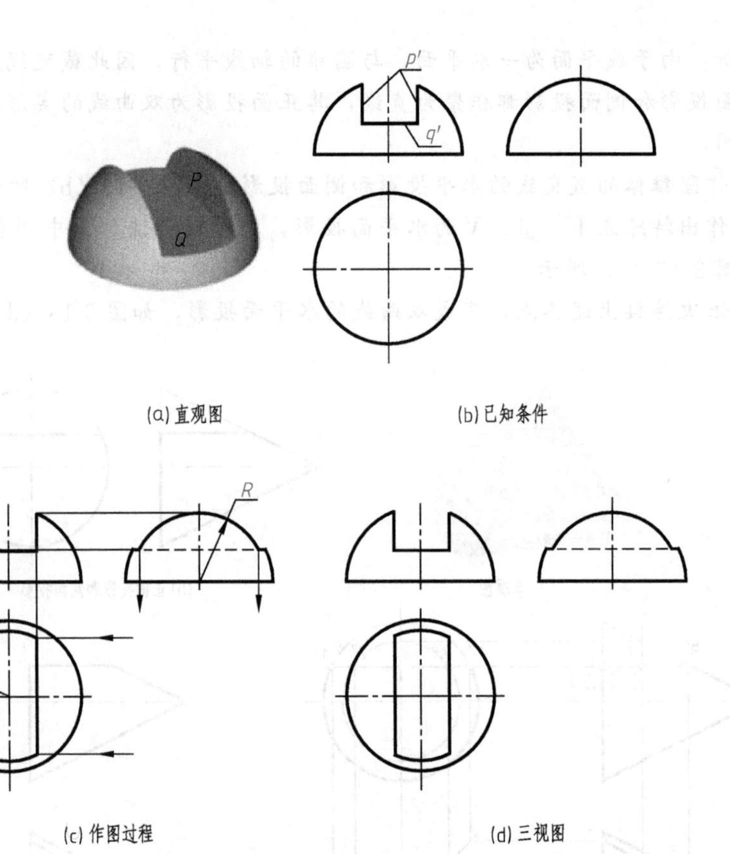

(a) 直观图　(b) 已知条件

(c) 作图过程　(d) 三视图

图 3-14　带切口半球体的截交线

分析：

顶针是由同轴的圆锥和圆柱组合后，被水平面切割而成。由于截平面与顶针的轴线平行，因此其截交线由双曲线和矩形两部分围成。截交线的正面和侧面投影都有积聚性，可由此作出其水平投影。

作图：

① 按照例 3-10 的方法作出水平面与圆锥面的交线——双曲线的水平投影，如图 3-15（c）所示。

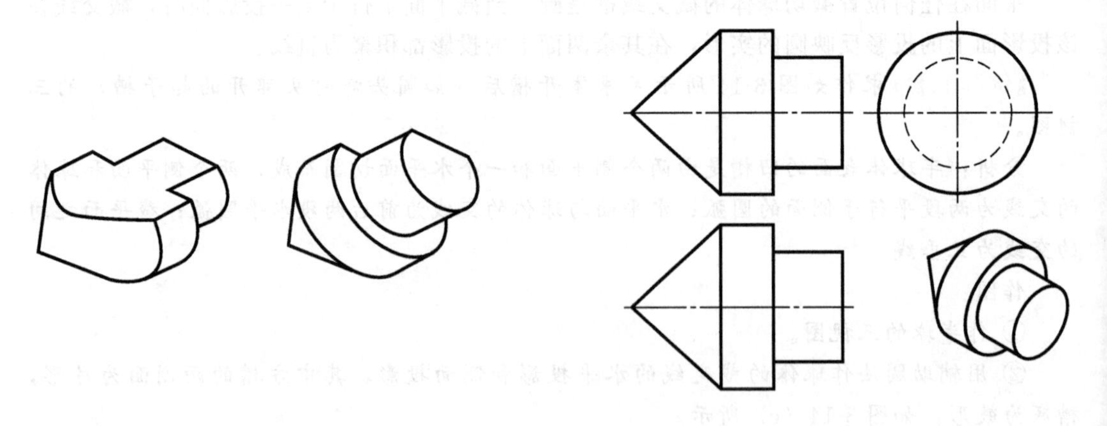

(a) 直观图　(b) 截切前形体

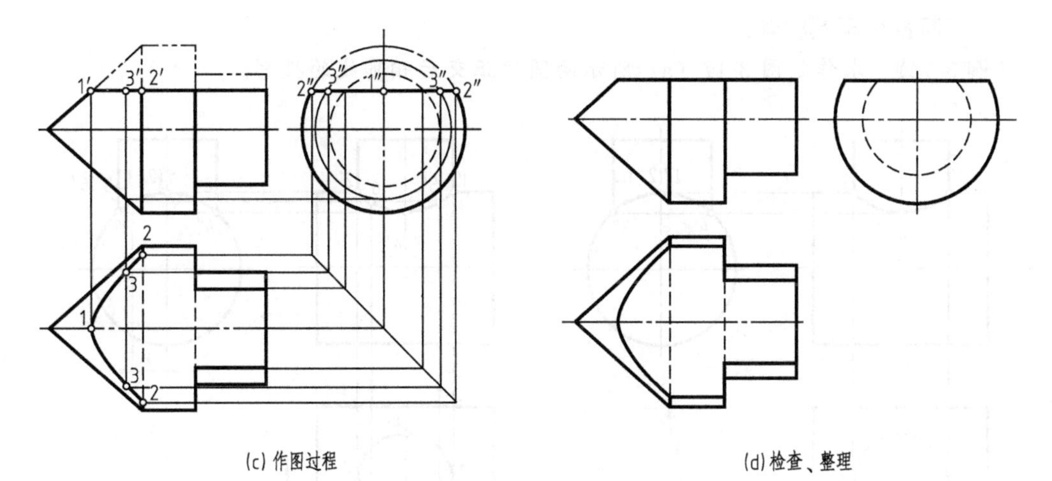

图 3-15 顶针的三视图

② 水平面与大、小圆柱的交线均为两条直线，可从左视图中弓形的端点直接量取作出，如图 3-15（c）所示。

③ 判断可见性，整理轮廓线，其中俯视图中两条虚线是顶针下部交线的投影，如图 3-15（d）所示。

第四节 相贯线

两立体表面的交线称为相贯线，如图 3-16 所示。相贯线的形状和投影特征受相贯两立体的形状、大小及空间相对位置的影响。

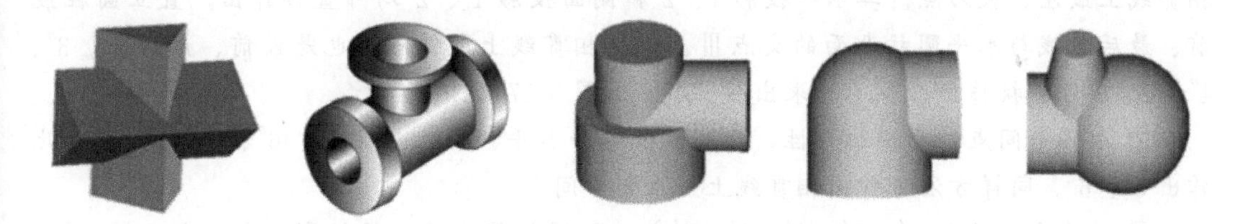

图 3-16 立体的相贯线

相贯线具有以下性质：

① 相贯线一般是封闭的空间曲线，特殊情况下为平面曲线或直线。

② 相贯线是两个立体表面的共有线，也是两个立体表面的分界线，相贯线上的点是两个立体表面的共有点。

根据立体的几何形状不同，两立体相交可分为：两平面立体相交、平面立体与曲面立体相交、两曲面立体相交。本节着重介绍两圆柱相交时相贯线的性质和作图。

一、圆柱与圆柱正交

两圆柱正交相贯线的投影作图，就是求二者表面的共有点的投影。作图时，依次求出特殊点和若干中间点，判别其可见性，然后将各点同面投影依次光滑连接，即得相贯线的投影。

1. 不同直径两圆柱体正交

【例 3-13】 求作如图 3-17（a）所示两圆柱正交后相贯线的投影。

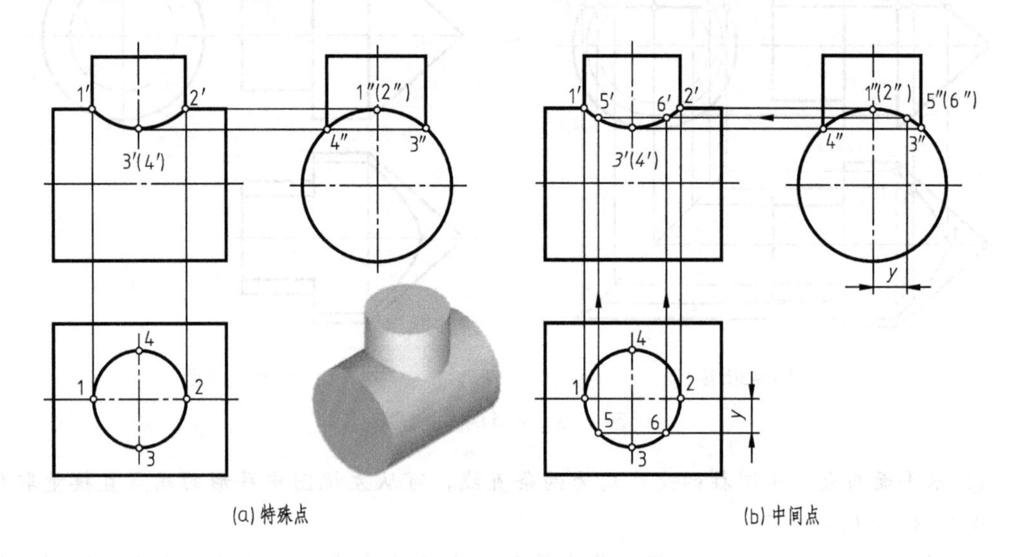

图 3-17 正交两圆柱体的相贯线

分析：两圆柱体的轴线正交，且分别垂直于水平面和侧面。相贯线的水平面投影积聚在小圆柱体水平投影的圆周上，其侧面投影积聚在大圆柱侧面投影的圆周上，故只需求作相贯线的正面投影。根据相贯线的积聚性，可采用在立体表面取点法求得。

作图：

① 求作特殊点。水平圆柱的最高素线与直立圆柱的最左、最右素线的交点Ⅰ、Ⅱ是相贯线上最左、最右点。其水平投影 1、2 和侧面投影 1″、2″均可直接作出。直立圆柱最前、最后素线与水平圆柱表面的交点Ⅲ、Ⅳ是相贯线上最低点，也是最前、最后点。3″、4″和 3、4 可直接作出，再由此求出 3′、4′，如图 3-17（a）所示。

② 求作中间点。利用积聚性，在侧面投影和水平投影上确定 5″、6″和 5、6，再由此作出 5′、6′。同样方法可作出相贯线上一系列中间点。

③ 依次光滑连接 1′、5′、3′、6′、2′点，即得相贯线的正面投影。由于Ⅰ、Ⅴ、Ⅲ、Ⅵ、Ⅱ点所在的两个圆柱面的正面投影均可见，因此相贯线的正面投影可见。由于该条相贯线前后对称，因此主视图中后半段相贯线与前半段重影，如图 3-17（b）所示。

2. 内、外圆柱表面相交

两圆柱面轴线垂直相交的相贯体，在零件中是比较常见的。除了上述两实体圆柱相交[产生外相贯线，如图 3-18（a）所示]外，还有圆柱孔与实体圆柱相交（产生外相贯线），如图 3-18（b）所示；圆柱孔与圆柱孔相交（产生内相贯线），内相贯线的形状与作图方法与外相贯线相同，只是在视图中因不可见而应画成虚线，如图 3-18（c）所示。

3. 相贯线的变化趋势

如图 3-19 所示，两个不等径正交圆柱的相贯线，总是由小圆柱向大圆柱弯曲，并且两圆柱直径相差越小，相贯线曲线顶点越向大圆柱轴线靠近。

4. 相贯线的特殊情况

两曲面立体相交，其相贯线一般为空间曲线，但在特殊情况下为平面曲线或直线。

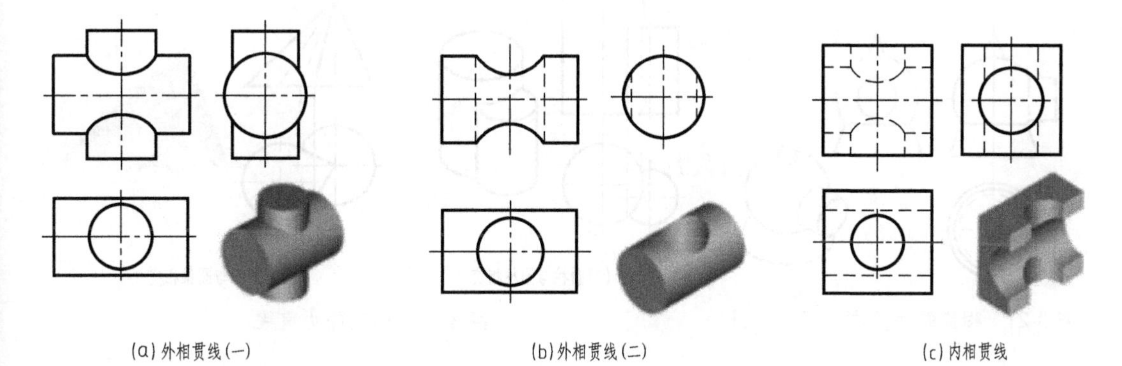
(a) 外相贯线(一)　(b) 外相贯线(二)　(c) 内相贯线

图 3-18　两圆柱体轴线垂直相交的其它情况

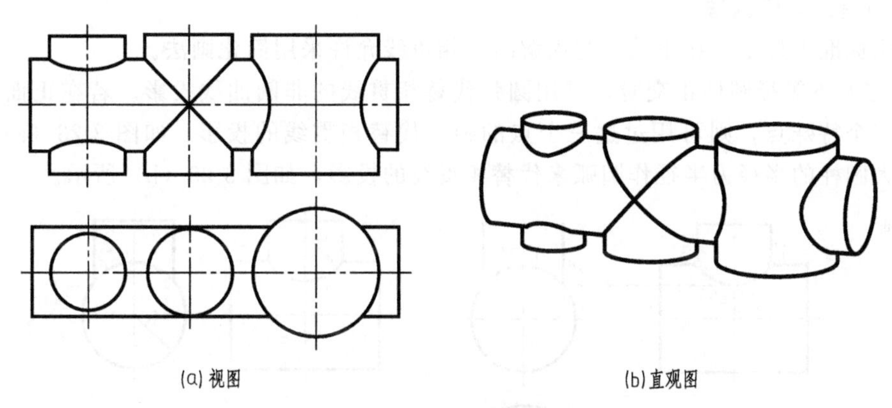
(a) 视图　(b) 直观图

图 3-19　两圆柱正交相贯线的变化趋势

① 当两相交的曲面体公切一个球体时，其相贯线为平面曲线，是大小相等的两个椭圆（投影为通过两轴线交点的直线），如图 3-20 所示。

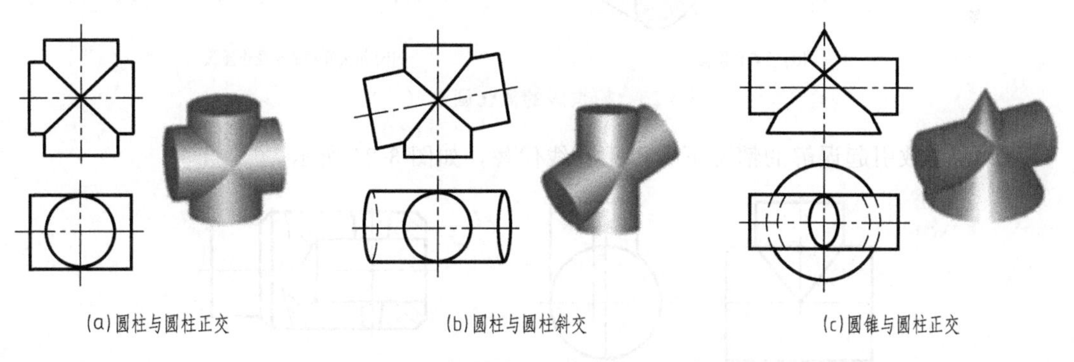
(a) 圆柱与圆柱正交　(b) 圆柱与圆柱斜交　(c) 圆锥与圆柱正交

图 3-20　相贯线为平面曲线——椭圆

② 当两相交的曲面立体具有公共轴线时，其相贯线为平面曲线，是与轴线垂直的圆，如图 3-21 所示。

③ 当两相交的圆柱轴线平行时，其相贯线为两条平行于轴线的直线（素线），如图 3-22（a）所示。当两相交的圆锥共锥顶时，其相贯线为两条通过锥顶的直线（素线），如图 3-22（b）所示。

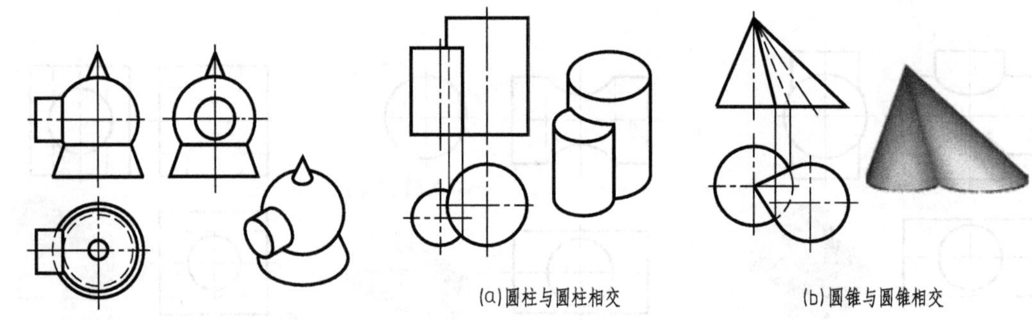

图 3-21 相贯线为平面曲线——圆

图 3-22 相贯线为直线

二、相贯线的简化画法

1. 相贯线简化画法

国家标准中规定，在不致引起误解时，相贯线允许采用简化画法。

① 当两不等径圆柱正交时，可用圆弧代替相贯线的非圆曲线投影。若在正面投影上能找到三个特殊点，则可用过这三个点的圆弧代替相贯线的投影，如图 3-23（a）所示；还可用大圆柱的半径为半径作圆弧来代替相贯线的投影，如图 3-23（b）所示。

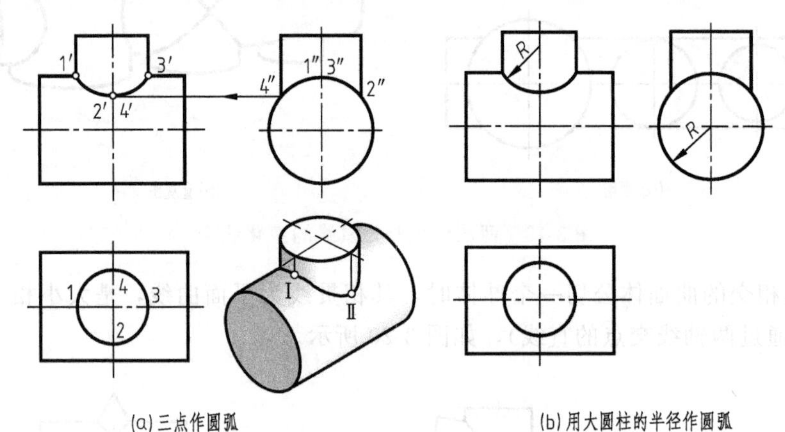

图 3-23 相贯线的简化画法（一）

② 在不致引起误解的情况下，可用直线代替，如图 3-24 所示。

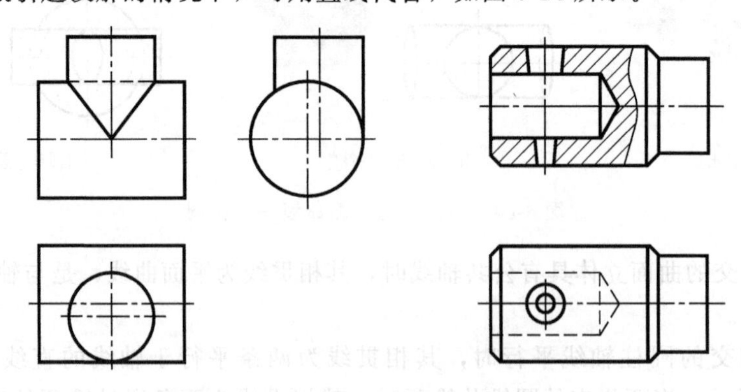

图 3-24 相贯线的简化画法（二）

2. 相贯线的模糊画法

通常情况下，机件的相贯线都是在加工过程中自然形成的。图样中的相贯线仅起示意作用，因此在不影响加工制造的情况下，可以用模糊画法表示相贯线。如图 3-25 所示。

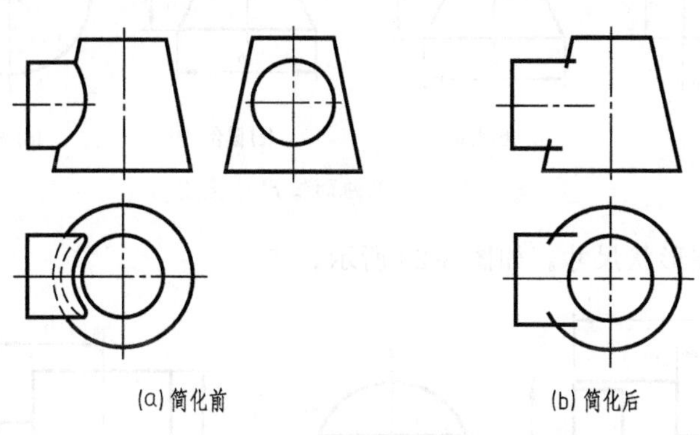

图 3-25 相贯线的模糊画法

第五节 简单形体的尺寸标注

视图只能表达物体的形状，而物体的大小则由标注的尺寸来确定。基本体的大小通常由长、宽、高三个方向的尺寸确定。

一、平面体

平面体的尺寸应根据其具体形状进行标注，通常情况下应注出底面尺寸和高度，如图 3-26 所示。对于如图 3-26（b）中所示的六棱柱，其对角尺寸（外接圆直径）只作为参考尺寸，因此尺寸数字外需加上圆括号表示。

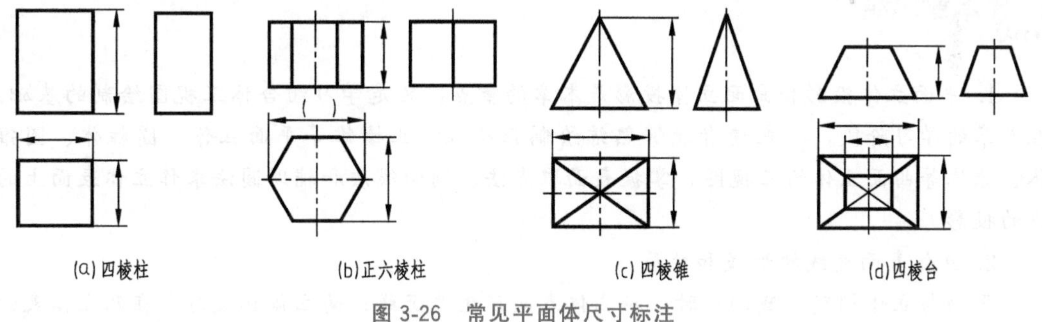

图 3-26 常见平面体尺寸标注

二、曲面体

圆柱、圆锥或圆台应注出底圆直径和高度尺寸。直径尺寸通常注在非圆视图上，这样可以省略其他视图，减少视图数量。如图 3-27 所示。

三、带切口的形体以及相贯体的尺寸标注

带切口的形体或相贯体，除了标注基本形体的尺寸外，还应注出截平面或相贯体之间的相对位置尺寸。由于表面交线是由形体与形体或截切平面的形状以及相对位置确定的，

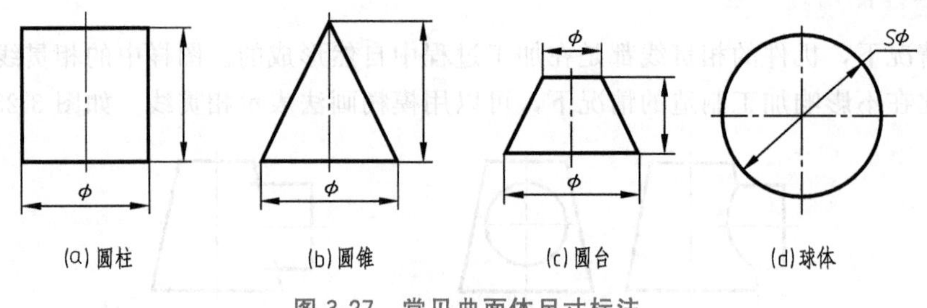

图 3-27　常见曲面体尺寸标注

因此交线上不应标注形状尺寸。如图 3-28 所示。

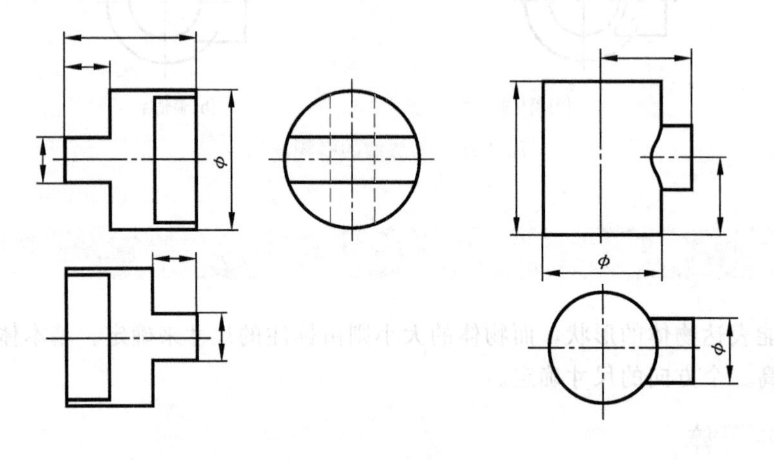

图 3-28　表面交线的尺寸标注

本章小结

1. 平面立体投影和曲面立体投影是本章的重点，又是学习组合体三视图绘制的基础。在本章的学习阶段，要求读者能够熟练绘制正棱柱、正棱锥等平面立体，圆柱体、圆锥体、球体等曲面立体的三视图，掌握表面取点法、辅助线法和辅助圆法求作立体表面上的点的投影。

2. 立体表面交线的形成和性质：

平面与立体相交（截切）时，在立体表面产生截交线；两立体相交时，在两立体表面产生相贯线。相贯线可以是外交线（可见），也可以是内交线（不可见）。

平面立体的截交线一般是由直线围成的平面多边形，曲面立体的截交线一般是平面曲线，特殊情况下为直线；两曲面立体的相贯线一般是封闭的空间曲线，特殊情况下是平面曲线或直线。

3. 立体表面交线包括截交线与相贯线，是本课程的难点。影响立体表面交线形状的因素有：

（1）立体的几何形状；

（2）平面与立体或立体与立体的相对位置；

(3) 平面与立体或立体与立体的相对尺寸变化。

本书只介绍了零件中最常见的两轴线垂直相交的两圆柱体相贯线的投影作图，其他相贯线的作图可借鉴基本作图方法深入学习。

4. 立体表面交线的基本作图方法：

交线的基本作图方法包括表面取点法和辅助平面法。要求掌握表面取点法，其作图步骤：

(1) 根据立体投影情况，分析交线形状，求作特殊点投影。

(2) 两种方法择其一，求作中间点投影。

(3) 判别可见性，依次光滑连接。

(4) 检查、整理轮廓线、补全投影。

第四章 轴测图

本章导读

本章主要介绍工程图的常用辅助图样——轴测投影图的基本概念和绘图方法。

学习目标

- 了解轴测图的形成、轴间角和轴向伸缩系数的基本概念
- 掌握正等轴测图的画法，具有绘制正等轴测图的能力
- 了解斜二等轴测图的画法，具有绘制斜二等轴测图的能力
- 具有能根据机件的结构特点应用不同种类的轴测图进行绘制的能力

第一节 轴测图的基本概念

正投影图能完整、准确、清晰地表达出物体的形状结构，且作图简单，因此在工程实际中的应用最为广泛。但是正投影图直观性差，缺乏立体感，只有具备一定读图能力的人才能看懂。因此工程上有时还采用一种较有立体感的图形——轴测图来表达物体的形状、结构。在工程中常将轴测图作为辅助图形来表达物体的外观效果、内部结构等。

一、轴测图的形成

1. 轴测图的形成

将物体连同确定其空间位置的直角坐标系一起，用不平行于任何直角坐标面的平行投射线，向单一投影面进行投射，同时表达物体长、宽、高三个方向的形状，这种单面投影图称为轴测投影图，简称轴测图，如图 4-1 所示。

2. 轴测轴

直角坐标系中的坐标轴 OX、OY、OZ 在轴测投影面上的投影 O_1X_1、O_1Y_1、O_1Z_1

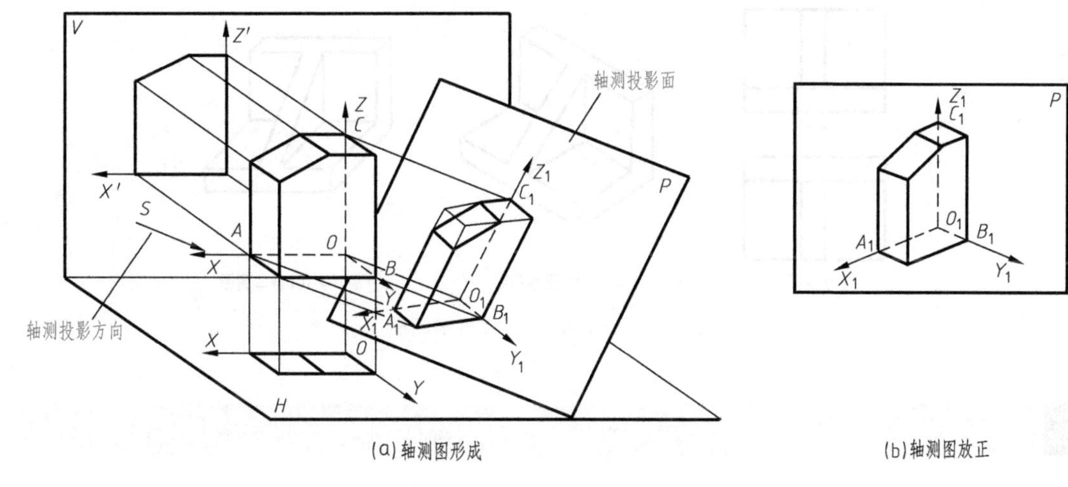

(a) 轴测图形成　　(b) 轴测图放正

图 4-1　轴测图的形成

称为轴测图的轴测轴，如图 4-1（a）所示。

3. 轴间角

轴测图中相邻两轴测轴之间的夹角$\angle X_1O_1Y_1$、$\angle X_1O_1Z_1$、$\angle Y_1O_1Z_1$称为轴间角。其中任何一个不能为零，三轴间角之和为 360°，即$\angle X_1O_1Y_1+\angle X_1O_1Z_1+\angle Y_1O_1Z_1=360°$。如图 4-1（b）所示。

4. 轴向伸缩系数

沿轴测轴方向，线段的投影长度与其在空间的真实长度之比，称为轴向伸缩系数。并分别用p、q、r表示OX、OY、OZ轴的轴向伸缩系数，即$p=O_1A_1/OA$，$q=O_1B_1/OB$，$r=O_1C_1/OC$。

二、轴测图的投影特性及画法

由于轴测图是用平行投影法绘制的，所以具有平行投影的特性，画图时要注意：

① 立体上分别平行于坐标轴的线或面，在轴测图中仍然平行于相应的轴测轴，画图时可按规定的轴向伸缩系数度量其长度。同理，立体上不平行于坐标轴的线或面，则在轴测图中不平行于任一轴测轴，画图时不能直接度量其长度。

② 立体上互相平行的线或面，在轴测图上仍然互相平行。

③ 轴测图中一般只画出可见部分的轮廓线，必要时可用细虚线画出其不可见的轮廓线。

三、轴测图的种类

由轴测图的形成过程可知，轴测图可以有很多种，国家标准推荐了两种常用的轴测图，即正等轴测图（简称正等测）和斜二轴测图（简称斜二测）。如图 4-2 所示。

根据投射线与投影面的关系不同，轴测投影可分两种：用正投影法得到的轴测投影叫正轴测投影；用斜投影法得到的轴测投影叫斜轴测投影。这两种常用轴测图的轴测轴位置、轴间角大小及各轴向伸缩系数也各不相同，但表示物体高度方向的Z轴，始终处于竖直方向，以便于符合人们观察物体的习惯。

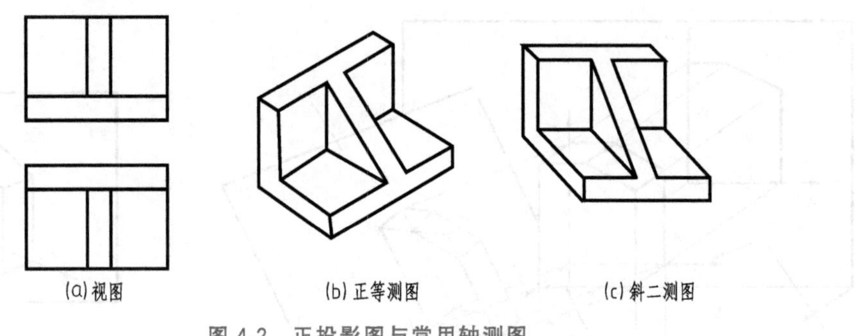

图 4-2　正投影图与常用轴测图

第二节　正等测图

一、正等轴测图的形成

改变物体和投影面的相对位置，使描述物体的直角坐标轴与轴测投影面具有相同的倾角，用正投影法在轴测投影面所得的图形称为正等轴测图（简称正等测）。图 4-3 演示了正等轴测图的形成过程。

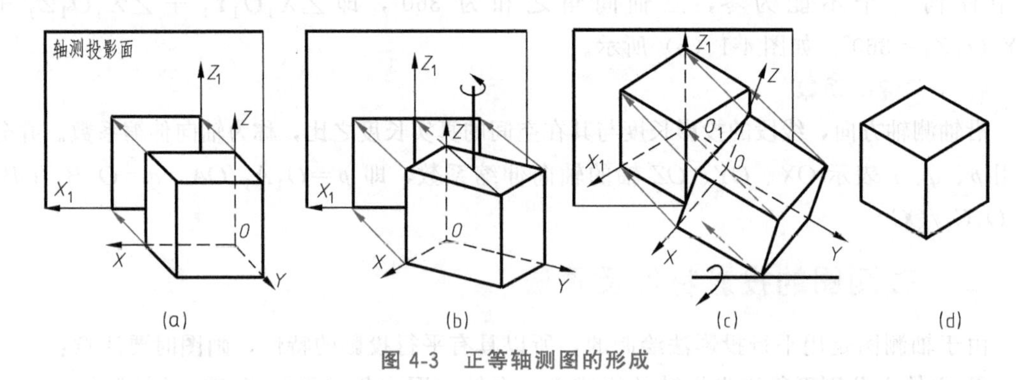

图 4-3　正等轴测图的形成

二、正等轴测图的轴测轴、轴间角和轴向伸缩系数

1. 正等轴测图的轴间角

如图 4-4 所示，由于坐标轴与投影面的倾斜角度相同，因此正等轴测图的轴间角相等，均为 120°，即$\angle X_1O_1Y_1=\angle X_1O_1Z_1=\angle Y_1O_1Z_1=120°$。

2. 正等轴测图的轴向伸缩系数

如图 4-4（b）所示，由于物体的三坐标轴与轴测投影面的倾角均相同，因此，正等轴测图的轴向伸缩系数也相同，$p=q=r=0.82$。为了作图、测量和计算方便，常把正等轴测图的轴向伸缩系数简化成 1，这样在作图时，凡是与轴测轴平行的线段，可按实际长度量取，不必进行换算。这样画出的图形，其轴向尺寸均为原来的 1.22 倍（$1:0.82\approx1.22$），但形状并没有改变。

画轴测图时，轴测轴位置的设置，可选择在物体上最有利于画图的位置上，如图 4-5 所示为设置不同轴测轴位置的示例。

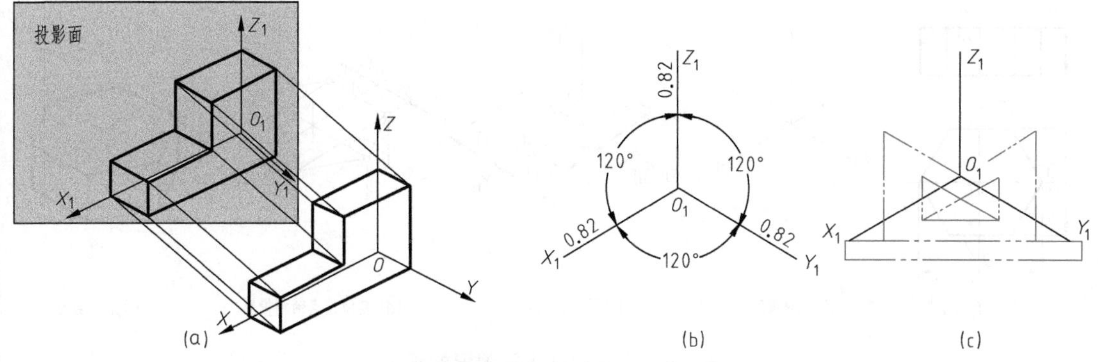

图 4-4　正等轴测图的轴测轴、轴间角、轴向伸缩系数

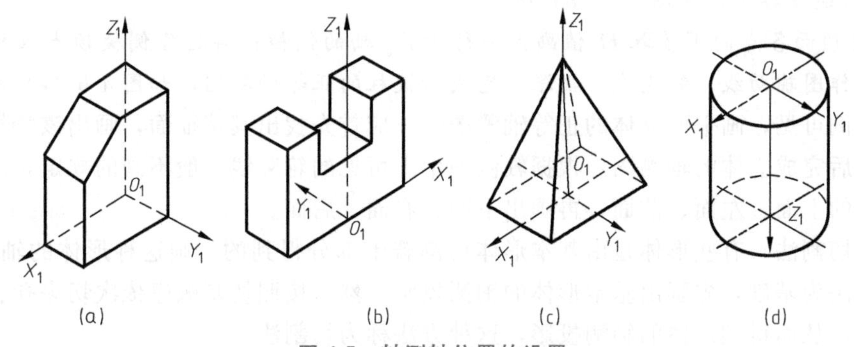

图 4-5　轴测轴位置的设置

三、正等轴测图的画法

1. 平面立体正等轴测图的画法

（1）坐标法　坐标法是轴测图常用的基本作图方法。它是根据形体表面上各顶点的空间坐标，先画出物体特征表面上各顶点的轴测投影，然后由各顶点连接物体特征表面的轮廓线，来完成形体的正等轴测图。

画图时应先画形体上主要表面，后画次要表面；先画顶面，后画底面；先画前面，后画后面；先画左面，后画右面。这样可以避免多画不必要的图线。

但在实际作图时，还应根据形体的形状特点不同而灵活采用其他作图方法。下面举例说明不同形状特点的平面立体的轴测投影作图方法。

【例 4-1】 根据如图 4-6（a）所示正六棱柱的主、俯视图，用坐标法画出其正等轴测图。

作图：

① 首先在视图中确定直角坐标系，如图 4-6（a）所示。由于正六棱柱前、后、左、右对称，为方便画图选择顶面中心点作为坐标原点，顶面的两对称线作为 X、Y 轴，Z 轴在其中心线上。

② 画出轴测轴 O_1X_1、OY_1、O_1Z_1，在轴测轴上，根据正投影图顶面的尺寸 S、D 定出 I_1、II_1、III_1、IV_1 的位置，如图 4-6（b）（c）所示。

③ 根据轴测图的特性，过 I_1、II_1 作平行于 O_1X_1 的直线，并以 Y_1 轴为界各取

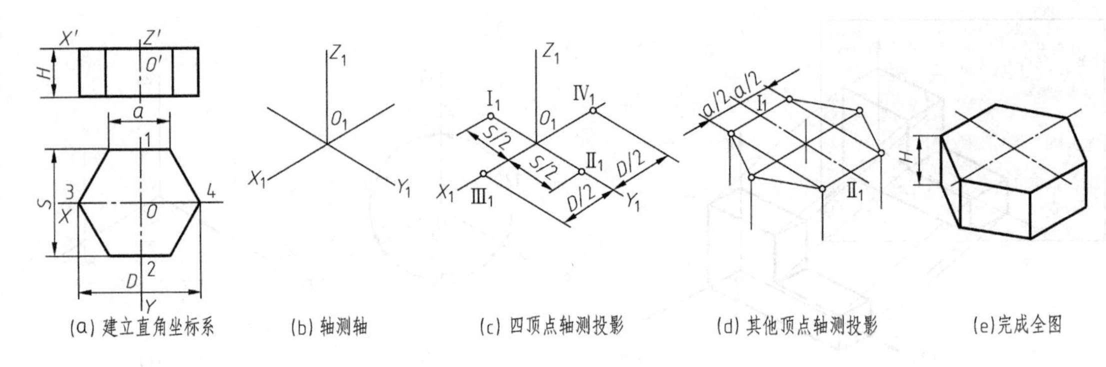

(a) 建立直角坐标系　(b) 轴测轴　(c) 四顶点轴测投影　(d) 其他顶点轴测投影　(e)完成全图

图 4-6　正六棱柱正等测图的画法

$a/2$，然后连接各点，如图 4-6 (d) 所示。

④ 过顶面各点向下量取 H 值画出平行于 Z_1 轴的侧棱；再过各侧棱顶点画出底面各边，擦去作图辅助线、细虚线，描深，完成六棱柱的正等轴测图，如图 4-6 (e) 所示。

由上例可见，画平面立体的正等轴测图时，应首先找出其特征面，画出该特征面的轴测图，然后完成立体的轴测图。根据轴测图中不可见的轮廓线一般不画的规定，故常常先画特征面的上面、左面、前面，再画出下面、右面、后面。

(2) 切割法　有些形体是由基本形体切割若干部分得到的。画这种形体的轴测投影，应以坐标法为基础，先画出基本形体的轴测投影，然后按照切割顺序依次切去孔、槽、缺口等部分，从而得到形体的轴测投影，这种方法称为切割法。

【例 4-2】 根据图 4-7 (a) 所示物体的主、俯视图，应用方箱切割法画出其正等轴测图。

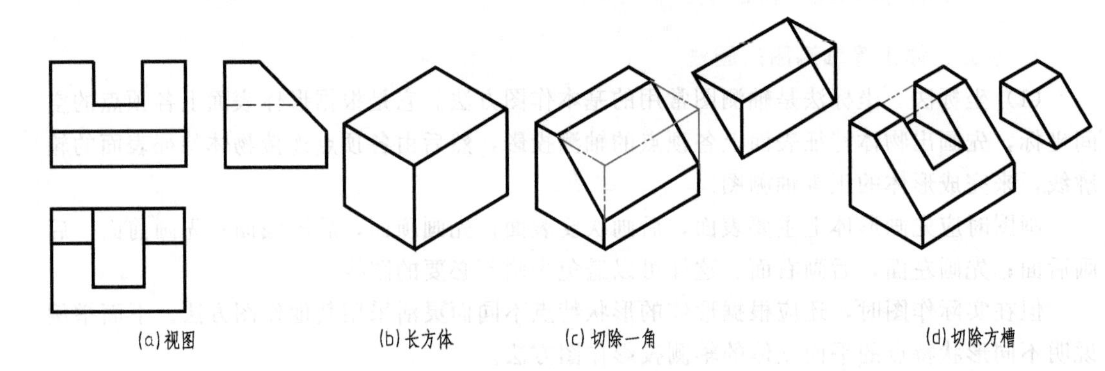

(a) 视图　(b) 长方体　(c) 切除一角　(d) 切除方槽

图 4-7　切割法绘制形体的正等轴测图

作图步骤：

① 首先根据视图画出长方体轴测图，如图 4-7 (b) 所示。

② 在方箱基础上，先用正垂面切除前、上角，如图 4-7 (c) 所示。

③ 在中上方切出方槽，如图 4-7 (d) 所示。

2. 曲面立体正等轴测图的画法

(1) 平面圆的正等轴测图的画法

① 平行于坐标面的圆的正等测图。在正等测投影中，由于空间各坐标面相对于轴测

投影面都是倾斜的，且倾角相等，所以坐标面和平行于各坐标面的圆，在轴测投影中均为椭圆，椭圆大小相等，只是长短轴方向不同而已。如图 4-8（a）所示。椭圆长轴方向与该坐标平面相垂直的坐标轴的轴测轴垂直，短轴则平行于这条轴测轴。

② 圆的正等轴测图画法。为作图简便，圆的轴测图常采用近似画法，为了作图简便，通常采用菱形法近似画椭圆。用菱形法画椭圆时，首先根据该圆所平行的坐标面确定长短轴的方向，然后按圆的直径作出椭圆的外切菱形并确定四段圆弧的圆心和半径，最后画出四段圆弧并使其光滑连接，即得近似椭圆。如图 4-8（b）所示。

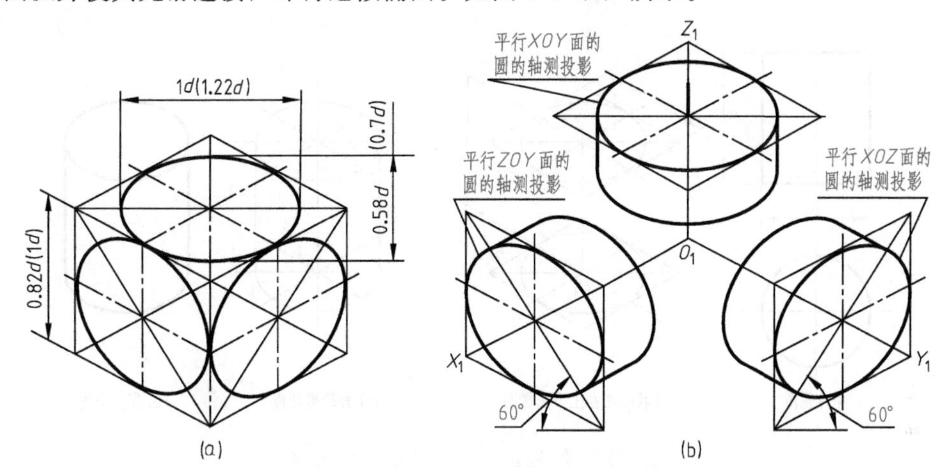

图 4-8　三种位置平面圆的正等测轴测图

【例 4-3】 求出图 4-9（a）所示平行于 H 面的圆的正等轴测图。

作图：

① 首先确定平面图形的直角坐标轴，并作圆外切四边形，如图 4-9（a）所示。

② 再作出轴测轴 O_1X_1、O_1Y_1，并按轴测投影的特性作出平面圆外切四边形的轴测投影菱形，如图 4-9（b）所示。

③ 然后再分别以图 4-9（c）中 A、B 点为圆心，以 AC 为半径在 CD 间画大弧，以 BE 为半径在 EF 间画大圆弧。

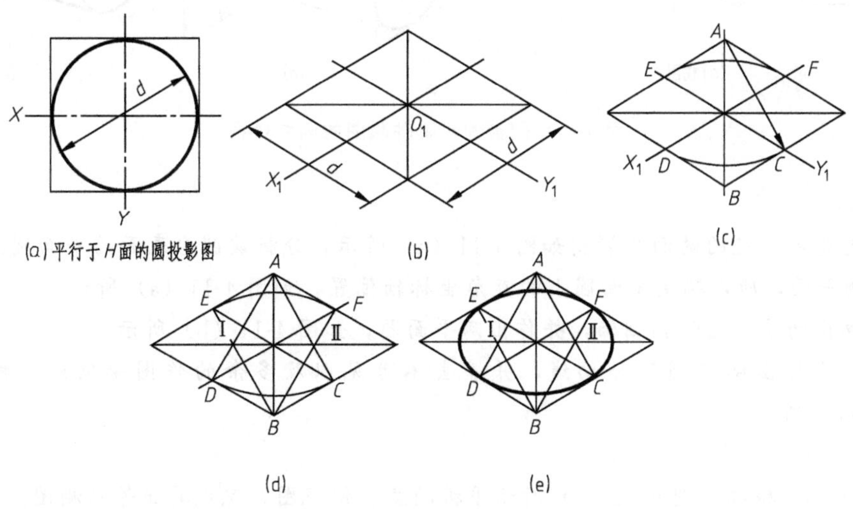

图 4-9　平面圆的正等轴测图的画法

④ 连接 AC 和 AD 交长轴于Ⅰ、Ⅱ两点，如图 4-9（d）所示。

⑤ 分别以Ⅰ、Ⅱ两点为圆心，ⅠD、ⅡC 为半径画两小圆弧，在 C、F、D、E 处与大圆弧相切，即完成平面圆的正等轴测图，如图 4-9（e）所示。

以此类推，在画曲面立体正等轴测图时，首先应明确形体上的平面圆与之平行坐标面，进而绘制其正确的正等轴测图。

（2）曲面立体的正等轴测图的画法

【例 4-4】 绘制圆柱正等轴测图，图 4-10 为圆柱正等轴测图的画图步骤。

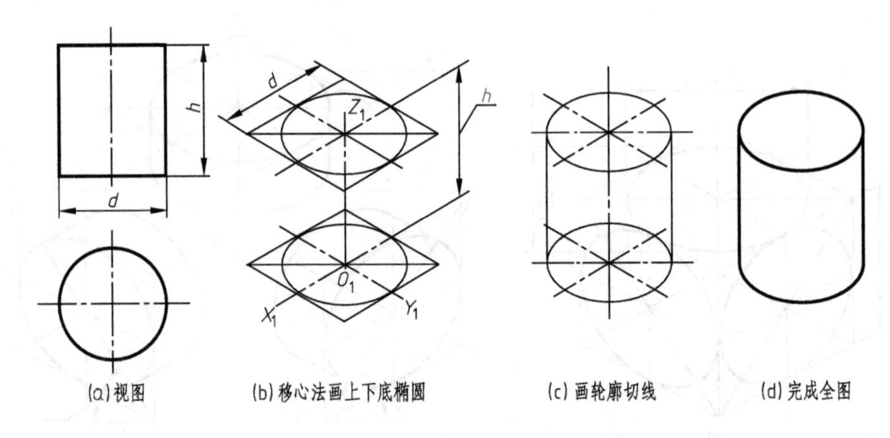

图 4-10 圆柱正等轴测图的画图步骤

【例 4-5】 完成如图 4-11（a）所示圆台的正等轴测图。

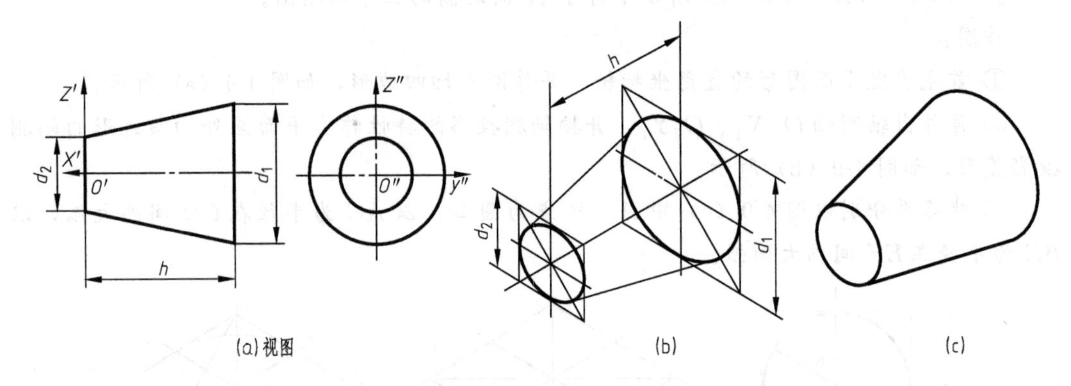

图 4-11 圆台的正等轴测图的画图过程

作图：

① 首先由给定的两面投影图如图 4-11（a）所示，分析该圆台表面的平面圆是平行于 W 面的侧平面，所以确定平面圆上的直角坐标轴位置，如图 4-11（a）所示。

② 画出两平面圆的轴测轴，并作出两平面图，如图 4-11（b）所示。

③ 最后作出两椭圆的公切线，并擦去不可见以及多余的作图辅助线，描深完成图 4-11（c）所示。

3. 圆角的正等轴测图的画法

【例 4-6】 根据如图 4-12（a）所示平板的主、俯视图，完成其正等轴测图。

平板的圆角视为圆柱的四分之一，其正等测图是相应椭圆弧的四分之一。

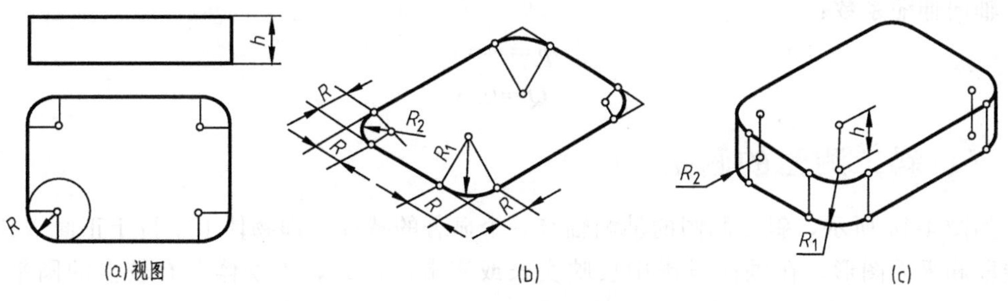

图 4-12 圆角的正等轴测图画法

作图：

① 首先在正投影图上确定圆角半径 R 的圆心和切点的位置，如图 4-12（a）所示。

② 画出平板上表面的正等轴测图，在对应边上量取 R，自量取点（切点）作边线的垂线，以两垂线的交点为圆心，在切点内画圆弧，所得即为平面上圆角的正等轴测图，如图 4-12（b）所示。

③ 用移心法完成平板下表面的圆角轴测图，最后再作两表面圆角的公切线，即完成圆角的正等轴测图，如图 4-12（c）所示。

第三节 斜二测图

一、斜二测图的形成

当物体上的两个坐标轴 OX 和 OZ 与轴测投影面平行，而投射方向与轴测投影面倾斜时，所得的轴测图称为斜二等轴测图，简称斜二测图，如图 4-13 所示。

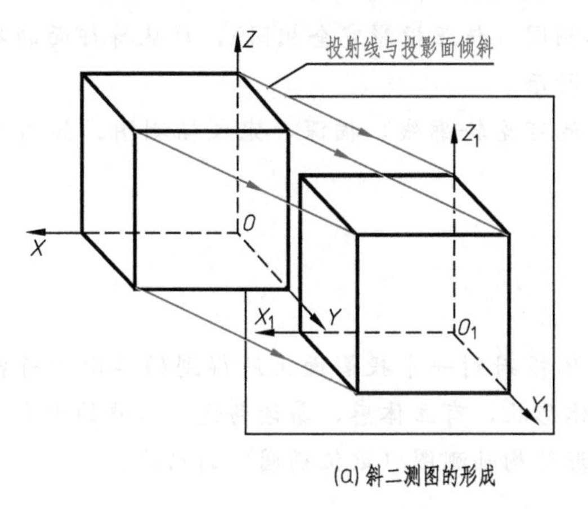

(a) 斜二测图的形成

(b) 斜二测图的轴间角及轴向伸缩系数

图 4-13 斜二测图的形成

二、斜二测图的轴测轴、轴间角和轴向伸缩系数

斜二测图的轴间角：

$$\angle X_1O_1Z_1=90^\circ$$

$$\angle X_1O_1Y_1=\angle Y_1O_1Z_1=135^\circ$$

轴向伸缩系数：

$$p=r=1$$
$$Q=0.5$$

三、斜二测图的画法

如图 4-14 所示，斜二测图的轴测轴有一个显著的特征，即物体上平行于正面 XOZ 面的线段和平面图形，在轴测投影中反映实长或实形。因此，当物体上有较多的圆平行于 XOZ 坐标面时，采用斜二测作图比较简便。

【例 4-7】 如图 4-14（a）所示物体的主、俯视图，完成其斜二测图。

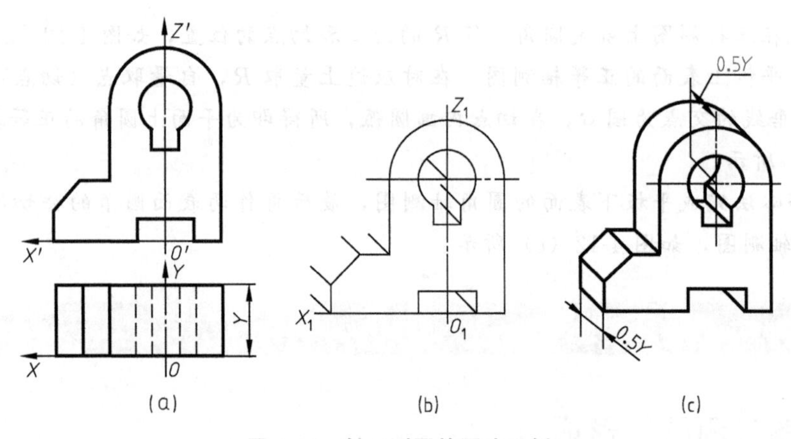

图 4-14 斜二测图的画法示例

作图：

① 建立正投影图的直角坐标系，如图 4-14（a）所示。

② 画轴测轴，作正面特征平面的斜二测图（与正投影完全相同），再从特征面的各点作平行于 O_1Y_1 轴的直线，如图 4-14（b）所示。

③ 将圆心后移 $0.5Y$ 作出后面圆及其他可见轮廓线，描深，完成轴测图，如图 4-14（c）所示。

本章小结

轴测投影图是用一组平行投射线将物体投射到一个投影面上所得到的单面平行投影图。它在一个图形中直接反映了物体的立体形状，有立体感，易读易懂。本章的重点是利用坐标法绘制正等测图，难点是物体上圆形结构轴测图（近似椭圆）的画法。

1. 轴测图基本知识

（1）轴测图的形成；

（2）轴测图的轴测轴及轴间角。

正等测：OZ 轴竖直方向，OX 和 OY 轴与水平成 30° 夹角。$\angle X_1O_1Y_1=\angle X_1O_1Z_1=\angle Y_1O_1Z_1=120°$；正等测图的三个轴向伸缩系数相等，在工程应用中取简化系数 $p=q=r=1$；

斜二测：OZ 轴竖直方向，OX 水平方向，OY 轴与水平成 45° 夹角；$\angle X_1O_1Y_1=$

$\angle Y_1O_1Z_1=135°$，$\angle X_1O_1Z_1=90°$。

2. 轴测图的性质

物体上相互平行的线段或平面，其轴测投影仍互相平行；平行于坐标轴的线段，其轴测投影仍平行于相应的轴测轴，且同一轴向所有线段的轴向伸缩系数相同；

物体上不平行于轴测投影面的平面图形，在轴测图上变成原图形的类似形。

3. 轴测图的画法

(1) 平面体的轴测图的画法；

(2) 圆柱的轴测图的画法。

对不同的结构，选择不同的能反映结构特征的轴测图，在正面投影中有圆（并且圆很多）的结构，适合于采用斜二测绘图，简单、方便、直观。

第五章 组合体

本章导读

本章主要介绍组合体的分析方法、视图表达、尺寸标注及其视图绘制、阅读的方法与步骤。

学习目标

- 了解并掌握组合体的分析方法——形体分析法、组合形式
- 掌握组合体三视图的画法和步骤
- 掌握组合体视图中的尺寸标注的基本知识
- 熟练掌握运用形体分析法和线面分析法阅读组合体视图的方法

第一节 组合体的形体分析

由若干基本体按照一定方式组合而成的立体称为组合体。

一、组合体的组合形式

组合体的组合形式通常分为叠加和切割两种基本形式，因此组合体可分为叠加型、切割型以及既有叠加又有切割的综合型。如图 5-1 所示。

1. 叠加型

两形体以平面或曲面相接触称为叠加，它们的分界线为直线或平面曲线。

2. 切割型

切割式组合体可看成是在基本形体上进行切割、开槽、穿孔等形成的形体。

3. 综合型

对于形状较为复杂的组合体，通常总是以既有叠加、又有切割的综合方式形成。

图 5-1 组合体的组合方式

二、组合体的表面连接关系

组合体的基本形体经过叠加、切割或穿孔后，形体的相邻表面之间可能形成共面或不共面、相切、相交三种连接关系。连接关系不同，连接处投影的画法也不同。

1. 共面或不共面

当两基本形体相邻表面共面（即平齐）时，在相应视图中共面处应无分界线。当两基本形体相邻表面不共面（即相错）时，相应视图中间应有分界线隔开。

如图 5-2（a）所示组合体，上、下两表面共面，在主视图上不应画分界线。如图 5-2（b）所示组合体，上、下两表面相错，在主视图上应画出分界线。

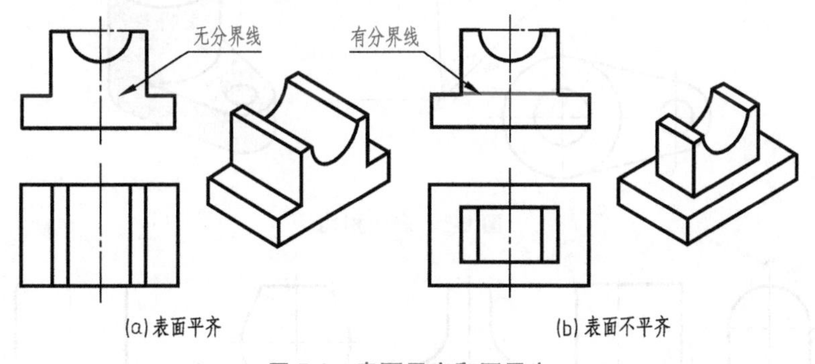

图 5-2 表面平齐和不平齐

2. 相交

当相邻两基本形体的表面相交时，在相交处会产生各种形状的交线（截交线或相贯线），应在视图相应位置处画出交线的投影，如图 5-3 及图 5-4（a）、(b)、(c)、(d) 所示。

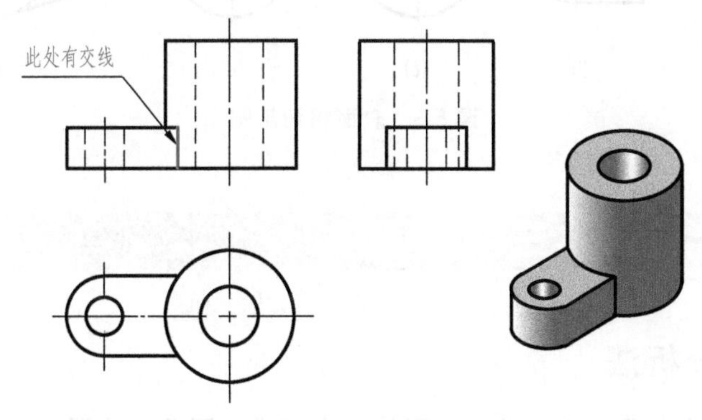

图 5-3 表面相交

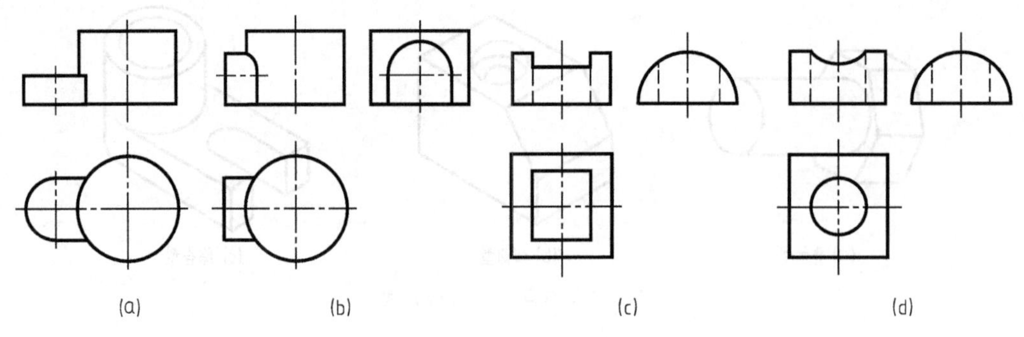

图 5-4　表面相交示例

3. 相切

当相邻两基本形体的表面（只有平面与曲面相切时）相切时，由于在相切处两表面是光滑过渡的，不存在明显的分界线，故在相切处规定不画分界线的投影，但底板的顶面投影应画到切点处，如图 5-5 和图 5-6 所示。

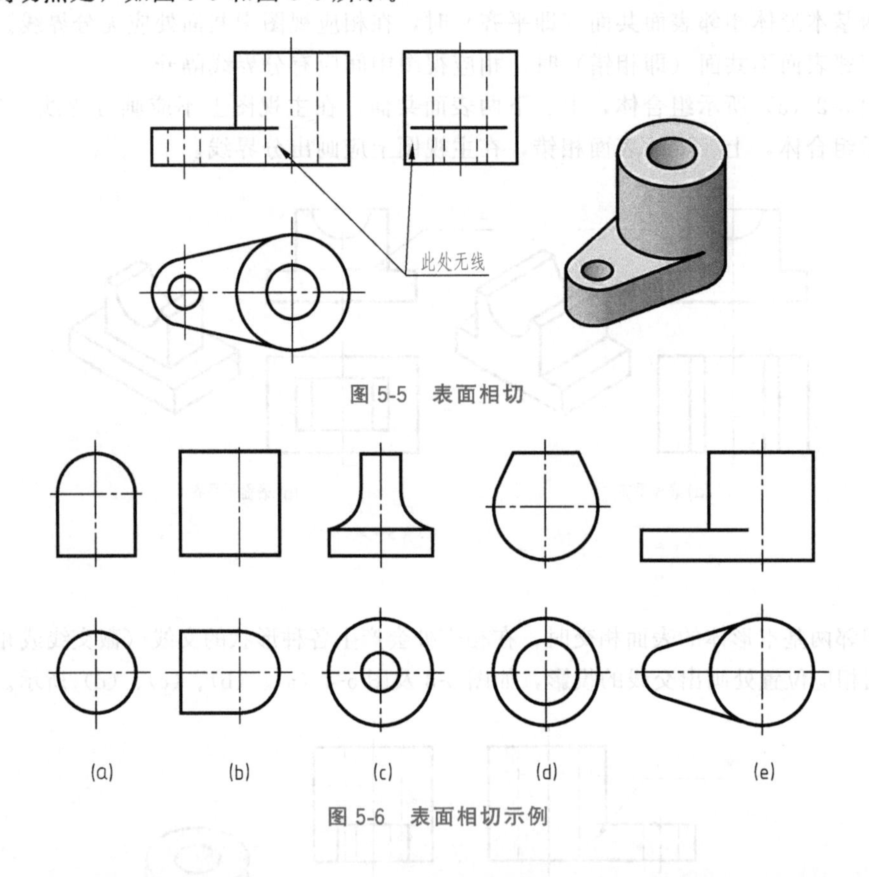

图 5-5　表面相切

图 5-6　表面相切示例

第二节　组合体三视图画法

一、形体分析法

由于组合体是由若干个简单的基本形体组合而成，因此在绘图、标注尺寸和读图过程中，可以假想把组合体分解成若干简单形体，分析这些简单形体的形状、结构、组合形式及相对位置。这种把复杂形体分成若干基本形体的分析方法，称为形体分析法。

形体分析法是组合体画图、读图及尺寸标注的最基本的方法。

如图 5-7 所示的支座，可分解为Ⅰ直立空心圆柱、Ⅱ肋板、Ⅲ底板、Ⅳ水平空心圆柱和Ⅴ耳板五部分。其中底板的前、后两面与直立圆柱的外表面相切（产生切线），直立圆柱与肋板、耳板相交（产生交线），直立圆柱与水平圆柱相交（产生一外、一内两条相贯线）。直立圆柱下底面与底板平齐、上底面与耳板平齐（轮廓线之间无分界线）。

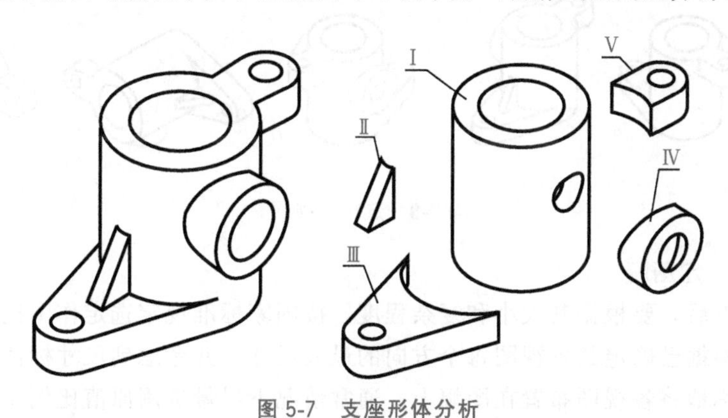

图 5-7 支座形体分析

二、画组合体视图的方法

画组合体三视图的基本方法是形体分析法。画图前，首先应对组合体进行形体分析，分析该组合体是由哪些基本形体所组成的，了解它们之间的相对位置、组合形式以及表面间的连接关系及其分界线的特点。

在具体画图时，可以按各个部分的相对位置，逐个画出它们的投影以及它们之间的表面连接关系，综合起来即得到整个组合体的视图。

下面以图 5-7 所示的支座为例，说明组合体画图的方法和步骤。

1. 形体分析

如图 5-7 所示支座，可分解为直立空心圆柱（大圆筒）、底板、肋板、水平空心圆柱（小圆筒）以及耳板五部分。它们每一部分都是简单形体，以直立圆筒为核心，其他四部分分别位于它的左右、上下（底板、耳板和肋板）以及前中（水平圆筒）的位置，在组合过程中形成了共面（直立圆筒与底板的下底面；直立圆筒与耳板的上底面）、相切（直立圆筒外表面与底板前后两侧面）和相交（直立圆筒分别与耳板、水平圆筒以及肋板三者）的表面连接关系。

2. 选择主视图

主视图是三视图中最重要的视图，画图、读图通常都是从主视图入手。确定主视图，就是要解决好组合体怎样放置和从哪个方向投射两个问题。

选择主视图的原则：

① 组合体应按自然稳定的位置放置，并尽量使其主要平面和轴线与投影面平行或垂直，以便使投影能得到实形。

② 主视图应较多地反映出组合体的结构形状特征，即把反映组合体的各基本几何体

和它们之间相对位置关系最多的方向作为主视图的投影方向。

③ 在主视图中尽量较少产生虚线，即在选择组合体的安放位置和投影方向时，要同时考虑各视图中不可见部分最少，以尽量减少各视图中的虚线。同时还要兼顾其他两个视图的表达。

比较如图 5-8 所示支座的从 A 至 F 六个投影方向，选择 A 向投影为主视图较为合理，表达最为清晰。

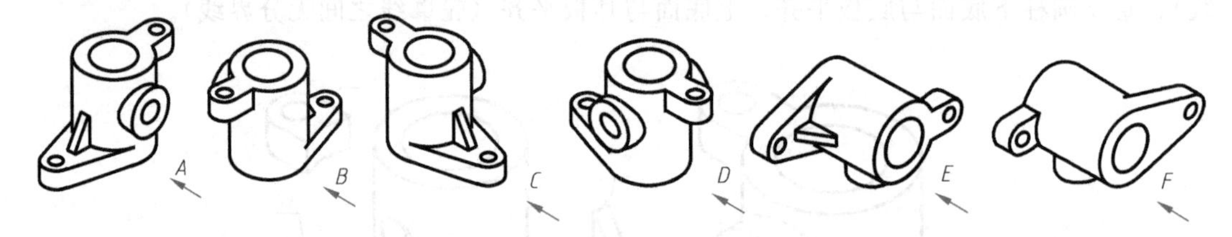

图 5-8 选择主视图

3. 选比例，定图幅

视图确定以后，要根据其大小和复杂程度，按国家标准规定选定作图比例和图幅。布置视图时，应根据已确定的各视图每个方向的最大尺寸，并考虑到尺寸标注和标题栏等所需的空间，匀称地将各视图布置在图幅上。通常情况下尽量选用原值比例 1∶1。

4. 作图

根据选定的图幅和比例，初步考虑三个视图的位置，应尽量做到布局合理、美观，视图之间应预留标注尺寸的位置。画图方法如下：

① 在画组合体的三视图时，应分清组合体结构形状的主次，先画其主要部分，后画其次要部分；

② 在画每一部分时，要先画反映该本分形状特征的视图，后画其他视图；

③ 要严格按照投影关系，三个视图配合起来逐一画出每一组成部分的投影，切忌画完一个视图，再画另一个视图。

正确的画图方法和步骤是保证绘图质量和提高绘图效率的关键。

三、画组合体视图的步骤

1. 画作图基准线

根据组合体的总长、总宽、总高，并注意各视图之间留有适当空隙标注尺寸，匀称布图，画出作图基准线。如图 5-9（a）所示。

2. 画底稿

按形体分析法逐个画出各基本形体。首先从反映形状特征明显的视图画起，然后画其他两个视图，三个视图配合进行。一般顺序是：画图时，要先用细实线轻而清晰地画出各视图的底稿。画底稿的顺序是：

① 先画主要部分，后画次要部分（先主后次）；如图 5-9（b）所示。

② 先画大形体，后画小形体（先大后小）；如图 5-9（b）、（c）所示。

③ 先画整体，后画细节（先整体后局部）；如图 5-9（c）所示。

④ 先画可见部分，后画不可见部分（先实后虚）。对称中心线和轴线可用点画线直接画出，不可见部分的虚线也可直接画出。

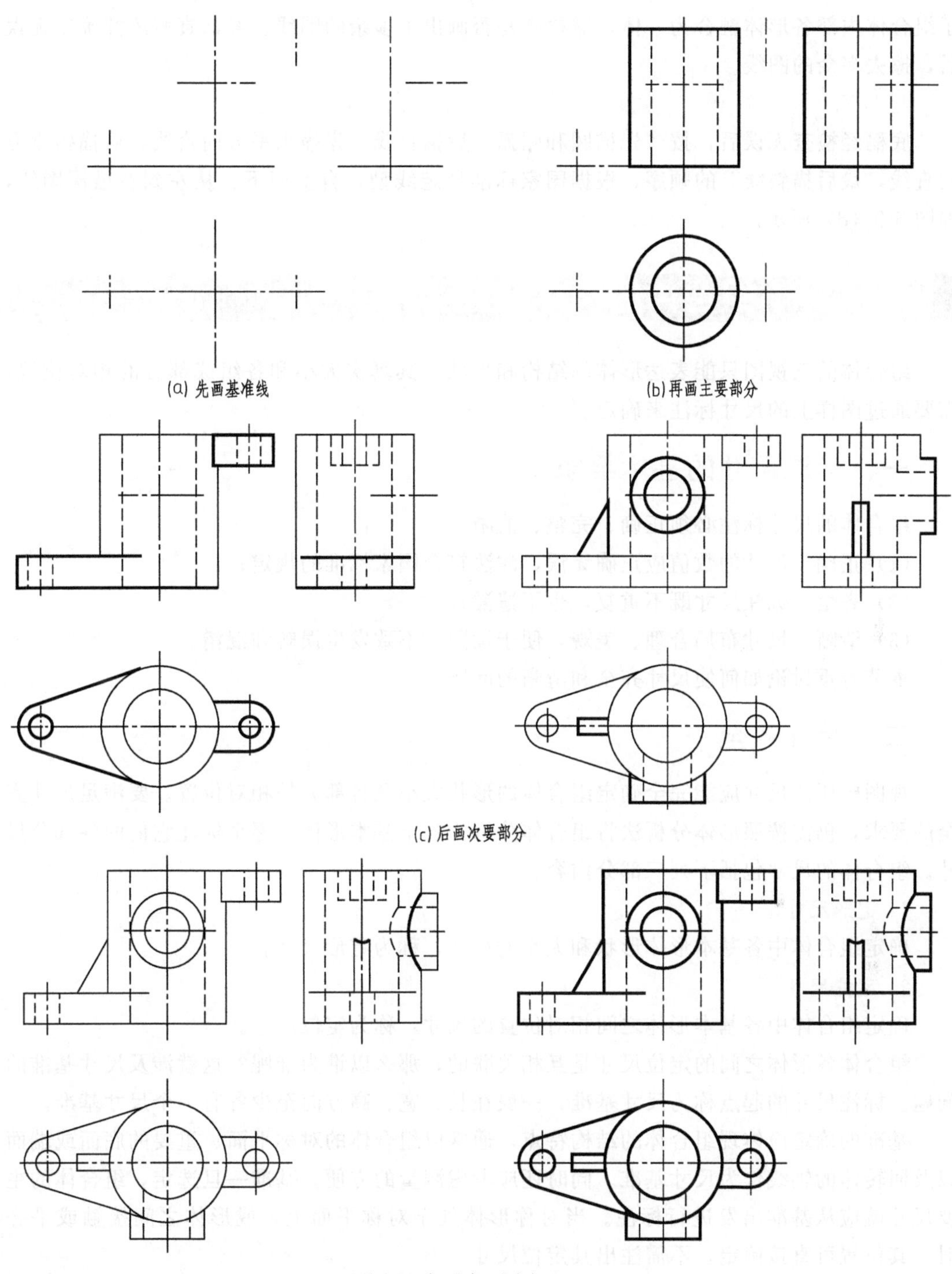

图 5-9 支架三视图绘图步骤

⑤ 应考虑到组合体是各个部分组合起来的一个整体，作图时要正确绘制各形体之间的表面连接关系。

3. 检查

底稿画完以后，逐个仔细检查各基本形体表面的连接关系，纠正错误和补充遗漏。由于组合体内部各形体融合为一体，需检查是否画出了多余的图线。经认真修改并确定无误后，擦去多余的图线。

4. 描深

底稿经检查无误后，按“先描圆和圆弧，后描直线；先描水平方向直线，后描铅垂方向直线，最后描斜线”的顺序，根据国家标准规定线型，自上而下、从左到右描深图线，如图 5-9（d）所示。

第三节　组合体的尺寸标注

组合体的三视图只能表达形体的结构和形状，其真实大小和各组成部分的相对位置，需要通过图样上的尺寸标注来确定。

一、标注尺寸的基本要求

组合体的尺寸标注必须正确、完整、清晰。

（1）正确　尺寸的数值应正确无误，注法符合国家标准的规定；

（2）齐全　标注尺寸既不重复，也不遗漏；

（3）清晰　尺寸布局合理、美观，便于读图，不致发生误解和混淆。

本节着重讨论如何使尺寸齐全和清晰的问题。

二、尺寸齐全

视图中所注尺寸应能完全确定组合体的形状大小及各部分的相对位置。要满足尺寸齐全的要求，仍需按照形体分析法将组合体分解为若干基本形体，逐个标注它们的各部分尺寸。组合体的尺寸包括下列三部分内容：

1. 定形尺寸

确定组合体中各基本形体形状和大小的尺寸，称为定形尺寸。

2. 定位尺寸

确定组合体中各基本形体之间相对位置的尺寸，称为定位尺寸。

组合体各形体之间的定位尺寸是互相关联的，那么以谁为准呢？这就涉及尺寸基准的问题。标注尺寸的起点称为尺寸基准，一般在长、宽、高方向至少各有一个尺寸基准。

基准的确定应体现组合体的结构特点，通常以组合体的对称平面、重要的底面或端面以及回转体的轴线作为尺寸基准。同时还应考虑测量的方便。基准一旦选定，组合体的主要尺寸就应从基准出发进行标注。当对称形体处于对称平面上，或形体之间接触或平齐时，其位置可直接确定，不需注出其定位尺寸。

组合体中的每个基本形体的定位，是自长、宽、高三个方向的尺寸基准，每个方向从基准标注的定位尺寸来确定。

3. 总体尺寸

确定组合体外形的总长、总宽、总高的尺寸，称为总体尺寸。若组合体的端部为回转体，则该处总体尺寸一般不直接注出，通常只标注回转体中心线位置的定位尺寸以及回转体定形尺寸即可，如图 5-10 所示。

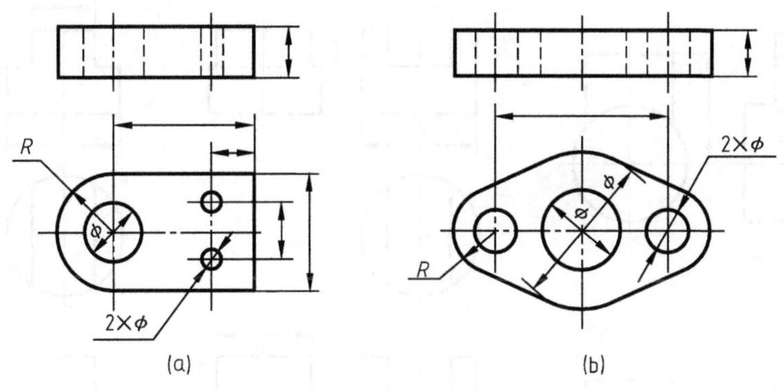

图 5-10 回转体总体尺寸的标注示例

三、尺寸清晰

① 布局整齐。

a. 应尽量将尺寸注在视图外面。相邻视图有关尺寸最好注在两视图之间，以便于对照看图。

b. 同方向的平行尺寸，应使小尺寸在内，大尺寸在外，间隔均匀，避免尺寸线与尺寸界线相交。

c. 同一方向的串联尺寸应排列成一条直线，箭头首尾相连，便于看图。

② 相对集中。形体某个部分的定形和定位尺寸，应尽量集中标注在一个视图上，便于看图查找。

③ 突出特征。定形尺寸尽量标注在反映该部分形状特征的视图上。如图 5-11 所示。

④ 圆柱、圆锥的直径一般注在非圆视图上，圆弧半径应注在投影为圆弧的视图上。如图 5-12 所示。

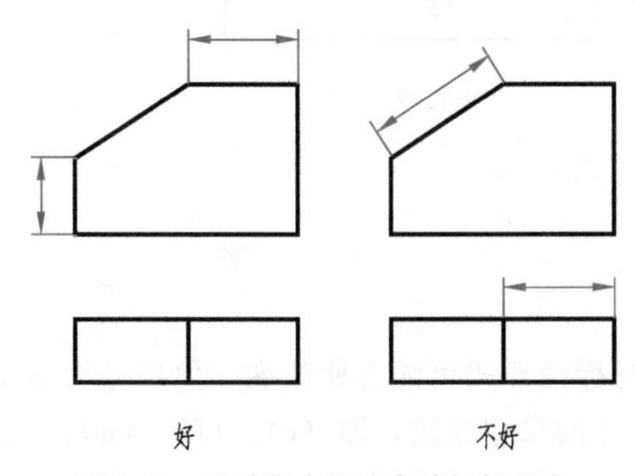

图 5-11 尺寸集中标注在特征视图上

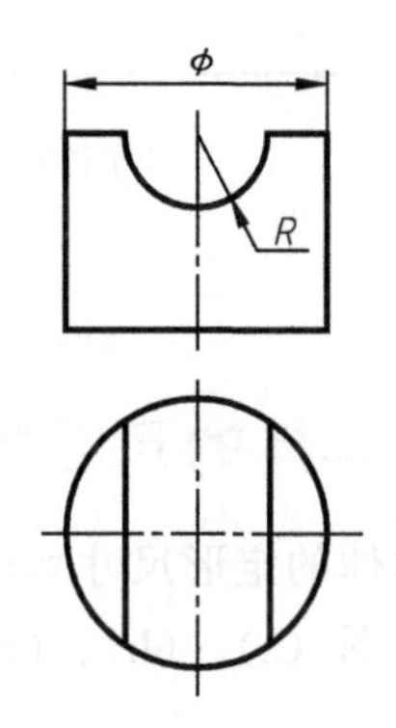

图 5-12 直径、半径的标注

⑤ 为方便看图，尺寸应尽量避免标注在虚线上。

⑥ 截交线和相贯线上不应直接标注定形尺寸。交线是在加工时自然产生，画图时按一定的作图方法求得的，故标注截断体的尺寸时，一般先注未截切之前形体的定形尺寸，然后标注截平面的定位尺寸，而不必标注截交线的定形尺寸。同理，标注相贯体的尺寸时，只需标注参与相贯的各立体的定形尺寸及其相互间的定位尺寸。如图 5-13 所示。

⑦ 避免标注封闭的尺寸链。如图 5-14（a）中，轴的长度方向尺寸首尾相连，形成封

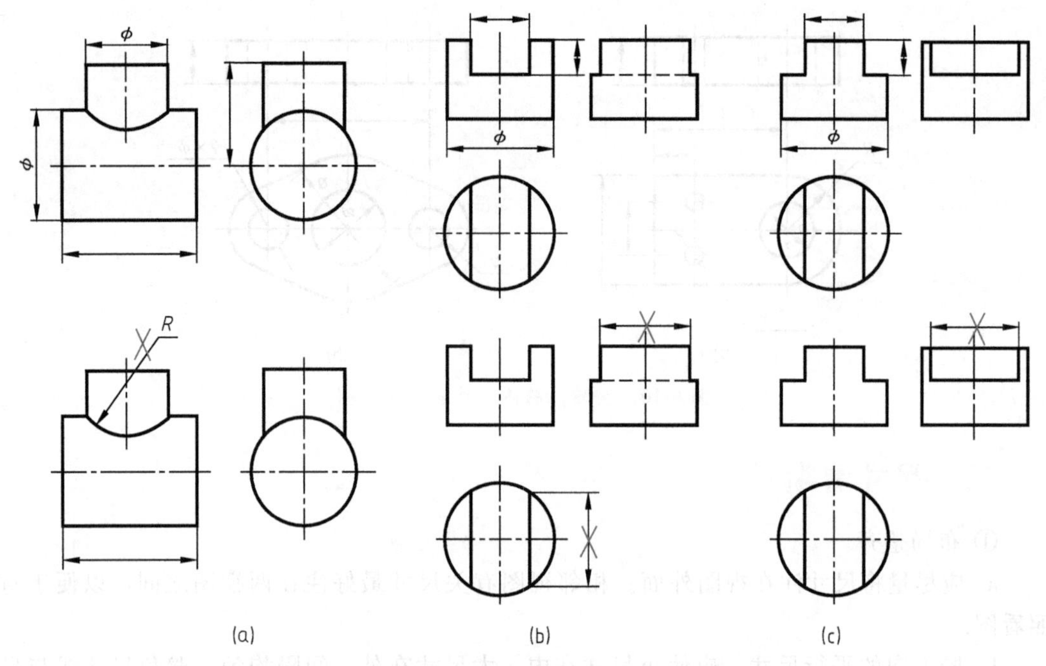

图 5-13　表面交线的尺寸标注示例（打“×”为错误注法）

闭的尺寸链，这种标注形式是不合理的。较为合理的是图 5-14（b）中的标注形式，将其中尺寸长度不重要的一段作为开口环。

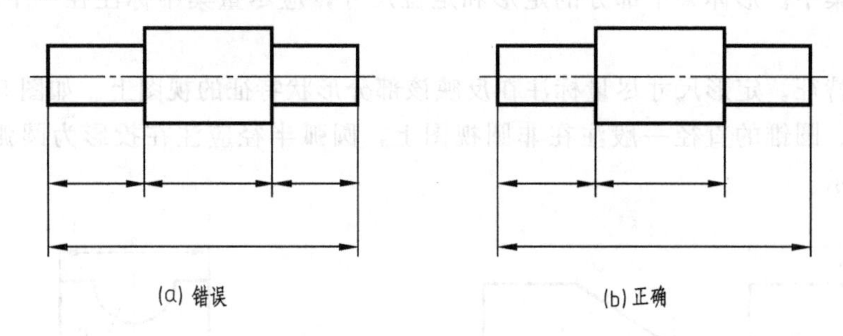

图 5-14　尺寸链应注成开口环

四、基本体的尺寸标注

常见基本体的定形尺寸如图 5-15 所示。有时标注形式可能有所改变，但尺寸数量不能增减。其中图（a）、（b）、（c）、（d）为平面立体的尺寸注法，图（e）、（f）、（g）、（h）

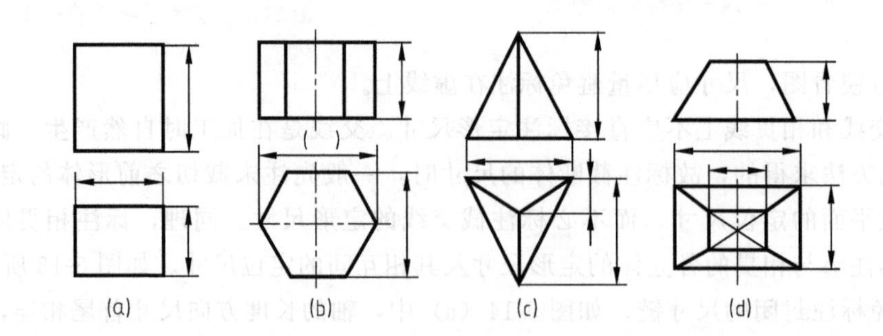

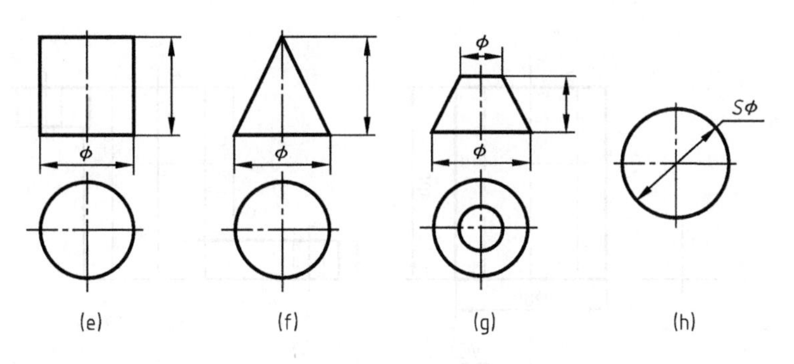

图 5-15 常见基本形体的尺寸

为曲面立体的尺寸注法。

五、标注尺寸的方法和步骤

标注组合体尺寸的基本方法是形体分析法，即先将组合体分解为若干个基本形体，选择尺寸基准，逐一注出各基本形体的定形尺寸和定位尺寸，最后考虑总体尺寸，并对已注的尺寸作必要的调整。下面以支座为例说明标注尺寸的方法和步骤。

① 形体分析；

② 选定三个方向的尺寸基准；

图 5-16 所示支座，以支座的安装面——底板的下底面，作为高度方向的尺寸基准；以支座左右对称中心面作为长度方向的尺寸基准；以底板和支撑板的后面，作为宽度方向的尺寸基准；

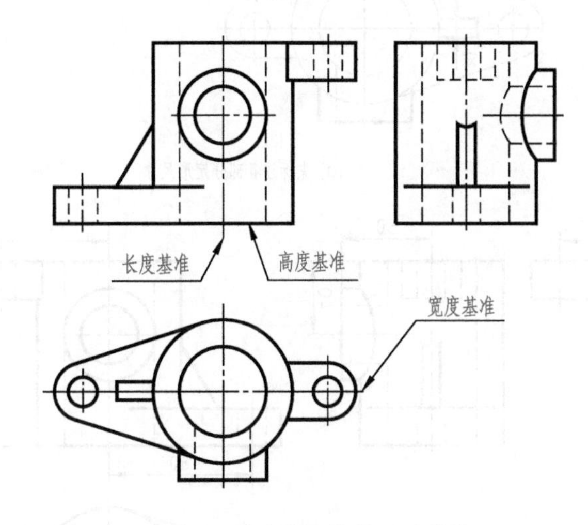

图 5-16 先确定立体的尺寸基准

③ 标注出各形体的定形尺寸，如图 5-17（a）所示；

④ 标注出各形体的定位尺寸；三个方向都要定位，如图 5-17（b）所示；

⑤ 确定总体尺寸，如图 5-17（c）所示；

⑥ 检查、调整尺寸，完成标注，如图 5-17（d）所示。

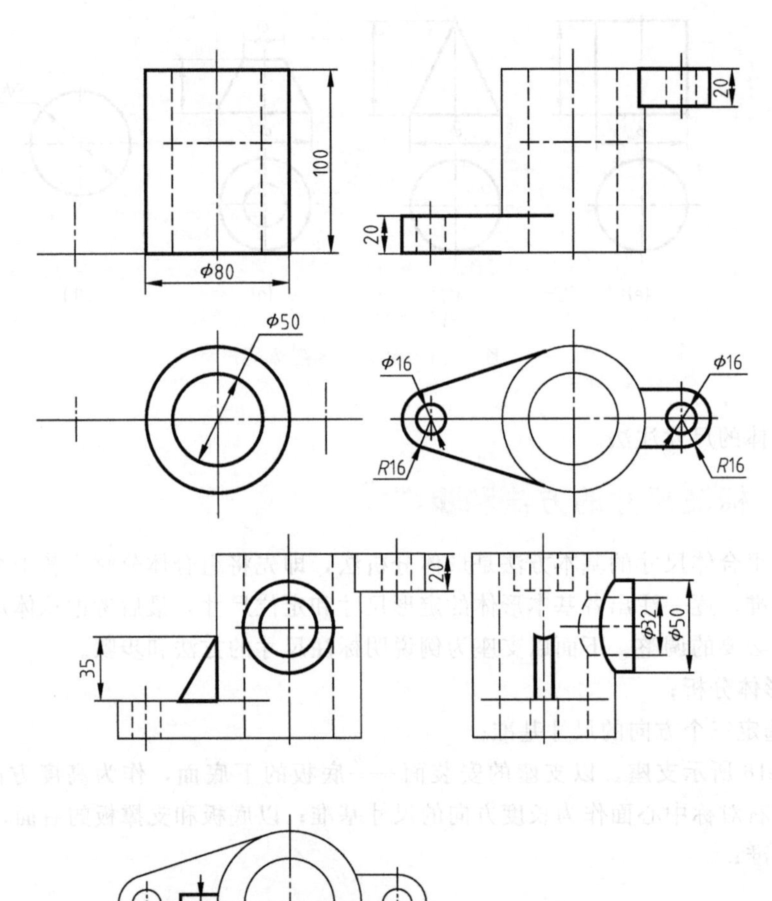

(a) 先标注各部分定形尺寸

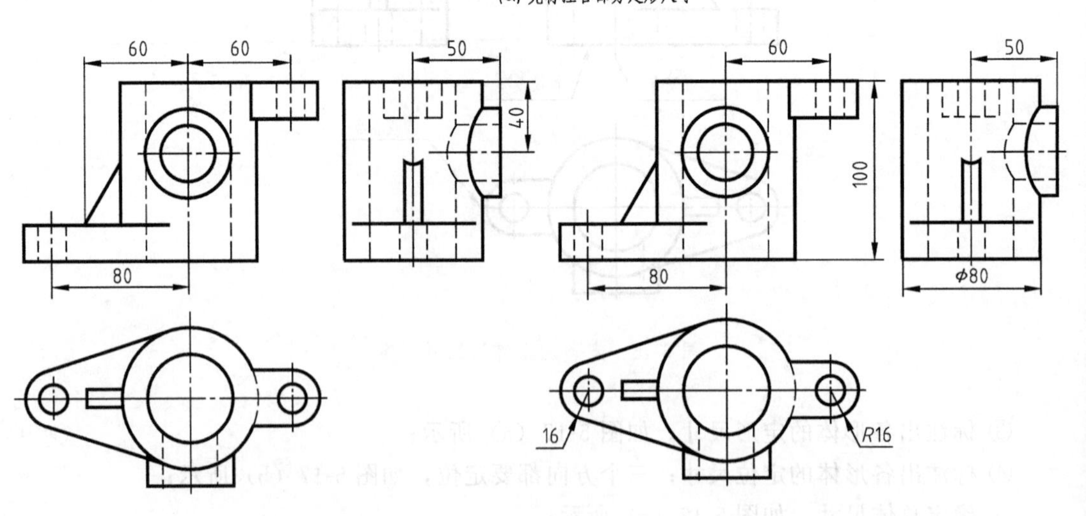

(b) 标注各部分的定位尺寸

(c) 确定整体尺寸

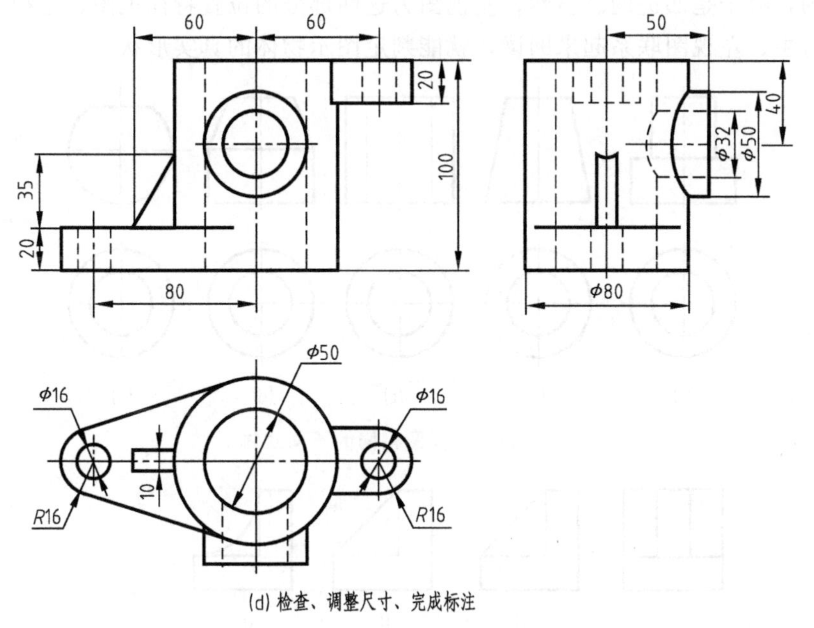

(d) 检查、调整尺寸、完成标注

图 5-17　支架尺寸标注

第四节　组合体读图

读图和画图是学习本课程的两个重要环节。画图是将物体按正投影方法表达在二维平面上，将空间物体以平面图形的形式反映出来；读图则是根据视图进行投影分析，想象出物体的空间形状和结构，是从二维图形建立三维形体的过程。为了能够正确、迅速地读懂视图，必须掌握读图的基本要领和基本方法，培养空间想象能力，通过不断实践，逐步提高读图能力。

一、读图的基本要领

1. 熟悉各类基本形体的投影规律

组合体的组成单元是各类基本形体，而基本形体的投影规律具有各自的特点，熟练掌握各类基本形体三视图是组合体读图的基础。

2. 以特征视图为基础，将几个视图联系起来阅读

所谓的特征视图，就是物体的形状特征和位置特征反映最充分的视图。从特征视图入手，再结合其他几个视图，才能较快地识别出物体的形状。

如图 5-18 中所示的不同物体，它们的俯视图相同，主视图反映其形状特征，因此主视图是特征视图。

如图 5-19 中所示的三个物体，它们的主、俯视图分别相同，左视图反映其形状特征，因此左视图是特征视图。

读图时，要把所给的几个视图联系起来构思，善于抓住反映形体形状和各部分相对位置特征明显的视图，才能准确、迅速地想象出物体的真实形状。

如图 5-20 所示的物体，根据主视图和俯视图不能确定主视图中长方形线框Ⅱ和圆哪

个是凸出的，哪个是凹进的。显然，左视图为这两部分的位置特征视图，主视图为形状特征视图。将主、左视图联系起来阅读，就能判定图示物体的真实形状。

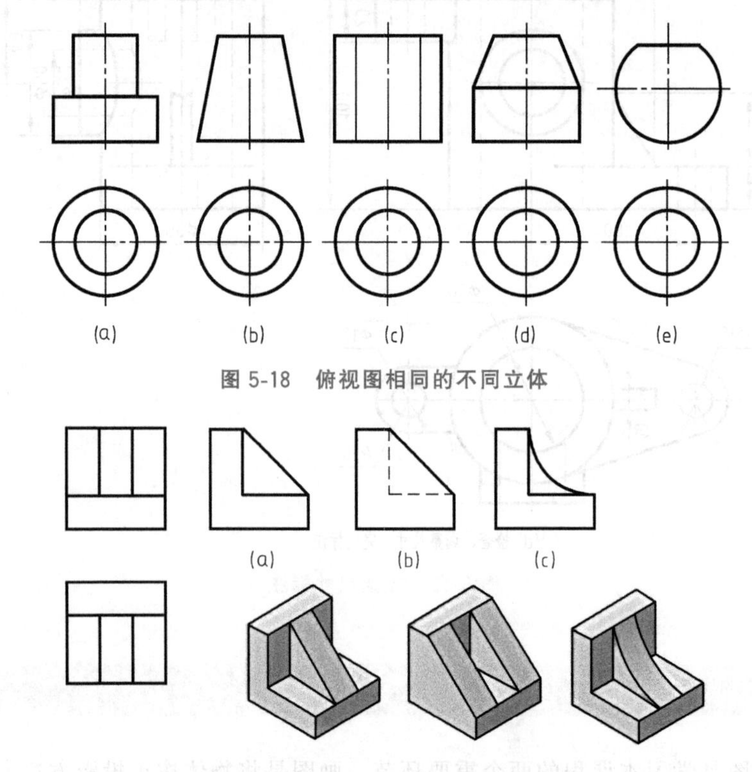

图 5-18 俯视图相同的不同立体

图 5-19 主、俯视图相同的不同立体

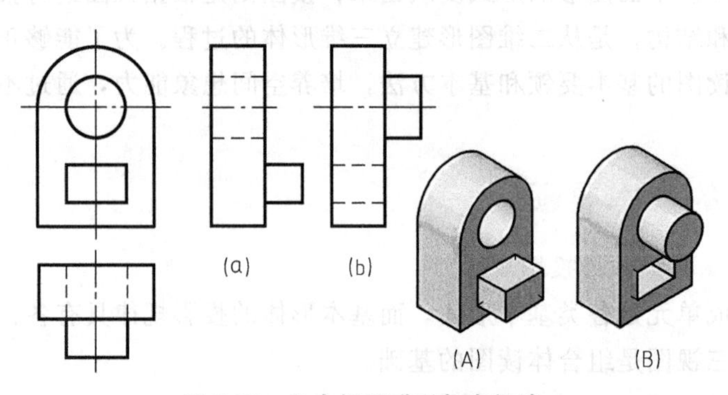

图 5-20 几个视图联系起来阅读

3. 明确视图中的线框和图线的含义

视图是由图线和线框组成的，弄清视图中线框和图线的含义对读图有很大帮助。

(1) 视图中的每一条粗实线或虚线可能表示：

① 具有积聚性的面（平面、曲面或二者的复合面）的投影，如图 5-21 俯视图中的各线；

② 两个面的交线的投影，如图 5-21 主视图中的 $a'b'$；

③ 曲面的轮廓线的投影，如图 5-21 主视图中的 $c'd'$。

(2) 视图中的一个封闭线框可能表示：

① 平面的投影，如图 5-21 主视图中的线框 1′；

② 曲面的投影，如图 5-21 左视图中的线框 2″；

③ 复合面的投影，如图 5-21 主视图中的线框 3′；

④ 通孔的投影，如图 5-21 俯视图中的线框 4。

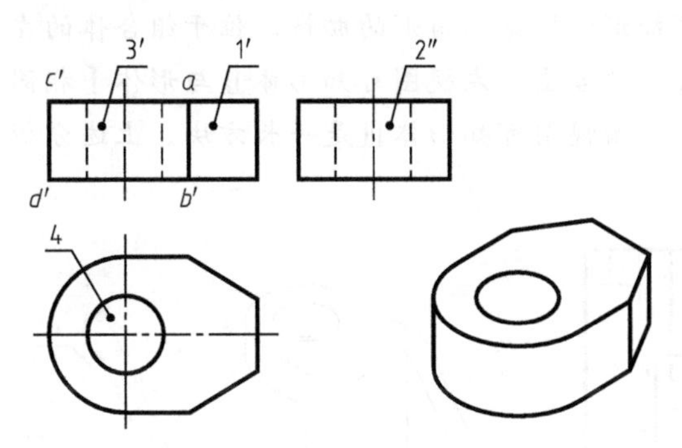

图 5-21 视图中图线和线框

二、读图的基本方法

1. 形体分析法

读图的基本方法与画图一样，也是运用形体分析法。一般从反映组合体形状特征明显的视图着手，把视图划分为若干部分，找出各部分在其他视图中的投影，然后逐一想象出各部分的形状以及各部分之间的相对位置，最后综合起来想象出组合体的整体形状。形体分析法用于组合体的叠加部分的读图较为有效。

读图步骤

① 对照投影，分线框。

先大致观察各个视图，找出其中一个视图，将该视图分成若干简单的线框。一般情况下，由于主视图上具有的特征相对较多，故通常先从主视图开始进行分析，从较大的线框入手。

② 想出形体，确定位置。

根据投影关系，逐个找到与各基本形体主视图相对应的俯视图和左视图，根据各基本形体的三视图确定其形状。

③ 综合起来，想出整体。

在看清每个视图的基础上，再根据整体的三视图，找出它们之间的相对位置关系，逐渐想出整体的结构形状。

一般的读图顺序是：先看主要部分，后看次要部分；先看容易确定的部分，后看难以确定的部分；先看某一组成部分的整体形状，后看其细节部分形状。即先主后次，先易后难，先整体后细节。

【例 5-1】 根据图 5-22 所示支架的三视图，利用形体分析法看图。

解题方法和步骤如下：

① 形体分析

从支架的三视图可以看出，该组合体是以叠加为主，因此适合使用形体分析法读图。

② 读图步骤

第一步：划线框、分形体。先从反映支架形状结构特征较多的主视图入手，将支架分为Ⅰ、Ⅱ、Ⅲ、Ⅳ四个部分，即四个封闭线框，如图 5-22（c）所示。同时根据投影关系分别找到它们在俯、左视图上的对应投影。

第二步：抓特征、定形体。支架主视图反映了Ⅰ、Ⅳ的形状特征，从主视图出发，结合俯、左视图可知形体Ⅰ是马蹄形中间开圆孔的薄板。同理，主视图反映了Ⅳ的形状特征，结合俯、左视图可知形体Ⅳ是三角形的肋板，位于组合体的左、上、后。形体Ⅱ的形状特征在俯视图上反映，结合主、左视图可知形体Ⅱ与形体Ⅰ相同。形体Ⅲ的形状特征在左视图中反映，结合主、俯视图可知形体Ⅲ是一长方块。上述分析过程分别见图5-23 (a) (b) (c) (d) 所示。

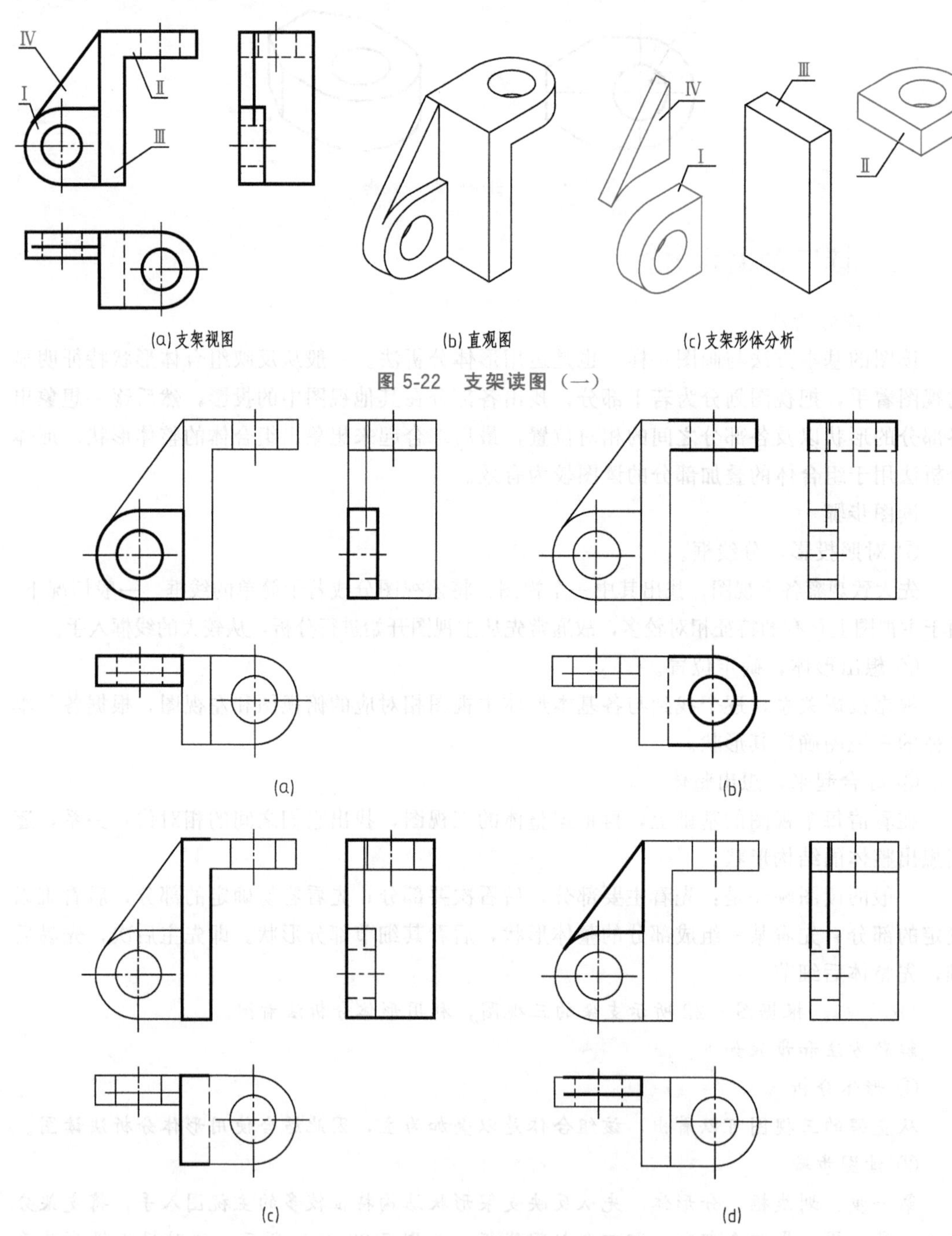

图5-22　支架读图（一）

图5-23　支架读图（二）

第三步：综合起来得整体。在看懂每部分形体的基础上，再根据组合体的三视图，确定各部分之间的相对位置，以及表面连接关系，从而得出组合体的整体形状。形体Ⅰ位于组合体的左、下、后；形体Ⅱ位于组合体的右、上；形体Ⅲ位于组合体的中间位置。它们四者后面平齐，Ⅰ、Ⅳ上下叠加时左面相切，而Ⅰ和Ⅲ、Ⅱ和Ⅲ左右叠加时底面和上面分别平齐。

【例 5-2】 根据图 5-24 所示支座的三视图，利用形体分析法看图。

解题方法和步骤如下：

(1) 划线框、分形体　先从主视图看起，并将三个视图联系起来，根据投影关系找出表达构成组合体的各部分形体的形状特征和相对位置比较明显的视图。然后将找出的视图分成若干封闭线框（有相切关系时线框不封闭）。从图 5-25、图 5-26 (a) 中可看出，主视图分成Ⅰ、Ⅱ、Ⅲ、Ⅳ四个封闭的线框。

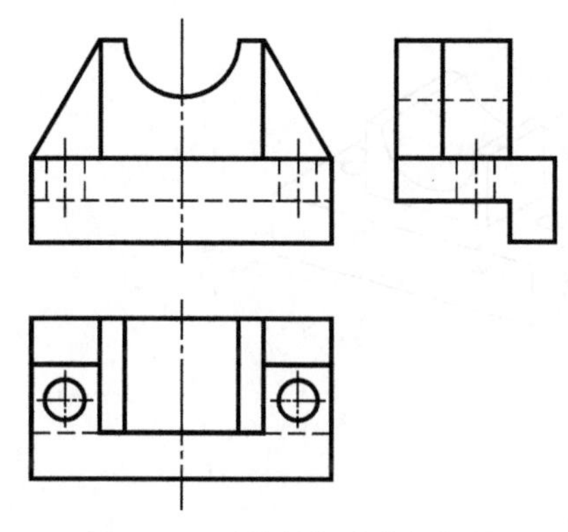

图 5-24　形体分析法分析视图

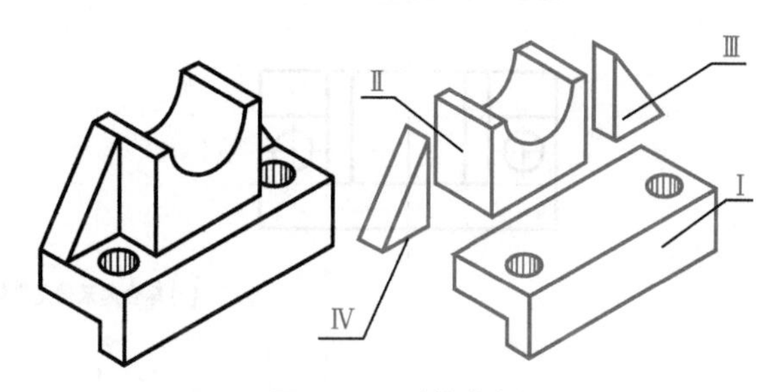

图 5-25　形体分析

(2) 对投影、想形体　根据主视图中所划分的线框，分别找出各自对应的另外两个投影，从而根据三面投影构思出每个线框所对应的空间形状及位置。如图 5-26 (b)、(c)、(d) 所示。

(3) 合起来想整体　各部分的形状和形体表面间的相对位置关系确定后，综合起来想象出组合体的整体形状。如图 5-26 (e) 所示。

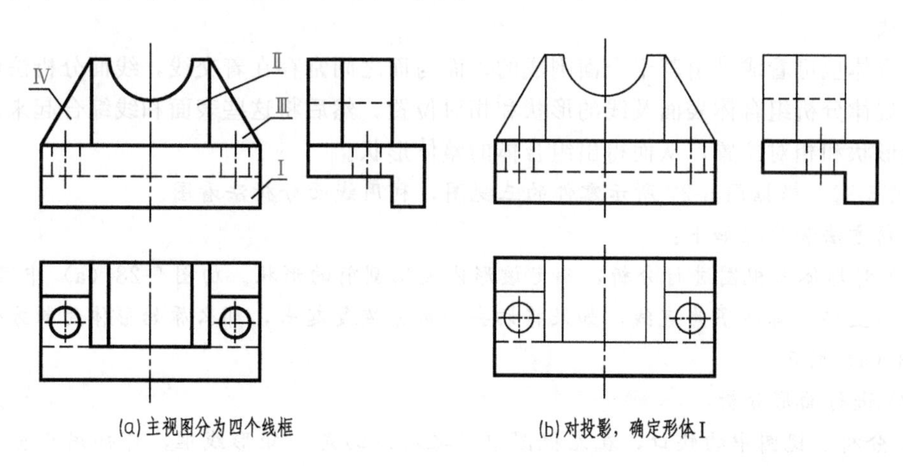

(a) 主视图分为四个线框　　(b) 对投影，确定形体Ⅰ

图 5-26

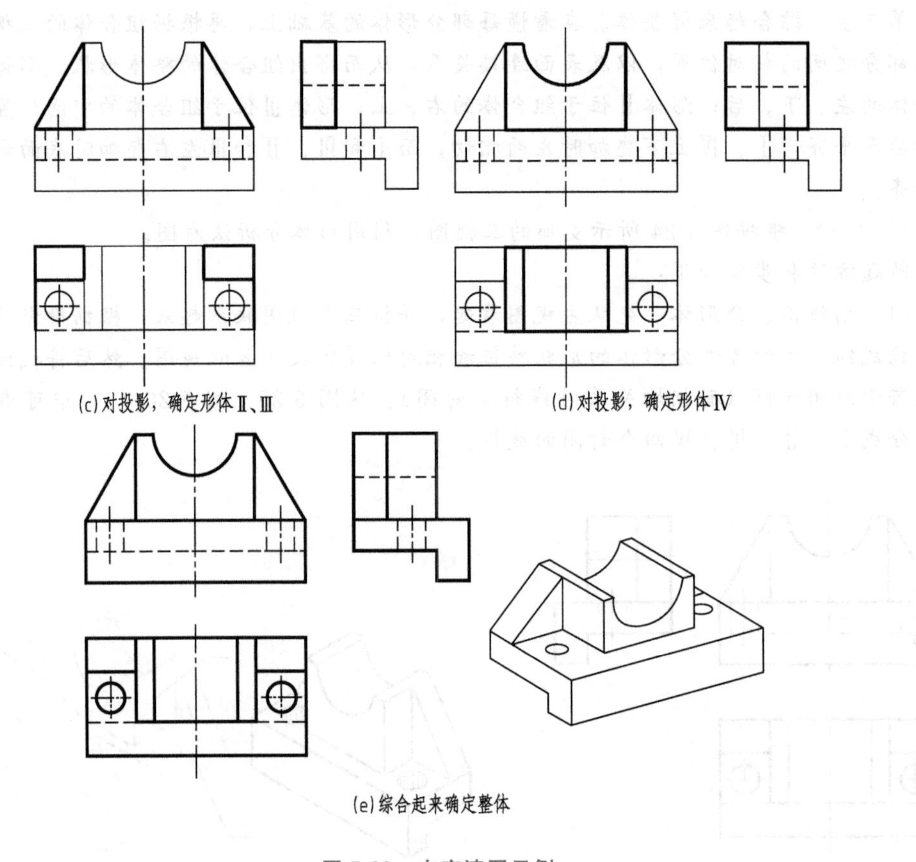

图 5-26　支座读图示例

2. 线面分析法

读图时，对组合体视图中不易读懂的部分，需要应用另一种方法——线面分析法来分析。在组合体的画图和读图过程中，对较复杂的组合体在应用形体分析法进行分析的基础上，对不易表达或读懂的局部，结合线、面的投影分析，分析物体表面的形状、物体上面与面的相对位置及物体的表面交线等，来帮助表达或读懂这些局部的形状，这种方法叫线面分析法。

组合体也可看成是由若干个面围成的，面与面之间常存在着交线，线面分析法就是运用投影规律分析组合体表面及线的形状和相对位置，然后将这些表面和线综合起来想象出它们的形状和相对位置，从而得出组合体的整体形状。

【例 5-3】 根据图 5-27 所示零件的三视图，利用线面分析法看图。

解题方法和步骤如下：

(1) 对形体三视图进行分析，确定该形体被切割前的形状。由图 5-28 (a) 中可看出，三视图的主要轮廓线多为直线，如果将切去的部分恢复起来，那么原始形体为长方体，如图 5-28 (a) 所示。

(2) 进行面形分析：

① 分析主视图中的缺口，在左视图中与之对应的是一矩形线框，可知用正垂面和水平面切去四棱柱的左上角，如图 5-28 (b) 所示。

② 分析左视图中的缺口，在主视图中与之对应的是梯形线框，在俯视图中与它对应

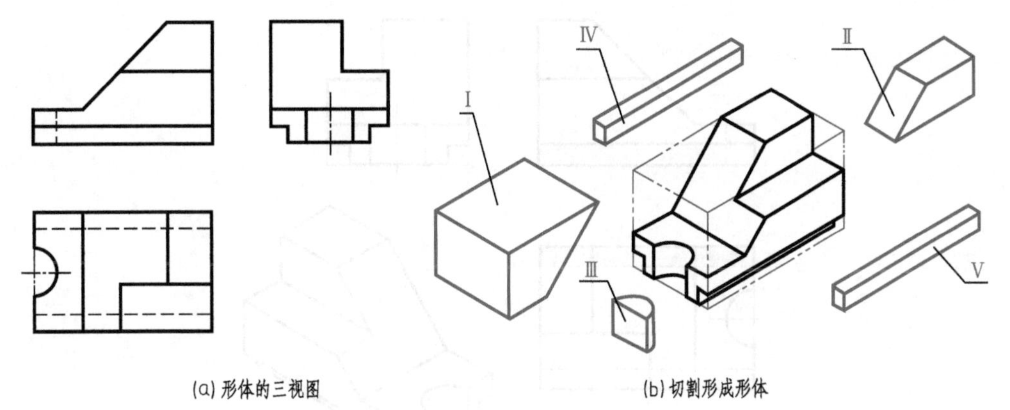

(a) 形体的三视图 (b) 切割形成形体

图 5-27 切割体读图

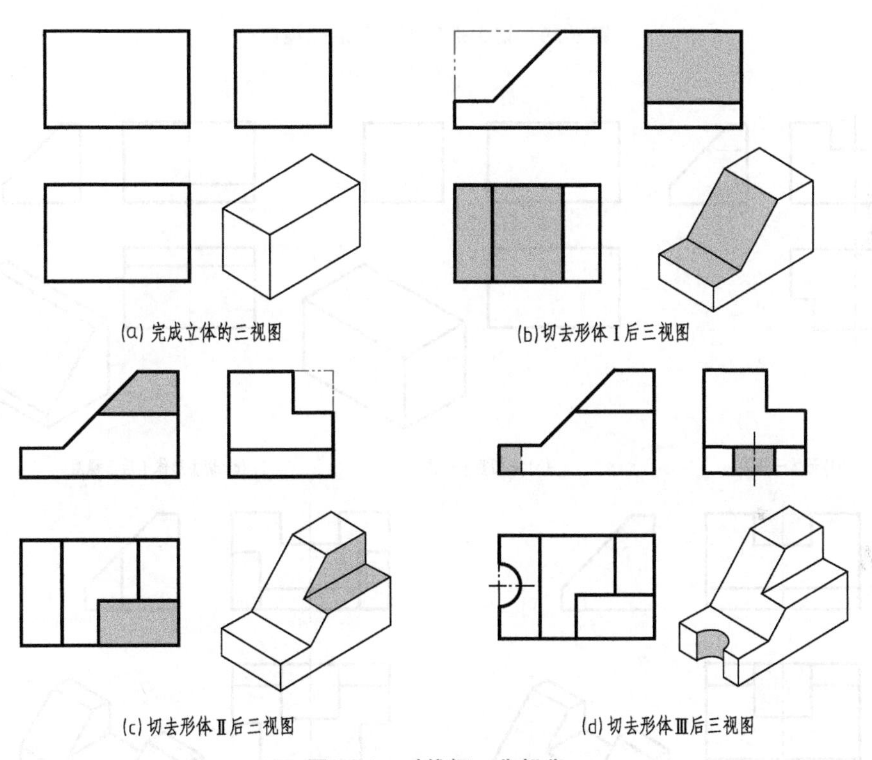

(a) 完成立体的三视图 (b) 切去形体Ⅰ后三视图

(c) 切去形体Ⅱ后三视图 (d) 切去形体Ⅲ后三视图

图 5-28 对线框，分部分

的是一矩形线框，如图 5-28 (c) 所示，即切去四棱柱的右、上、前方的角。

③ 分析俯视图左端的半圆线框，对应主视图可知它是一个半圆槽，如图 5-28 (d) 所示。

④ 分析左视图下方的线框，说明它是前后对称的两个方形缺口，其结构如图 5-29 所示。

(3) 反复检查所想出的立体形状是否与已知的三视图对应，直到立体形状与三视图完全符合为止。

【例 5-4】 补画如图 5-30 (a) 所示物体三视图中所缺图线。

解题方法和步骤如下：

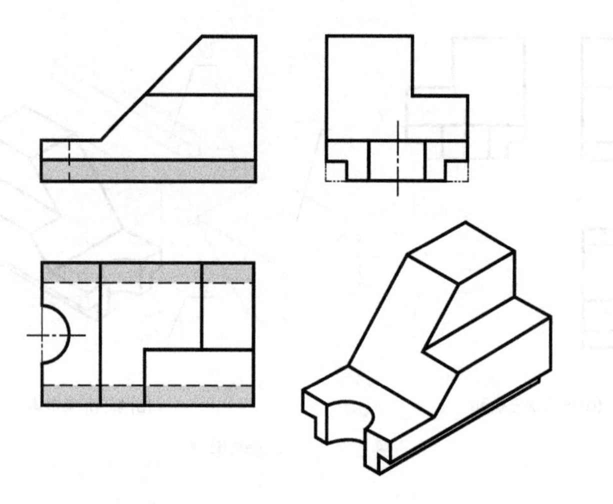

图 5-29 切去形体Ⅳ、Ⅴ后三视图

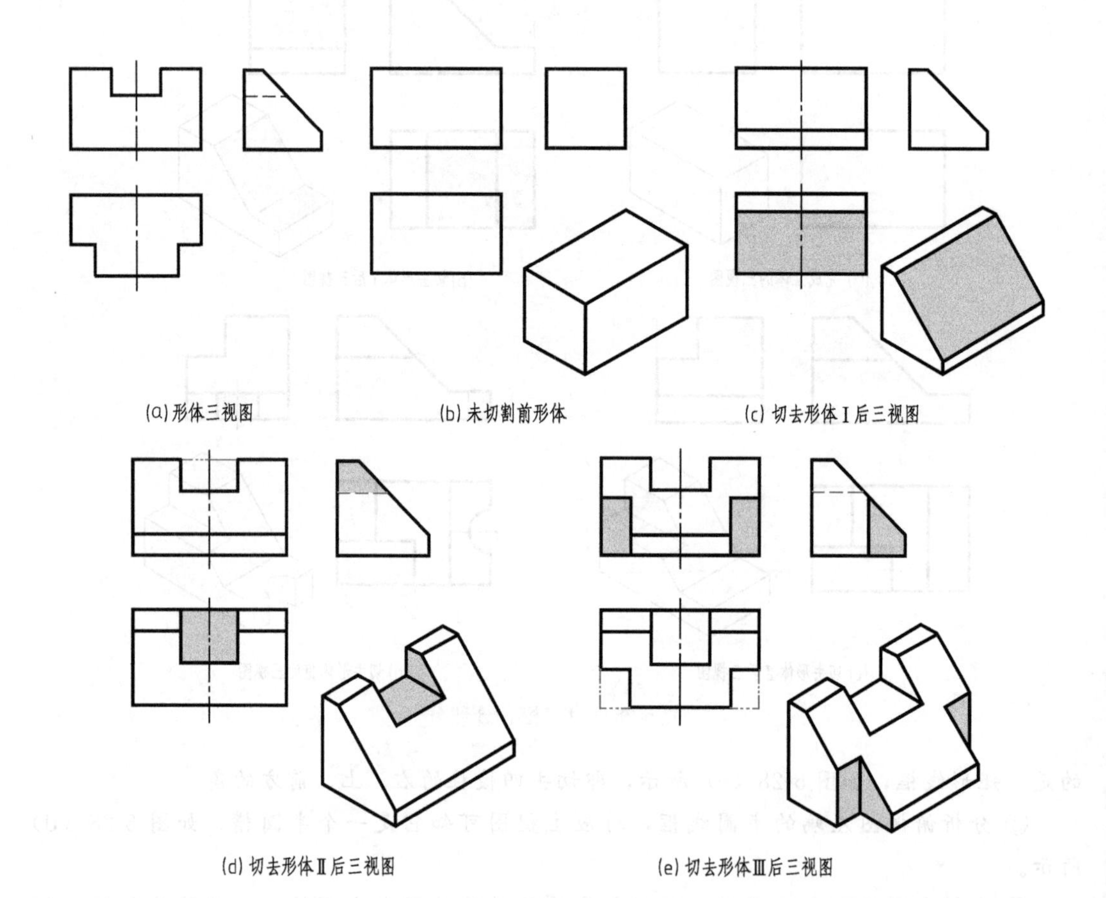

(a) 形体三视图 (b) 未切割前形体 (c) 切去形体Ⅰ后三视图

(d) 切去形体Ⅱ后三视图 (e) 切去形体Ⅲ后三视图

图 5-30 根据三视图补画漏线示例

(1) 分析

从已知三视图的特征轮廓分析，该形体是一个长方体被几个不同位置的截面切割形成。按照先大后小、先易后难的次序进行分析，可以采用边切割、边补缺线的方法逐个画出三视图中所缺图线。

（2）作图

作图过程中，应注意三视图之间的投影对应关系，即“长对正，高平齐，宽相等”。

① 先想象出未切割前长方体的投影，如图 5-30（b）所示。

② 根据左视图中的斜线可想象出，长方体首先被一侧垂面切去上、前角。在主、俯视图中补画相应粗实线。作图结果如图 5-30（c）所示。

③ 根据主视图中、上部的凹口可知，长方体的中、上部位被一水平面、两侧平面开一方槽。据此补画俯、左视图中所缺图线（左视图中为虚线）。作图结果如图 5-30（d）所示。

④ 根据俯视图可知，长方体的前侧左、右各被正平面和侧平面对称地切去一方角。由此补全主、左视图中所缺图线。作图结果如图 5-30（e）所示。

本章小结

1. 本章主要介绍了组合体视图的画法、尺寸标注的基本方法和规则、读组合体视图的形体分析法和线面分析法。对比较复杂的组合体，在绘图和读图的过程中，通常先运用形体分析法，然后对不易表达或读懂的局部运用线面分析法。

2. 形体分析法和线面分析法是组合体画图、标注尺寸和读图的基本方法，它贯穿于本课程的始终，只有通过反复实践和运用，才能熟练掌握。

3. 组合体的画图是由空间到平面的过程，而读图则是由平面到空间的过程，两者相辅相成，密不可分。因此，练习时应养成边看、边画、边想的良好习惯，使看、想、画有机地结合起来，有利于培养空间想象能力和分析能力。

第六章 机件常用表达方法

本章导读

前面介绍了用三视图表达物体的方法，但在工程实际中，机件的结构形状千变万化，有繁有简，仅用三视图已不能满足将机件内外结构形状表达清楚的需要。为此，国家标准《机械制图》、《技术制图》中的“图样画法”规定了各种画法。掌握各种图样画法是正确绘制和阅读图样的前提条件。本章着重介绍这些常用图样的画法。

学习目标

- 了解视图、剖视图以及剖面图的概念和画法
- 掌握全剖视图、半剖视图和局部剖视图的画法及应用
- 了解与化工图样相关的规定画法和简化画法

第一节 视图

根据有关规定，用正投影法绘制出物体的图形称为视图。视图主要用来表达机件的外部结构形状，视图通常有基本视图、向视图、局部视图和斜视图。

一、基本视图

物体向基本投影面投射所得的视图，称为基本视图。

国家标准《技术制图》中规定，以正六面体的六个面为基本投影面，将物体放在正六面体中分别向六个基本投影面投射，即得到六个基本视图，如图 6-1（a）所示。

六个基本投影面展开时，保持正投影面不动，其余各投影面展开至与正投影面共面，即得六个基本视图。如图 6-1（b）所示。

如图 6-2 所示。六个基本视图的名称和投射方向为：

主视图——由前向后投射所得的视图。

俯视图——由上向下投射所得的视图，配置在主视图下方。

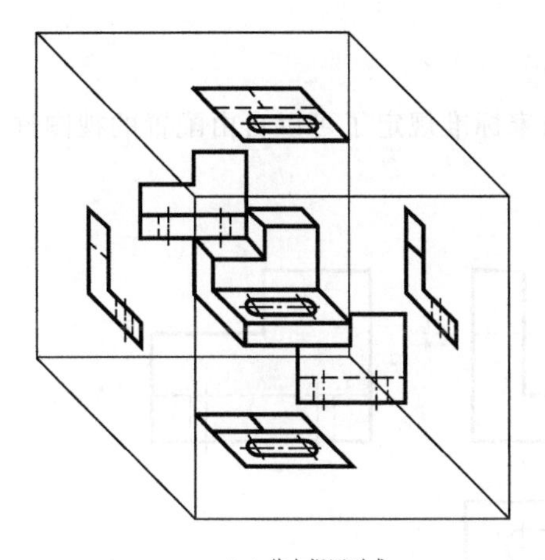

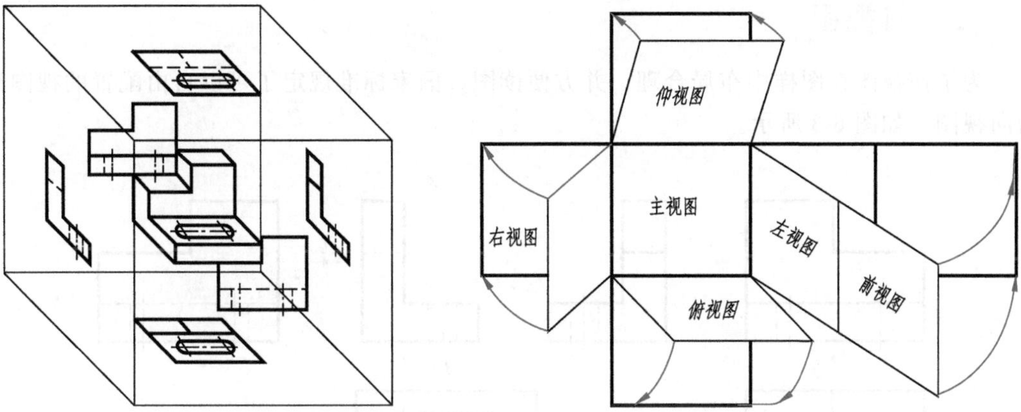

(a) 基本视图形成

(b) 基本视图展开

图 6-1　基本视图

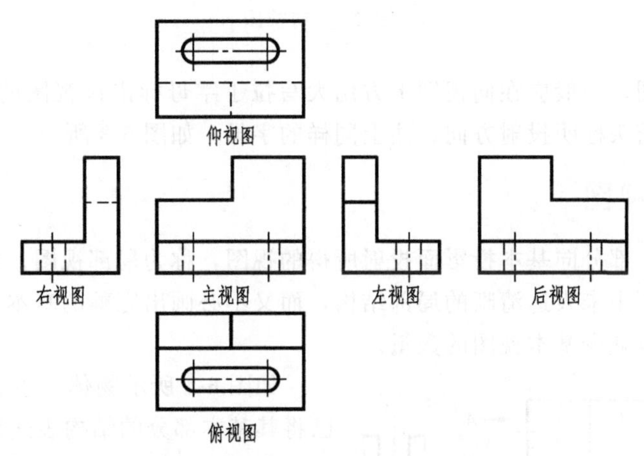

图 6-2　六个基本视图的名称及配置

左视图——由左向右投射所得的视图，配置在主视图右方。

右视图——由右向左投射所得的视图，配置在主视图左方。

仰视图——由下向上投射所得的视图，配置在主视图上方。

后视图——由后向前投射所得的视图，配置在左视图右方。

各视图的位置按图所示位置配置时，可不标注视图的名称。

六个基本视图之间仍保持着与三视图相同的投影规律，即

主视图、俯视图、仰视图、后视图，长对正；

主视图、左视图、右视图、后视图，高平齐；

俯视图、左视图、仰视图、右视图，宽相等。

基本视图主要用于表达投射方向上的外形。在实际绘图时，并不是所有机件都需要六个基本视图，而是根据机件的结构特点选用必要的基本视图。一般优先选用主、俯、左三个视图。任何机件的表达，都必须有主视图，由前向后投射所得的主视图应尽量反映物体的主要轮廓，并根据实际需要选用其他视图，在完整、清晰地表达物体形状的前提下，使采用的视图数量应最少，力求视图简便易画、易读。

二、向视图

为了使视图在图样中布局合理，并方便读图，国家标准规定了可以自由配置的视图称为向视图。如图 6-3 所示。

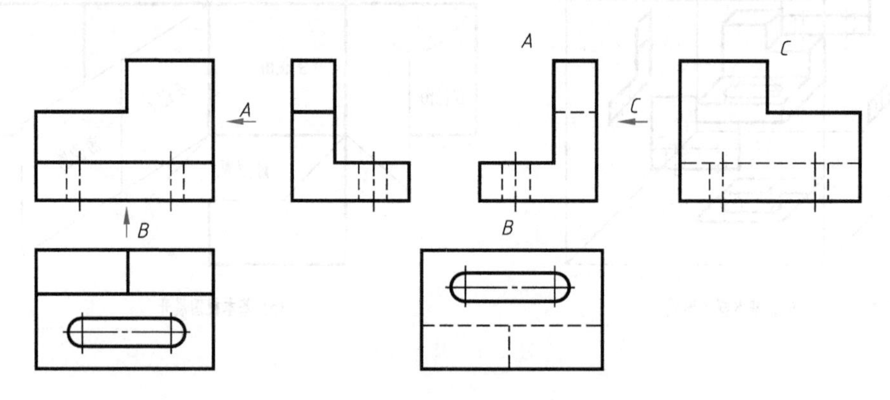

图 6-3　向视图

为了便于读图，一般应在向视图上方用大写拉丁字母标出该视图的名称“×”，并在相应视图附近用箭头标明投射方向，注上同样的字母，如图 6-3 所示。

三、局部视图

将物体的某一部分向基本投影面投射所得的视图，称为局部视图。局部视图适用于表达物体上基本视图中未表达清晰的局部结构，而又不必画出完整的基本视图的情形。因此利用局部视图可以减少基本视图的数量。

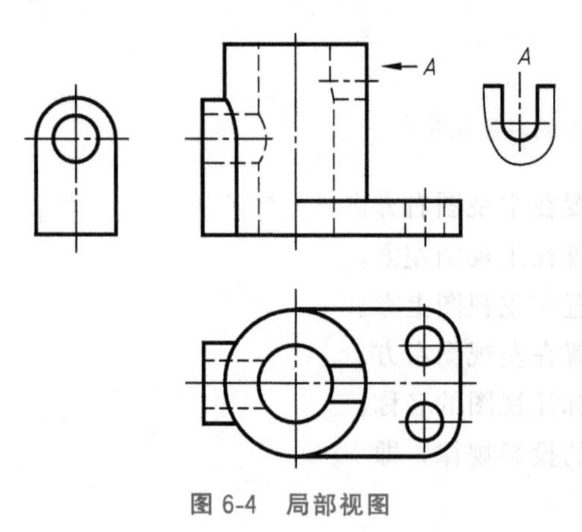

图 6-4　局部视图

如图 6-4 所示物体，主、俯两个基本视图已将其基本部分的结构表达清楚，但是左边凸台与右边小槽尚未表达清楚，需采用局部视图来表达，这样不仅节省了两个基本视图，而且表达清晰，重点突出，简单明了。

局部视图的配置、标注及画法如下：

① 局部视图应尽量按基本视图的位置配置。有时为了合理布置图面，也可按向视图的配置形式配置。

② 画局部视图时，应在局部视图上方用大写拉丁字母标出视图的名称“×”，并在相应视图附近用箭头指明投射方向，注上相同的字母。当局部视图按投影关系配置，中间又无其他视图隔开时，允许省略标注。

③ 局部视图断裂处的边界线应以波浪线表示。当所表示的局部结构是完整的，且外形轮廓线又成封闭时，波浪线可省略不画。

四、斜视图

将物体向不平行于任何基本投影面的平面投射所得的视图，称为斜视图。为了表达倾斜部分的实形，可以设置一个平行于该倾斜部分的辅助投影面（该投影面应垂直于某一基本投影面），在该投影面上得到倾斜部分反映实形的投影，即斜视图。

① 斜视图通常按向视图的配置形式配置并标注。必要时，允许将斜视图旋转配置，在旋转后的斜视图上方应标注视图名称“×”及旋转符号，旋转符号的箭头方向应与斜视图的旋转方向一致，表示该视图名称的大写拉丁字母应靠近旋转符号的箭头端，如图 6-5 所示。

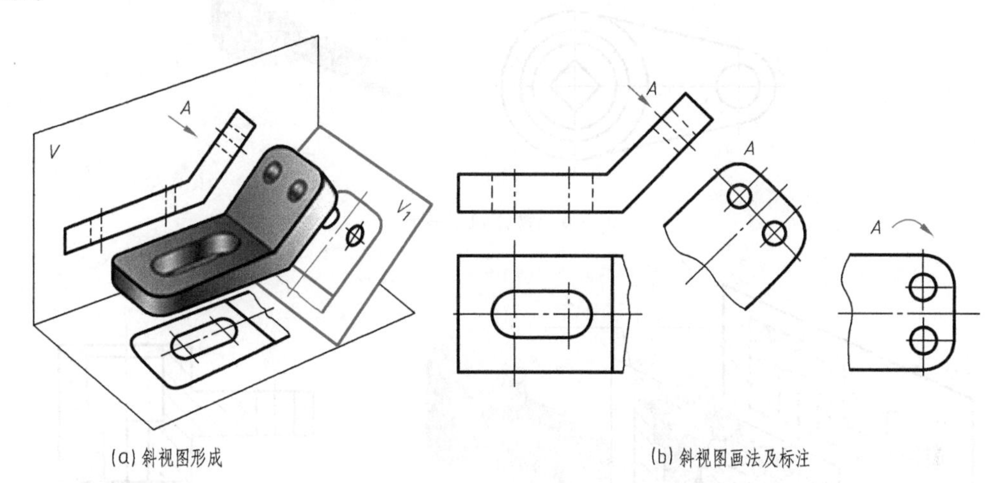

(a) 斜视图形成　　(b) 斜视图画法及标注

图 6-5　斜视图

② 斜视图应用于机件上存在不平行于任何基本面的结构，一般只画倾斜部分，若仅是机件的局部结构时，边界用波浪线表示。

③ 斜视图应在相应位置处标注投影方向箭头，并标明视图名称字母。

④ 视图优先按投影关系位置配置，其次配置在箭头附近，也可以配置在其他适当位置。

⑤ 斜视图一般为倾斜的图形，绘制时允许将其转正画出，但此时在视图名称字母旁应加标旋转符号，字母写在箭头侧。

第二节　剖视图

一、剖视图概述

1. 剖视图的形成

假想用剖切面剖开物体，将处在观察者和剖切面之间的部分移去，而将其余部分向投影面投射所得到的图形，称为剖视图，简称剖视。

如图 6-6 所示，在物体的视图中，主视图用虚线表达其内部形状不够清晰。按图 6-7 (a) 所示方法，假想沿物体前后对称平面将其剖开，移去前半部，将后半部向正投影面投射，就得到剖视图 6-7 (b)。

2. 剖面符号

在剖视图中，被剖切面剖切到的部分，称为断面。为了在剖视图上区分剖面和其他表面，应在剖面上画出剖面符号（也称剖面线）。机件的材料不相同，采用的剖面符号也不

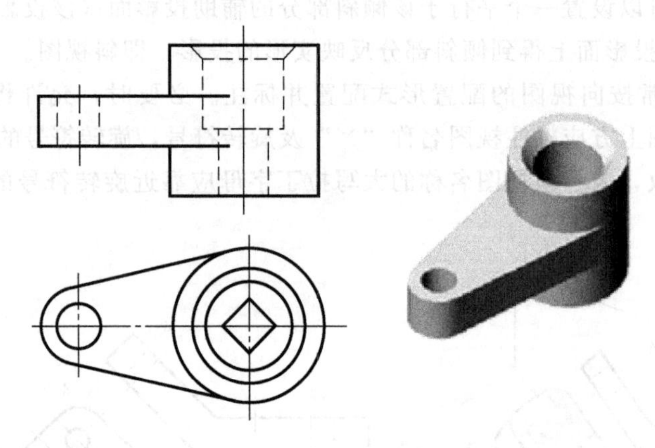

图 6-6　物体及其视图

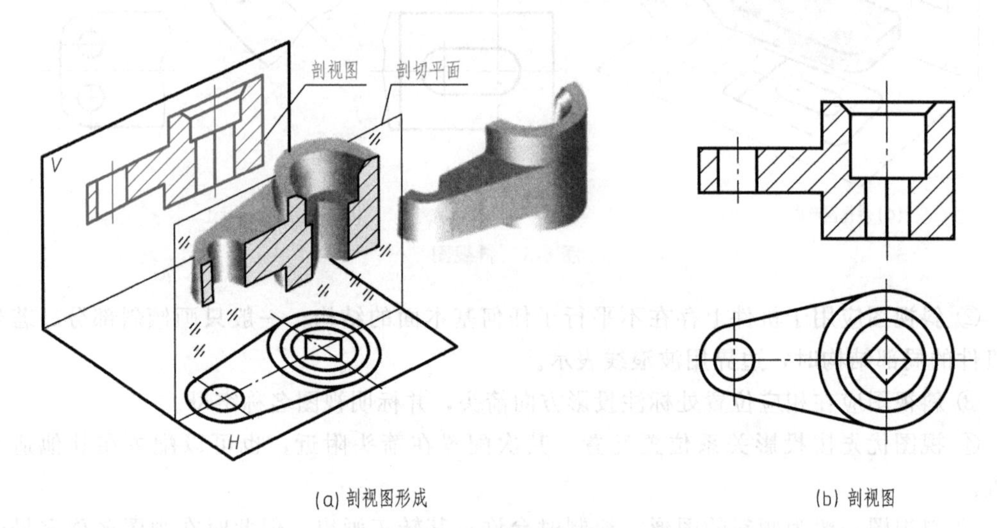

(a) 剖视图形成　　(b) 剖视图

图 6-7　剖视图的形成

相同。国家标准中规定了各种材料的剖面符号，见表 6-1。

表 6-1　剖面符号

<table>
<tr><th>材料名称</th><th>剖面符号</th><th colspan="2">材料名称</th><th>剖面符号</th></tr>
<tr><td>金属材料
（已有规定剖面符号除外）</td><td></td><td colspan="2">非金属材料
（已有规定剖面符号除外）</td><td></td></tr>
<tr><td>线圈绕组元件</td><td></td><td colspan="2">陶瓷、硬质合金
型砂、粉末冶金等</td><td></td></tr>
<tr><td>转子、变压器等的叠钢片</td><td></td><td rowspan="2">木材</td><td>纵剖面</td><td></td></tr>
<tr><td>玻璃及其他透明材料</td><td></td><td>横剖面</td><td></td></tr>
</table>

画金属材料的剖面符号时，应遵守下列规定：

① 同一机件的零件图中，剖视图、剖面图的剖面符号，应画成间隔相等、方向相同

且为与水平方向成45°（向左、向右倾斜均可）的细实线。

② 当图形的主要轮廓线与水平线成45°时，该图形的剖面线应画成与水平成30°或60°的平行线，其倾斜方向仍与其他图形的剖面线一致。如图6-8所示。

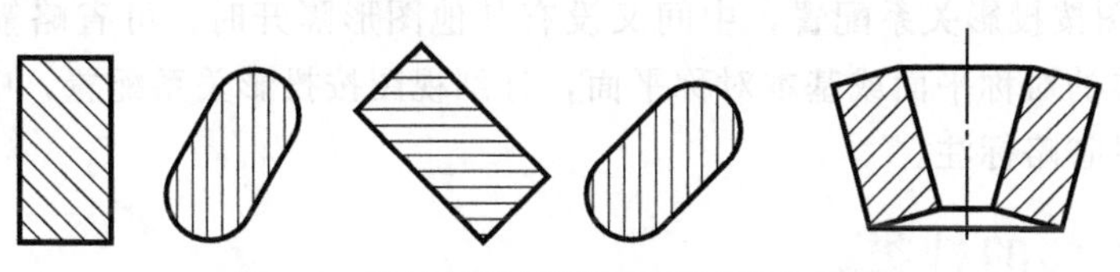

图6-8 通用剖面线的不同情况下的画法

3. 画剖视图时注意事项

① 为使剖视图反映实形，剖切平面一般应平行于某一对应的投影面；剖切时通过机件的对称面或内部孔、槽的轴线。

② 由于剖切机件是假想的，并不是把机件真正切掉一部分，所以，当某个视图被画成剖视图后，其他视图仍应按完整的机件画出。如图6-9所示。

③ 剖视图中的剖切平面与物体接触处应画上剖面符号。

④ 剖视图仍是“体”的概念，故剖切平面之后的所有可见轮廓线均应画出来，不要遗漏剖切平面后面的可见轮廓线，如图6-9中的圆柱（锥）平面处于剖切平面的后面，剖切后仍属可见，因此必须画出。

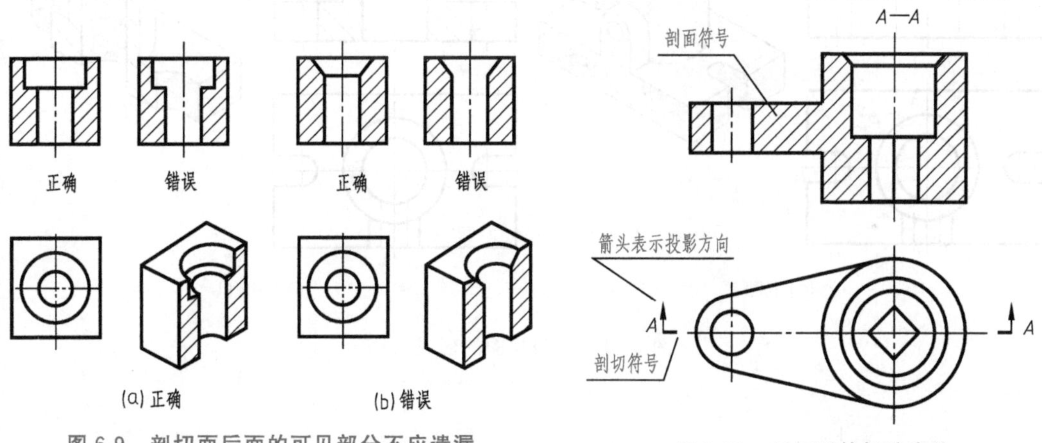

图6-9 剖切面后面的可见部分不应遗漏

图6-10 剖视图的标注方法

⑤ 在剖视图中一般不画虚线。只有当机件的结构没有完全表达清楚，若画出少量虚线可以减少视图数量，才画出必要的虚线。

4. 剖视图的标注

如图6-10所示，为了便于看图，在画剖视图时，应将剖切位置、剖切后的投影方向和剖视图的名称标注在相应的视图上。

① 剖切位置：用线宽（1～1.5）b、长约5～10mm的粗实线（粗短画）表示剖切面的起讫和转折位置。

② 投影方向：在表示剖切平面起讫的粗短画外侧画出与其垂直的箭头，表示剖切后的投影方向。

③ 剖视图名称：在表示剖切平面起讫和转折位置的粗短画外侧写上相同的大写拉丁

字母“×”，并在相应的剖视图上方正中位置用同样的字母标注出剖视图的名称“×—×”，字母一律按水平位置书写，字头朝上。在同一张图纸上，同时有几个剖视图时，其名称应顺序编写，不得重复。

④ 当剖视图按投影关系配置，中间又没有其他图形隔开时，可省略箭头。当单一剖切平面通过物体的对称平面或基本对称平面，且剖视图按投影关系配置，中间又没有其他图形隔开时，可省略标注。

二、剖视图的种类

根据剖切范围的不同，剖视图可分为全剖视图、半剖视图和局部剖视图。

1. 全剖视图

用剖切面（剖切面可以是平面或圆柱面）完全地剖开物体所得的剖视图，称为全剖视图。由于全剖视图是将物体完全剖开，物体外形的投影因此会受到影响，所以全剖视图适用于表示内部形状复杂的不对称物体或外形简单的对称物体。

2. 半剖视图

用剖切面剖开图 6-11（a）所示物体，可以得到其全剖的主视图，如图 6-11（b）所

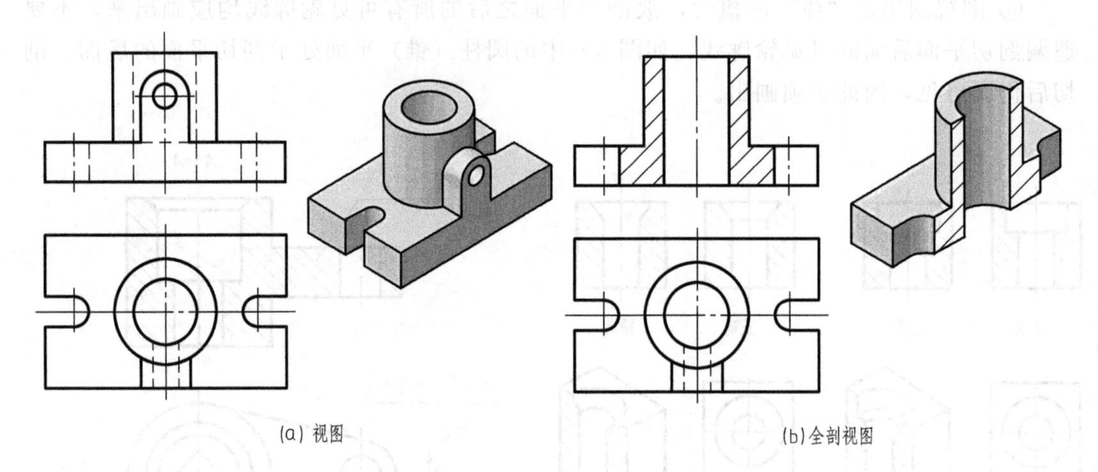

(a) 视图　　(b)全剖视图

图 6-11　半剖视图的形成

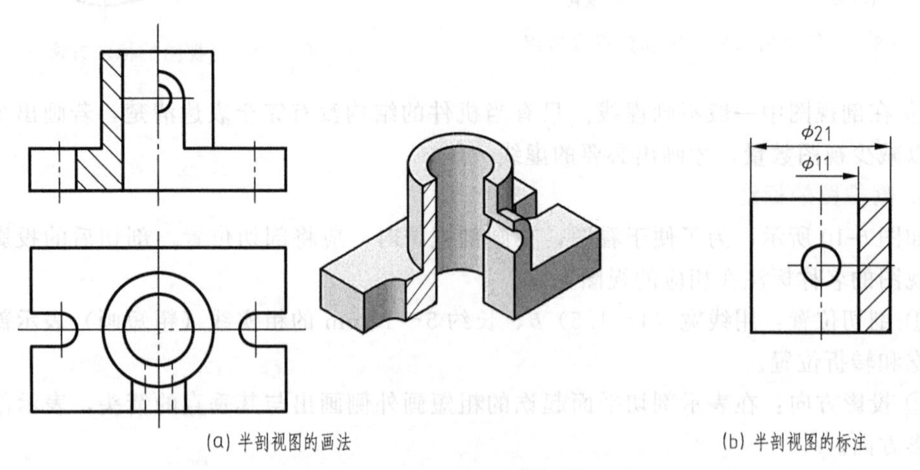

(a) 半剖视图的画法　　(b) 半剖视图的标注

图 6-12　半剖视图的画法及标注

示，此时主视图中的外形轮廓没有得到表达。由于该物体具有对称平面，因此向垂直于对称平面的投影面上投射所得的图形可以对称中心线为界，一半画成剖视图以表达内形，另一半画成视图以表达外形，这种组合图形称为半剖视图，如图 6-12（a）所示。

半剖视图既充分表达了物体的内部形状，又保留了物体的外部形状，所以它常用于表达内部和外部形状都比较复杂的对称机件。

画半剖视图应注意：

① 半个视图与半个剖视图的分界线应是细点画线；

② 在半个视图中的表示内部形状的虚线，应省略不画；

③ 若机件的对称面上有轮廓线时，不能作半剖视图；

④ 在半剖视图中，只画出一半形状的部分，尺寸采用半标注，如图 6-12（b）所示；

⑤ 半剖视图是全部剖开，对称表达，因此标注方法应与全剖视图相同。

3. 局部剖视图

用剖切面物体的局部剖开，并用波浪线或双折线表示剖切范围，所得的剖视图称为局部剖视图。

局部剖视图既能把物体局部的内部形状表达清楚，又能保留物体的某些外形，是一种比较灵活的表达方法。局部剖视图的剖切位置和剖切范围根据需要而定，主要适用于以下几种情况：

① 物体上只有某一局部结构需要表达，但又不宜采用全剖视图时，如图 6-13（a）、（b）中俯视图所示；

② 当不对称物体的内、外部形状都要表达时，如图 6-13（a）、（b）中主视图所示；

③ 当物体对称，且在图上恰好有一轮廓线与对称中心线重合时，不宜采用半剖视图，如图 6-13（c）中主视图所示。

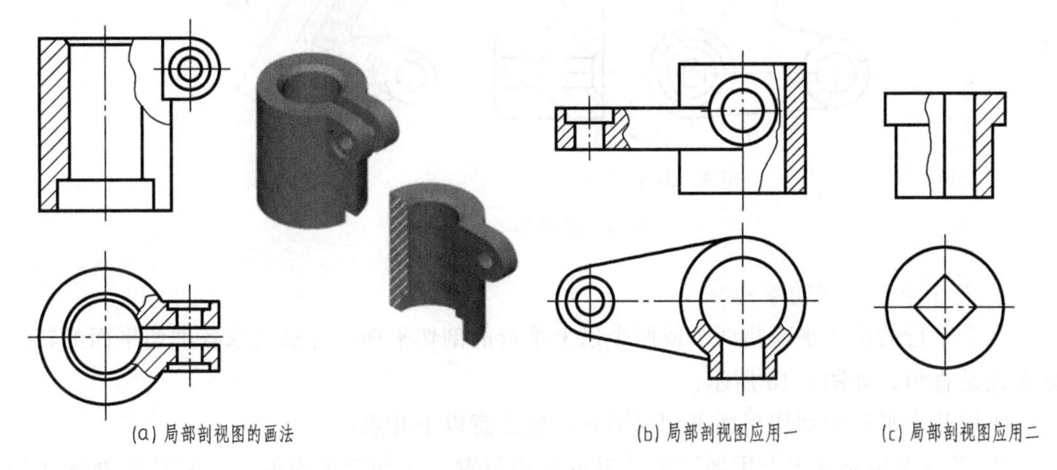

图 6-13 局部剖视图

画局部剖视图时应注意：

① 局部剖视图一般以波浪线或双折线作为被剖开部分的分界，波浪线不应与轮廓线重合（或用轮廓线代替），也不能超出轮廓线之外，如图 6-13 所示。

② 当被剖切结构为回转体时，允许将该结构轴线作为局部剖视与视图的分界线。

③ 局部剖与全剖视图的标注方法相同。一般情况下，可以省略标注，但当剖切位置

不明显或局部剖视图未能按照投影关系配置时，则必须加以标注。

三、剖切面的种类

剖视图是假想将机件剖开而得到的视图，前面叙述的全剖视图、半剖视图和局部视图，都是用平行于基本投影面的单一剖切面剖切而得到的。由于机件的内部结构的多样性和复杂性，常常需要选用不同数量和位置的剖切面剖开机件，才能将机件的内部形状表达完整、清晰。国家标准《技术制图》规定有三种剖切面：单一剖切面、几个平行的剖切平面、几个相交的剖切面。

1. 单一剖切面

单一剖切面是指用一个剖切面剖开机件。单一剖切面可以平行于基本投影面（如前所述），也可以不平行于基本投影面。

如图 6-14 中的 $A—A$ 是采用不平行于基本投影面的单一剖切平面剖切得到的剖视图。画这种剖视图时，应注意：

① 标注剖切符号，注明字母、名称；

② 剖视图一般应配置在箭头所指的方向，并与基本视图保持投影关系；

③ 为了画图和读图方便，可将剖视图转正，但要画上旋转箭头符号、注写字母。如图 6-14 所示。

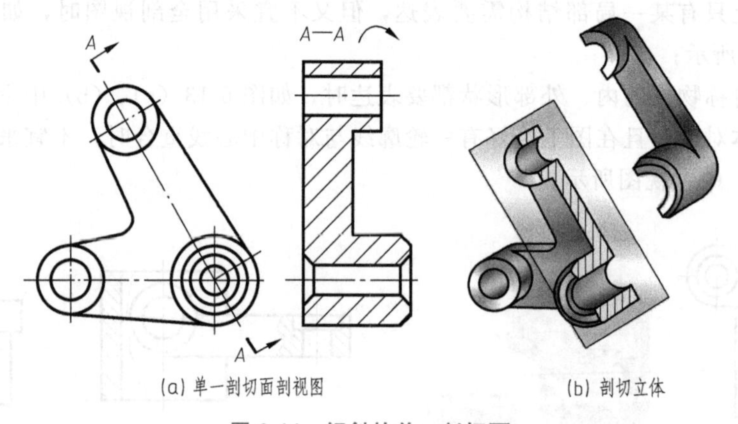

(a) 单一剖切面剖视图　(b) 剖切立体

图 6-14　倾斜的单一剖切面

2. 几个平行的剖切平面

几个平行的剖切平面指两个或两个以上平行的剖切平面，并且要求各剖切平面的转折处必须是直角，如图 6-15 所示。

采用几个平行的剖切平面画剖视图时，应注意以下几点：

① 必须在相应视图上用剖切符号表示剖切位置，在剖切平面的起止和转折处标注相同字母，剖切符号两端用箭头表示投射方向（当剖视图按投影关系配置，中间又无其他图形隔开时，可省略箭头），并在剖视图上方标出相同字母的剖视图名称“×—×”。

② 在剖视图中，不应画出剖切平面转折处的投影，如图 6-15（b）所示。

③ 用几个平行的剖切平面画出的剖视图中，不应出现不完整要素。

3. 几个相交的剖切面

几个相交的剖切面是指用相交的剖切面（交线垂直于某一基本投影面）剖切物体，以

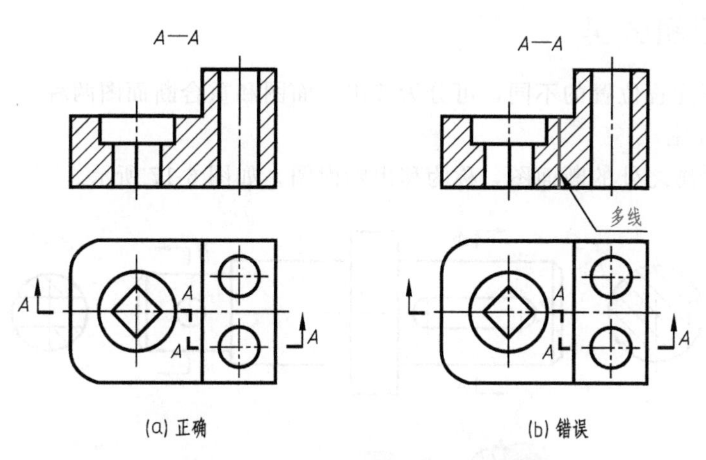

图 6-15 平行剖切面的剖视图画法

表达具有回转轴物体的内部形状，两剖切平面的交线与回转轴重合。如图 6-16 所示。

采用几个相交的剖切面画剖视图时，应注意以下几点：

① 先假想用相交剖切平面剖开物体，然后将剖开的倾斜结构及其有关部分旋转到与选定的投影面平行的位置，再进行投射，即所谓的展开画法。但在剖切平面后的其他结构应仍按原来位置投射，如图 6-16 中中心孔壁上的小孔。

② 用几个相交的剖切面画出的剖视图，必须加以标注，在剖切平面的起止和转折处标注相同字母，但当转折处无法注写又不致引起误解时，允许省略字母。

其标注方法如图 6-16 所示。

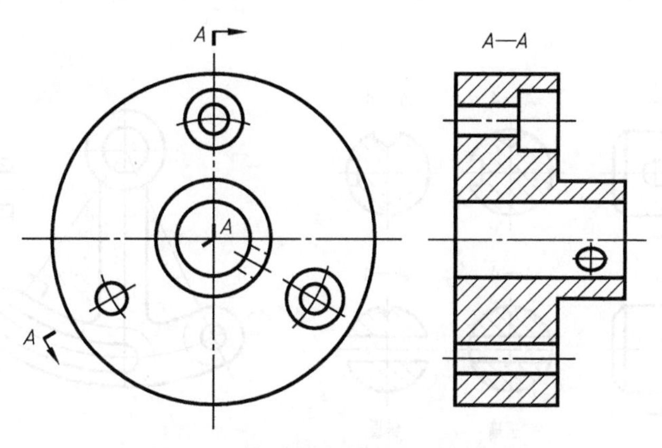

图 6-16 相交剖切面的剖视图画法

第三节 断面图

一、断面图的概念

假想用剖切面将物体的某处切断，仅画出断面的图形，称为断面图，简称断面。

画断面图时，应注意断面图与剖视图区别：断面图仅画出机件被切断处的断面形状，而剖视图除了画出断面形状外，还必须画出断面后的可见轮廓线。

二、断面图分类

根据断面图配置位置的不同，可分为移出断面图和重合断面图两种。

1. 移出断面图

画在视图轮廓之外的断面图，称为移出断面图，如图 6-17 所示。

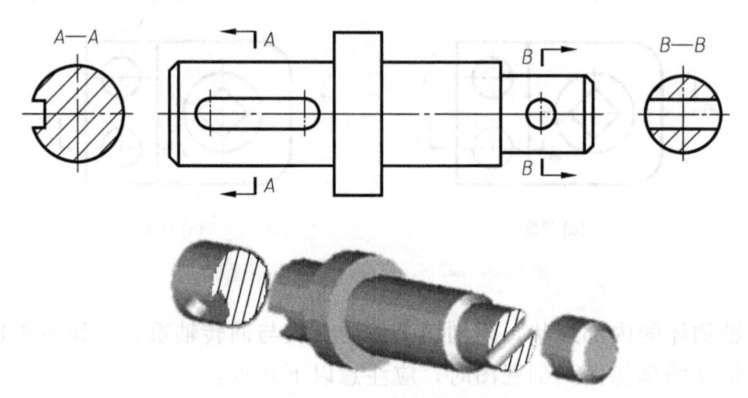

图 6-17 断面图的形成

（1）移出断面图的画法与配置

① 移出断面的轮廓线用粗实线绘制，在断面上画出剖面符号，如图 6-17 所示。

② 移出断面应尽量配置在剖切线的延长线上，必要时也可画在其他适当位置。

③ 当剖切平面通过回转面形成的孔或凹坑的轴线时，这些结构应按剖视绘制。当剖切平面通过非圆孔，会导致出现完全分离的两部分断面时，这样的结构也应按剖视绘制，如图 6-18 所示。

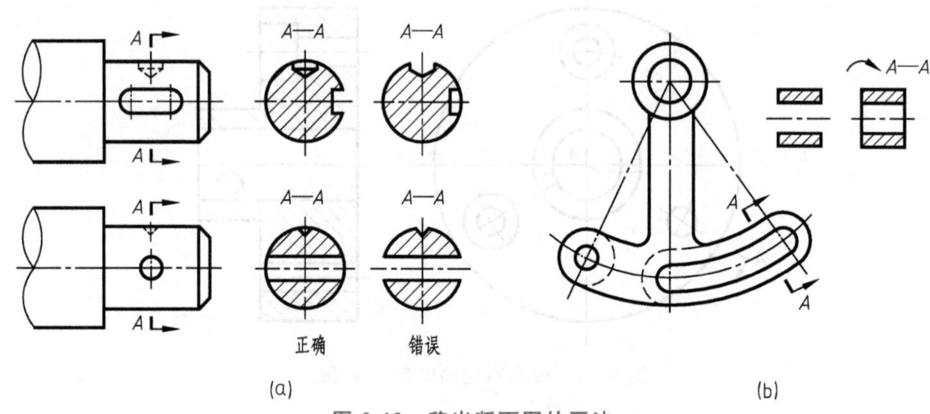

图 6-18 移出断面图的画法

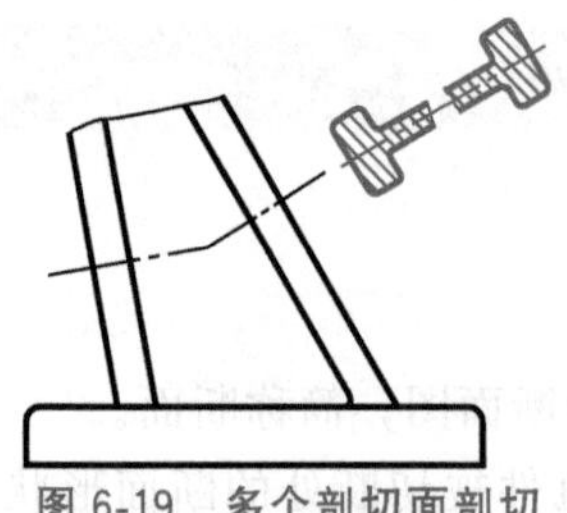

图 6-19 多个剖切面剖切的移出断面图画法

④ 剖切平面一般应垂直于被剖切部分的主要轮廓线。当遇到由两个或多个相交的剖切平面剖切所得的移出断面，中间一般应用波浪线断开。如图 6-19 所示。

（2）移出断面图的标注

① 画在剖切位置延长线上的断面，当图形不对称时，要用粗短线标明剖切位置，用箭头指明投射方向，允许省略字母；如果图形是对称的，可不加任何标注，但应用细点画线画

出剖切线。如图 6-20（a）所示。

② 未画在剖切位置延长线上的断面，当图形不对称时，要用字母、粗短线标明剖切位置，用箭头指明投射方向，并在断面图上方注写名称“×-×”；如果图形是对称的，可省略箭头。如图 6-20（b）所示。

③ 按照投影关系配置的不对称移出断面，可省略箭头，如图 6-20（c）所示。

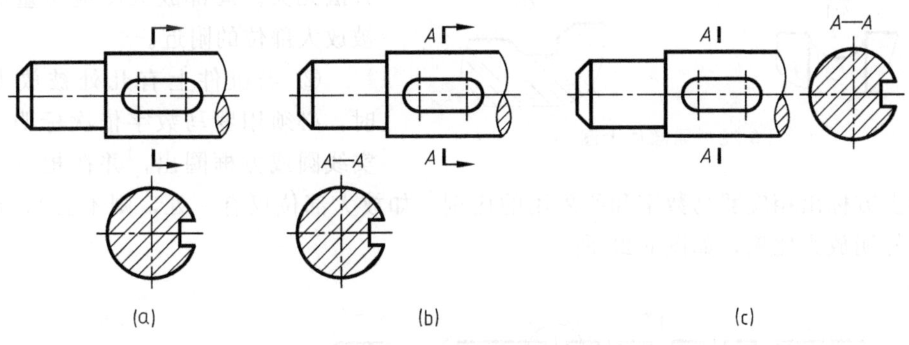

图 6-20 移出断面图的标注

2. 重合断面

画在视图轮廓之内的断面图，称为重合断面图。

① 重合断面的轮廓线用细实线绘制，断面上画出剖面线。

② 当视图中的轮廓线与重合断面的图形重叠时，视图中的轮廓线仍应连续画出，不可间断。

③ 配置在剖切线上的不对称重合断面，不必注写字母，但一般要在剖切符号上画出表示投射方向的箭头，如图 6-21（a）所示。对称的重合断面不必标注，如图 6-21（b）、（c）所示。

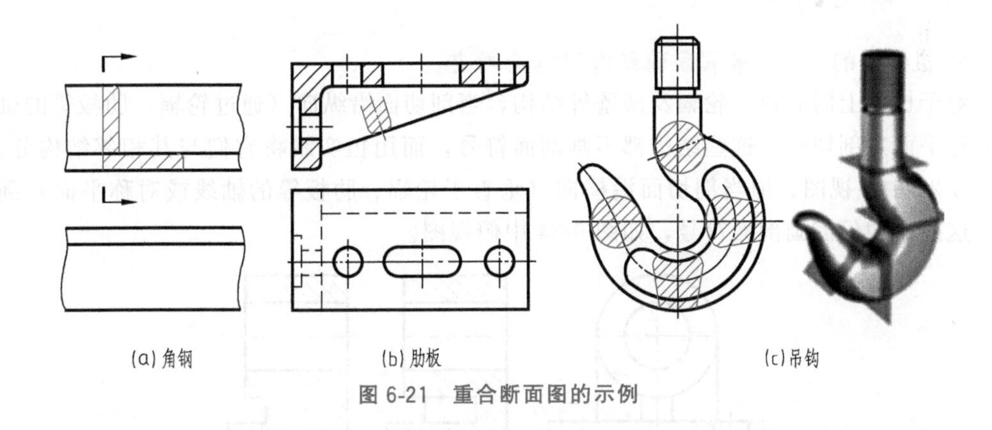

图 6-21 重合断面图的示例

第四节 局部放大图和简化画法

一、局部放大图

当机件上某些局部细小结构在视图上表达不清楚，或不便于标注尺寸时，可将该部分

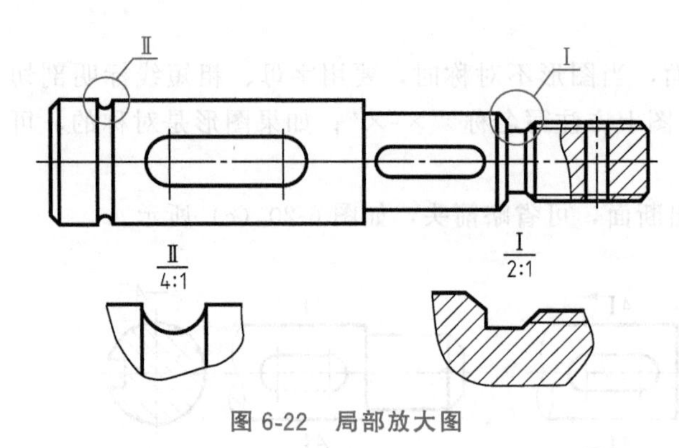

图 6-22　局部放大图

结构用大于原图的比例画出，这种图形称为局部放大图，如图 6-22 所示。

画局部放大图时应注意以下几点：

① 局部放大图可画成视图、剖视图和断面图，而与被放大部分的表达方法无关。局部放大图应尽量配置在被放大部位的附近。

② 当机件上有几处被放大部分时，必须用罗马数字依次标明，用细实线圆或方框圈出，并在相应的局部放大图上方标出相应罗马数字和所采用的比例。如放大部位仅有一处，则不必标明数字，但必须标明放大比例，如图 6-23 所示。

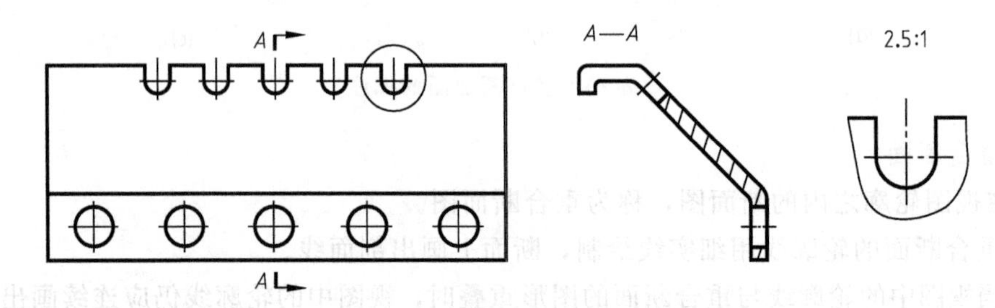

图 6-23　局部放大图

③ 同一机件上不同部位的局部放大图相同或对称时，只需画出一个。如图 6-23 所示 U 形槽的局部放大图。

二、常用简化画法

1. 机件上的肋板、轮辐及薄壁等结构的画法

对于机件上的肋板、轮辐及薄壁等结构，当剖切面沿纵向（通过轮辐、肋板等的轴线或对称平面）剖切时，这些结构都不画剖面符号，而用粗实线将它们与其相邻结构分开，如图 6-24 中左视图。但当剖切面沿横向（垂直于轮辐、肋板等的轴线或对称平面）剖切时，这些结构仍需画剖面符号，如图 6-24 中俯视图。

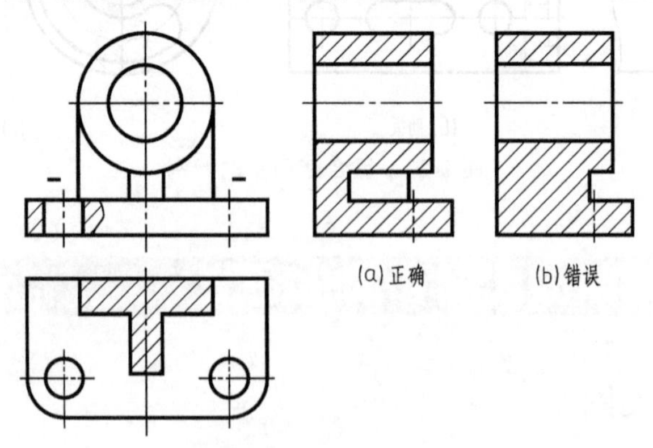

图 6-24　肋板的剖切画法

2. 当机件回转体上均匀分布的肋、轮辐、孔等结构不处于剖切平面上时的画法

可将这些结构旋转到剖切平面上画出，如图 6-25 所示。

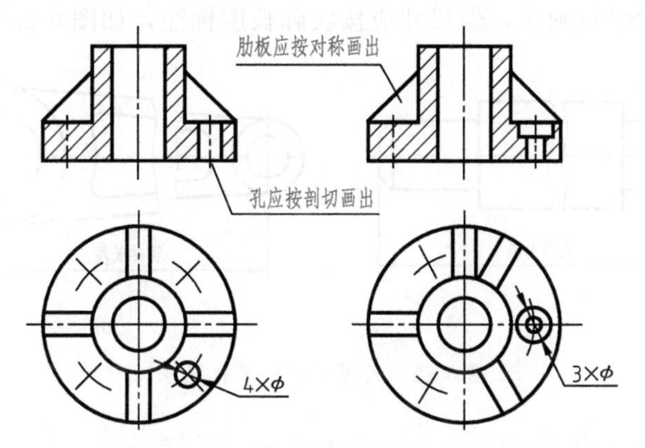

图 6-25　规则分布结构要素的旋转画法

3. 相同结构要素的简化画法

① 当机件具有若干相同结构（如齿、槽、孔等），并按一定规律分布时，可以仅画出几个完整结构，其余用细实线相连或标明中心位置，并注明总数，如图 6-26 所示。

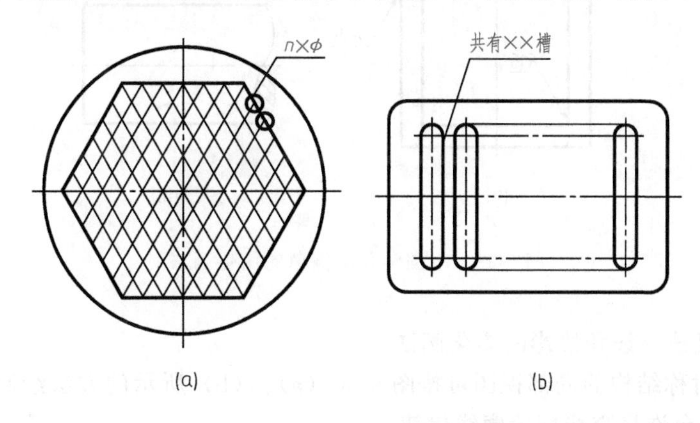

图 6-26　相同结构的简化画法

② 机件中圆柱法兰和类似结构上均匀分布的孔的简化表示，如图 6-27 所示。

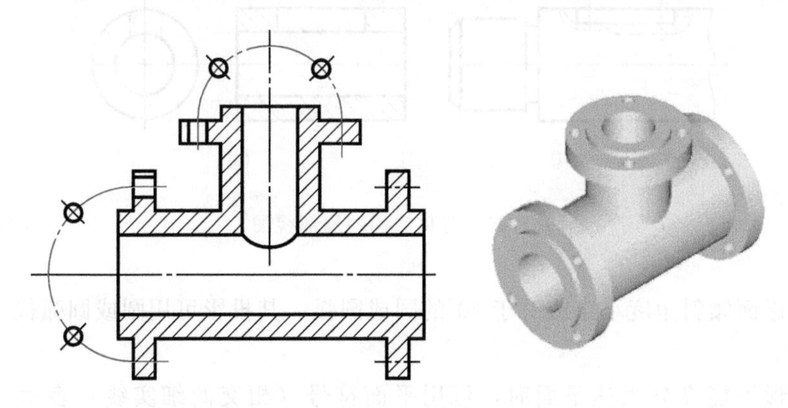

图 6-27　回转结构上均布孔的简化画法

4. 较长机件的断开画法

对于较长的机件（如轴、杆、型材、连杆等）沿长度方向的形状一致或按一定规律变化时，可将其断开后缩短画出，但尺寸应按实际长度标注，如图 6-28 所示。

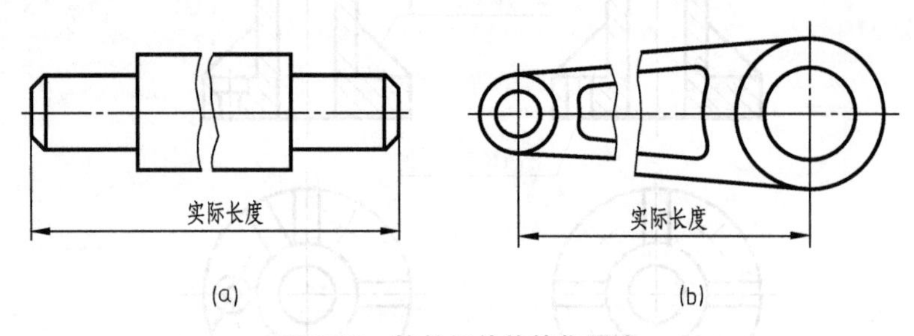

图 6-28　较长机件的简化画法

5. 较小结构的简化画法

小圆角、小倒角的简化画法在不致引起误解时，零件图中的小圆角、锐边的倒角或 45°小倒角允许省略不画，但必须注明尺寸或在技术要求中加以说明，如图 6-29 所示。

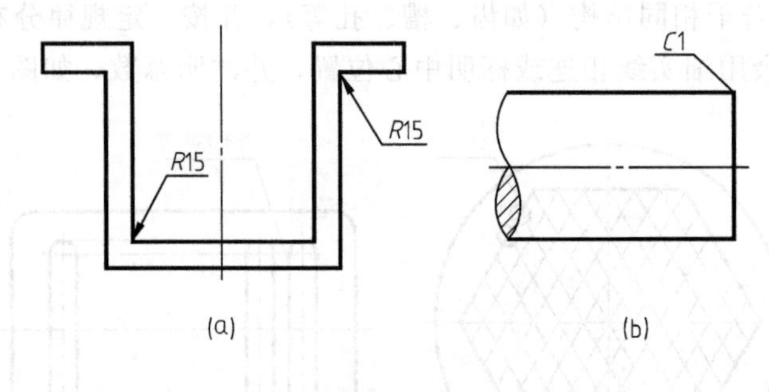

图 6-29　小圆角和小倒角的简化画法

6. 机件上某些交线和投影的简化画法

① 机件上对称结构的局部视图可按图 6-30（a）、（b）所示的方法绘制，在不致引起混淆的情况下，允许将交线用轮廓线代替。

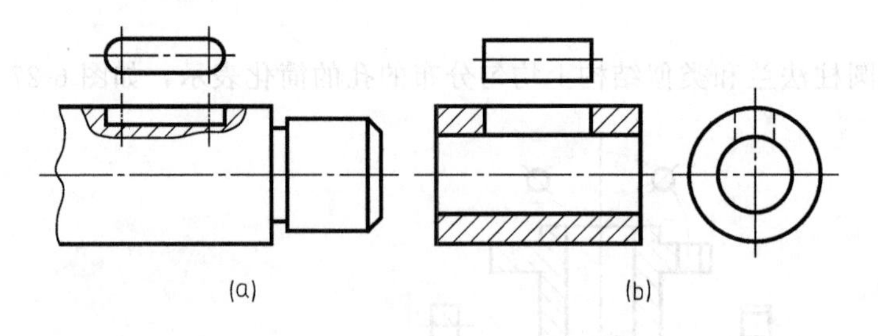

图 6-30　对称结构的局部视图

② 与投影面倾斜角度小于或等于 30°的圆或圆弧，其投影可用圆或圆弧代替，如图 6-31（a）所示。

③ 当图形不能充分表达平面时，可用平面符号（相交两细实线）表示，如图 6-31（b）所示。

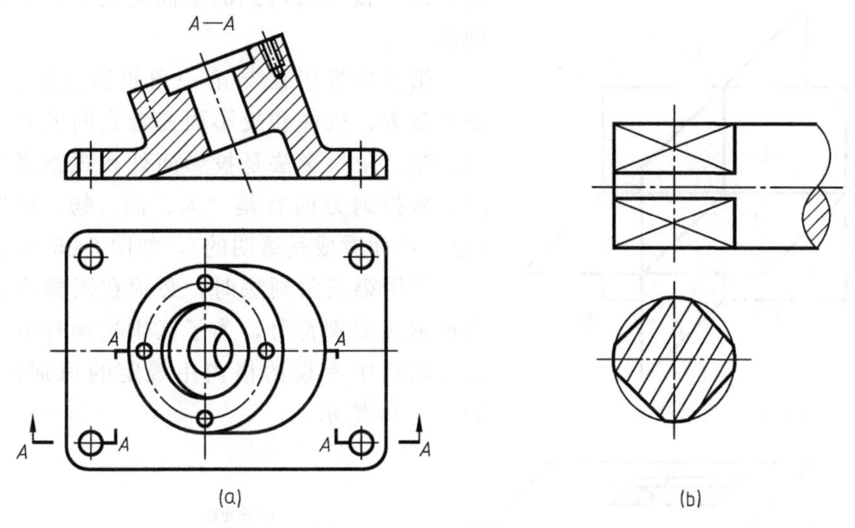

图 6-31 斜面上的圆或圆弧以及回转体机件上平面的简化画法

7. 对称机件的画法

在不致引起误解时，对于对称机件的视图可以只画一半或四分之一，并在对称中心线的两端画出两条与其垂直的平行细实线。如图 6-32 所示。

8. 允许省略剖面符号的移出断面

如图 6-33 所示，在不致引起误解时，零件图中的移出断面，允许省略剖面符号，但剖切位置和断面图的标注，必须按规定的方法标出。

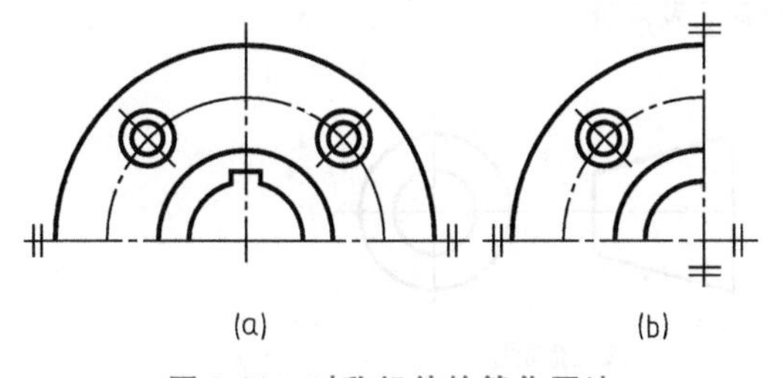

图 6-32 对称机件的简化画法

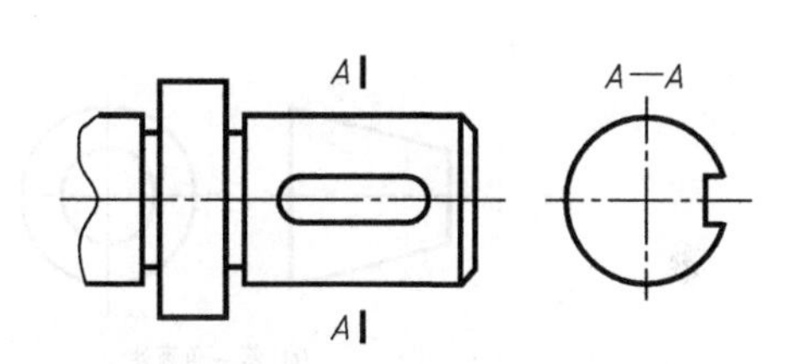

图 6-33 省略机件剖面符号的简化画法

第五节 第三角投影法简介

用正投影法绘制工程图样时，有第一角投影法和第三角投影法两种画法，国际标准 ISO 规定这两种画法具有同等效力。我国国标规定，技术图样用正投影法绘制，并优先采用第一角画法，必要时（如按合同规定等）才允许使用第三角画法。而有些国家则采用第三角投影法（如美国、日本等）。为了便于进行国际间的技术交流和协作，应对第三角投影有所了解。

图 6-34 表示为三个相互垂直相交的投影面 *H*、*V*、*W*，将空间分为八个部分，每部分为一个分角，依次为Ⅰ、Ⅱ、Ⅲ、Ⅳ、Ⅴ、Ⅵ、Ⅶ、Ⅷ分角。

将机件放在第一分角内（*H* 面之上，*V* 面之前，*W* 面之左）进行投射而得到的多面正投影，称为第一角画法。将机件放在第三分角内（*H* 面之下，*V* 面之后，*W* 面之

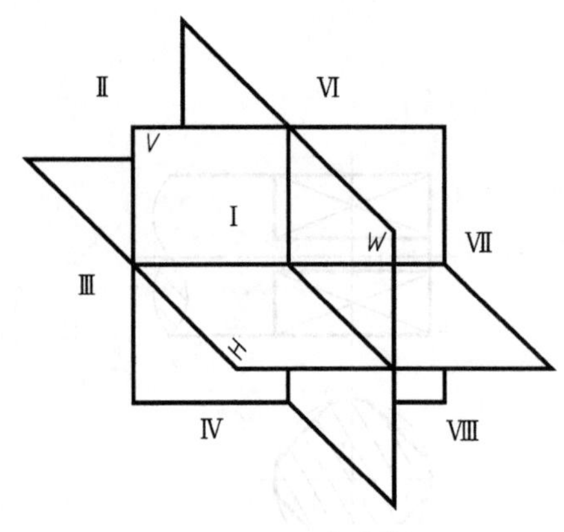

图 6-34　八个分角

左）进行投射而得到的多面正投影，称为第三角画法。

第三角投影法与第一角投影法的主要区别，是观察者、机件和投影面三者之间的相对位置不同。第三角投影法是投影面处在观察者与物体之间，从投射方向看是“人、面、物、图”的关系（把投影面看成是透明的），如图 6-35 所示。

采用第三角画法时，必须在图样中画出第三角投影的识别符号，为了区别这两种画法，规定在标题栏中专设的格内用规定的识别符号表示。如图 6-36 所示。

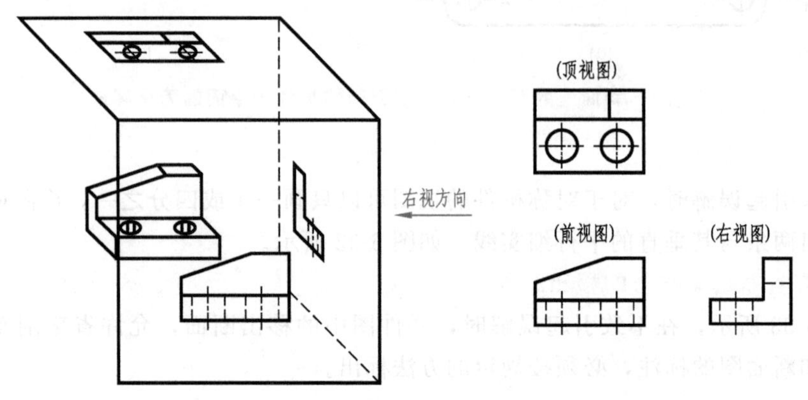

图 6-35　第三角画法及展开

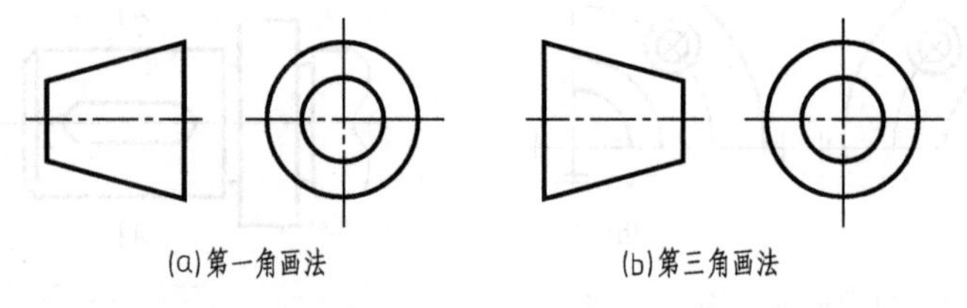

图 6-36　第一角和第三角画法的识别符号

本章小结

本章以国家标准《技术制图》为依据，介绍了表达机件的一些最基本、最常用的方法，其主要内容为视图、剖视图、断面图，以及一些常用的特殊规定的形成、画法、标注及其应用等。

1. 视图

视图是表达机件外部形状的主要手段，六个基本视图是三视图的扩展，而其他视图是对基本视图的完善，向视图主要解决基本视图的配置问题，斜视图弥补了基本视图对倾斜结构表达的不足，局部视图是对基本视图的简化。以上视图基本上满足了工程中对机件外形的表达需要。

2. 剖视图

剖视图是表达机件内部结构形状的主要手段，本部分内容是全书的重点和难点之一，起着承上启下的作用。

3. 断面图

断面图是对剖视图的补充和完善，在学习中注重移出断面在细节上与剖视图的不同之处。移出断面以其简洁、灵活的表达特性而比较常用；重合断面由于依附于视图，且标注尺寸困难等原因，工程上一般较少使用。

4. 规定画法及简化画法

该部分应重点关注与化工图样有关的内容，其他不作要求。

5. 第三角投影法简介

不作要求，了解即可。

第七章

化工设备图

本章导读

化工设备是指用于化工产品生产过程中的合成、分离、干燥、结晶、过滤、吸收、澄清等生产单元的装置和设备。化工设备分为动设备和静设备。动设备亦称化工机器，其主要部件为运动部件的机械，包括各种泵类、压缩机、分离机、过滤机、搅拌机以及包含有电机的设备；静设备亦称化工设备，其主要部件为静止部件的机械，包括反应器、塔器、换热器、储罐（槽）以及管式炉等，如图 7-1 所示。

图 7-1　常见的典型化工设备

化工设备图是按照正投影法和机械制图国家标准绘制的、表示化工设备的形状、大小、结构和制造安装等技术要求的图样。但是由于化工设备的工作原理、结构特点、制造工艺及技术要求等方面与普通机械都有较大差别，因此化工设备图一方面需要遵循技术制图和机械制图国家标准，另一方面还需要遵循相关化工行业的标准和规定。

学习目标

- 了解化工设备的结构特点，熟悉化工设备的表达方法和规定画法
- 了解化工设备通用零部件的规定画法、标记
- 熟悉化工设备图尺寸标注
- 掌握识读化工设备图的方法

第一节 化工设备图的表达方法

化工设备图的表达方法和图示特点是由化工设备本身的结构特点所决定的。

一、化工设备的结构特点

化工设备的种类较多，其结构形状、大小尺寸虽不相同，但具有以下共同结构特点：

1. 壳体以回转体为主

化工设备的壳体由筒体和封头两部分组成。设备的主体及主要零部件大多以回转体（圆柱、圆锥、椭圆或球体）为主。

2. 尺寸相差悬殊

化工设备的结构尺寸相差较悬殊，包括设备的总长（高）与直径尺寸之间、设备的外形尺寸与壳体的壁厚或细小局部结构尺寸之间相差悬殊。例如一塔器的高度为 31000mm，直径为 1500mm，壁厚仅为 20mm。

3. 有较多的开孔和管口

根据化工工艺的需要在设备壳体的轴向和周向位置，通常有较多的开孔和管口，包括物料进出口、排污口、测温管、测压管、液位计以及人（手）孔等。

4. 大量采用焊接结构

化工生产中的特殊物料和工作环境要求化工设备具备耐腐蚀、高强度和密封性能好等特点，因而焊接工艺大量应用于化工设备各部分的连接、安装，如筒体和封头、管口、支座以及人孔等之间的连接。

5. 广泛采用标准零部件

为便于生产，降低成本，化工设备上的部分常用零部件已实现了标准化、系列化，成为标准零部件和通用零部件。

6. 密封要求高

化工生产中的物料大多具有易燃、易爆、腐蚀性强等特点，因而对化工设备的密封性要求高，安全装置可靠，以免发生安全事故。

鉴于以上基本结构特点，因而形成化工设备图在图示方面的一些特殊表达方法。

二、化工设备图的内容

图 7-2 所示为一储罐装配图，从图中看出化工设备图由以下内容组成：

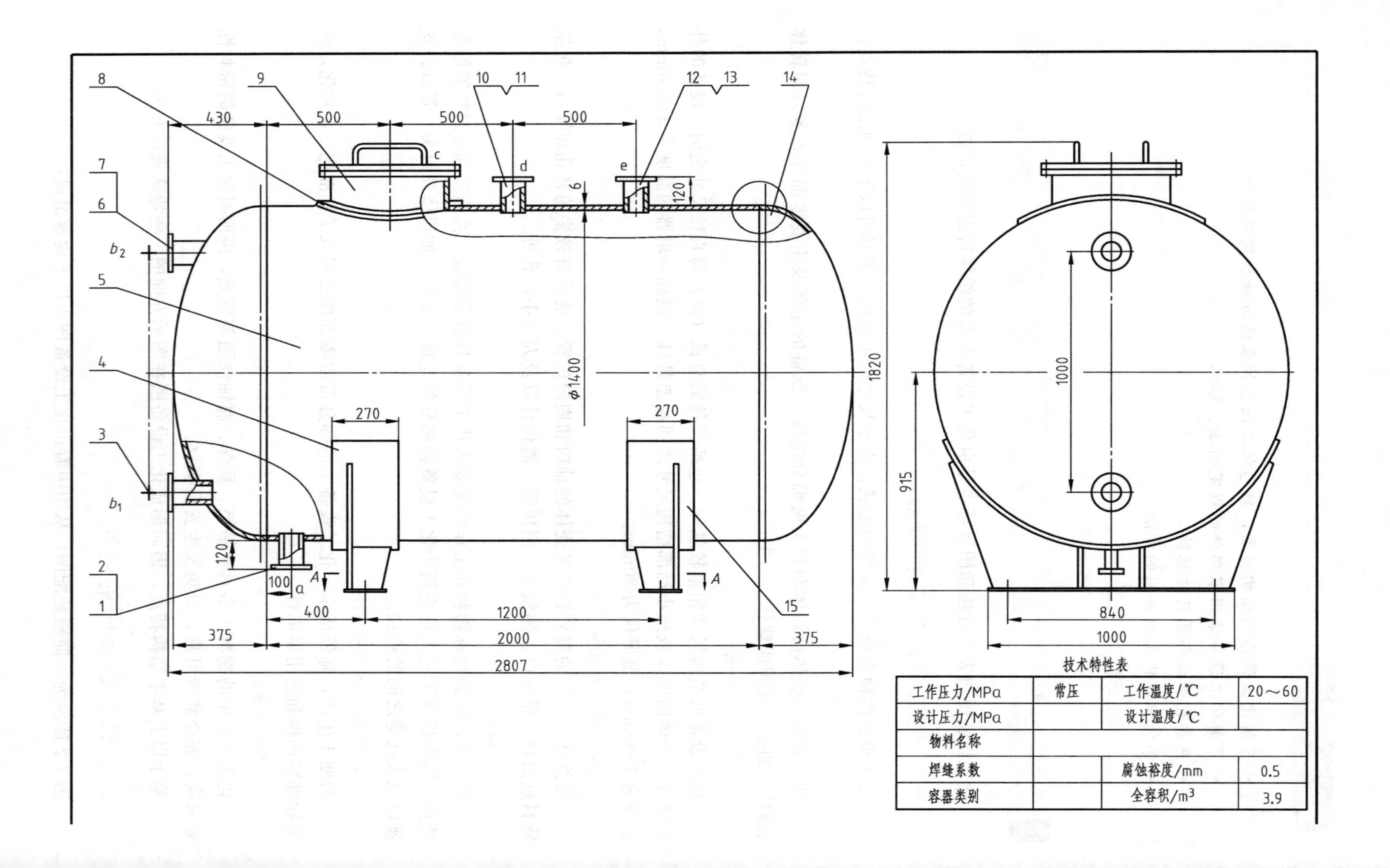

技术特性表

工作压力/MPa	常压	工作温度/℃	20～60
设计压力/MPa		设计温度/℃	
物料名称			
焊缝系数		腐蚀裕度/mm	0.5
容器类别		全容积/m^3	3.9

2:1

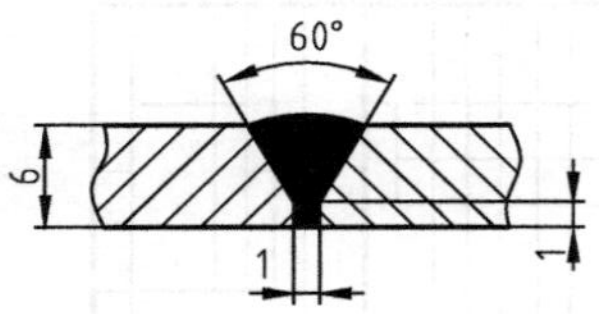

A—A
未按比例

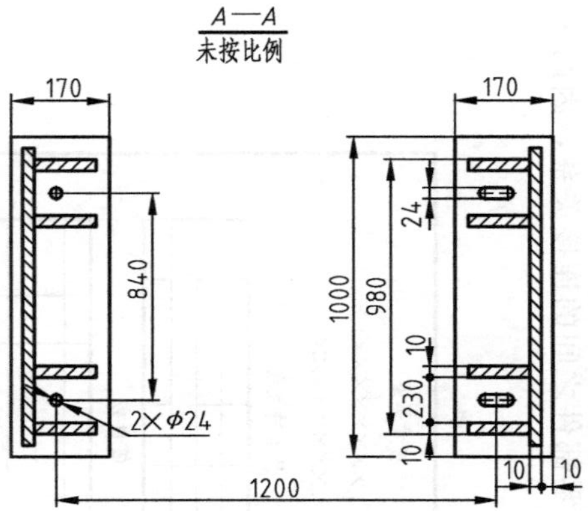

技术要求

1.本设备按照GB 150.4—2011（压力容器之四：制造、检验和验收）及HG/T 20584—2011(钢制化工容器制造技术要求)进行制造、检验和验收。
2.本设备焊缝全部采用焊条电弧焊，焊条型号为E4303；焊接接头的型式按照GB/T 985.1—2008(气焊、焊条电弧焊、气体保护焊和高能束焊的推荐坡口)规定；法兰焊接按照相应标准。
3.设备表面刷涂铁红色酚醛底漆两遍。
4.设备制造完成后，进行0.15MPa的水压试验。

管口表

序号	公称尺寸	连接尺寸、标准	连接面型式	用途或名称
a	50	HG/T 20593—2014	平面	物料出口
b_{1-2}	50	HG/T 20593—2014	平面	液面计口
c	450	HG/T 21515—2014		人孔
d	50	HG/T 20593—2014	平面	物料进口
e	40	HG/T 20593—2014	平面	放空

序号	代号	名称	数量	材料	质量 单件	质量 总计	备注
15	JB/T 4712.1—2007	鞍座BI 1400-S	1	Q235A·F			
14	JB/T 4746—2002	EHA封头DN1400×6	2	Q235A·F			
13		接管ϕ45×3.5	1	10			l=130
12	HG/T 20592—2009	法兰 PL40-2.5 RF	1	Q235A			
11		接管ϕ57×3.5	1	10			l=130
10	HG/T 20592—2009	法兰 PL50-2.5 RF	1	Q235A			
9	HG/T 21515—2014	人孔 PL50-2.5 RF	1	Q235A·F			
8	HG/T 4736—2002	补强圈dN450×6-A	1	Q235B			
7		接管ϕ18×3	2	10			
6	HG/T 20592—2009	法兰 PL15-1.6 RF	2	10			
5	HG/T 9019—2009	DN1400×6筒体	1	Q235A			H=2000
4	HG/T 4712.1—2009	鞍座 BI 1400-F	1	Q235A·F			
3	HG/T 21592—1995	液面计 AG2.5-I-1000	1	组合件			l=1000
2		接管ϕ57×3.5	1	10			l=125
1	HG/T 21592—2009	法兰 PL50-2.5 RF	1	Q235A			

设计单位				工程名称	
职责	签字	日期	储罐 V_N=3.9m^3	工程项目	
设计				工程阶段	
制图				图号	版次
校核					
审核					
202 年		比例	1:10	共 张	第 张

图 7-2 储罐装配图

1. 一组视图

用以表达化工设备的结构、形状以及各零部件之间的装配连接关系。

2. 必要的尺寸

用以表达化工设备的总体大小、规格、装配和安装等尺寸数据。

3. 技术特性表

用表格形式罗列出设备的主要工艺特性（如操作压力、温度、物料名称等）以及其他特性（如设备类别、容积）等内容。

4. 管口符号和管口表

设备上所有的管口均应标注符号（按照小写拉丁字母顺序编号），并在管口表中列出各管口的相关信息，包括管口尺寸规格、连接面尺寸标准以及用途等内容。

5. 技术要求

用文字说明设备在制造、安装和检验时应遵循的规范和规定以及对材料表面处理、涂饰、润滑、包装和运输等的特殊要求。

6. 零件序号、明细栏

对设备上所有零部件按照顺序进行编号，并在明细栏中依次填写每一零部件的名称、规格、材料、数量以及相关标准代号等内容。

7. 标题栏

用以填写设备的名称、主要规格、绘图比例、设计单位等项内容。

三、化工设备图基本视图的选择和配置

化工设备图主要用于反映化工设备的结构和各零部件之间的连接关系，因此化工设备图的表达方法必定与其结构特点相对应。

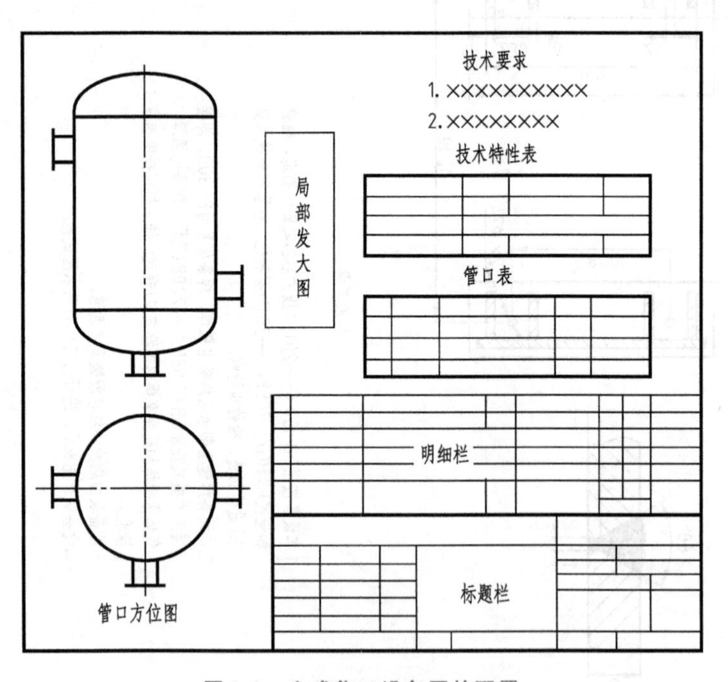

图 7-3　立式化工设备图的配置

化工设备的主体结构多为回转体，按照安装方式可分为立式设备和卧式设备。立式设备通常采用主、俯两个基本视图，如图 7-3 所示；卧式设备通常采用主、左（右）视图，如图 7-4 所示。主视图主要表达设备的装配关系、工作原理和基本结构。为了表达清楚内部结构，主视图通常采用全剖视图或局部剖视图。俯（左）视图作为管口方位图，主要表达管口的径向方位及设备的基本形状。

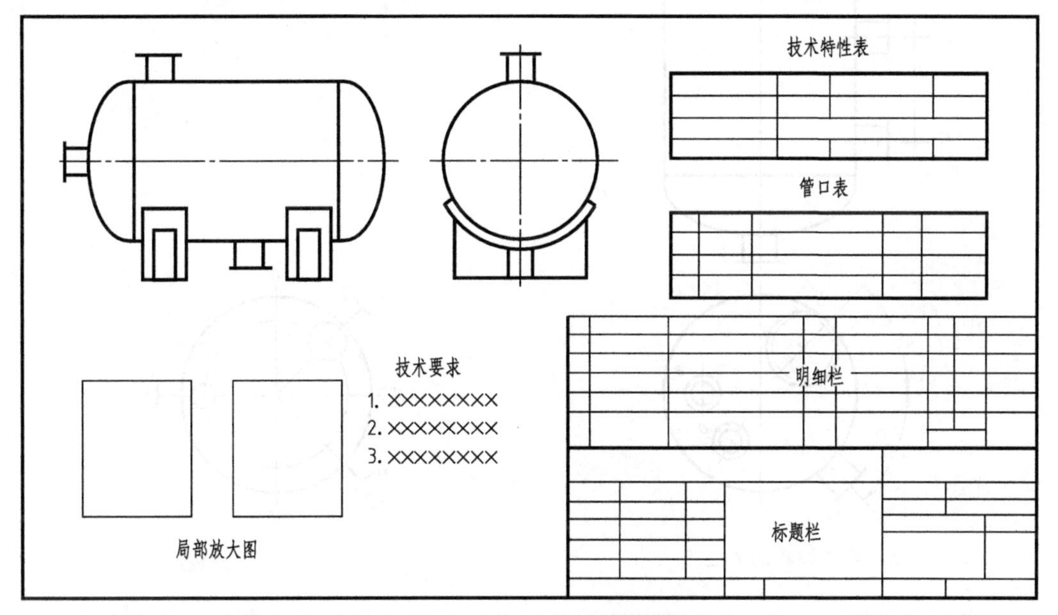

图 7-4　卧式化工设备图的配置

对于形体狭长的设备，在同一图纸幅面内无法按照投影关系配置两个基本视图时，允许将俯（左）视图配置在图纸上的其他位置，但需要注明视图名称或按向视图进行标注。

化工设备是由各种零、部件装配组成的，因此机件的各种表达方法，包括视图、剖视图、断面图以及其他规定画法等，图样适用于化工设备图。

四、化工设备图的特殊表达方法

针对化工设备适用于化工生产的特点，化工设备图就有与之对应的特殊表达方法和简化画法。

1. 多次旋转的表达方法

由于化工设备多为回转体，在设备壳体周围分布着各种管口或其他附件，为了在主视图中清晰地表达它们的结构形状和轴向位置，可采用多次旋转的表达方法——假想将设备周向分布的接管、孔口或其他结构，分别旋转到与主视图所在投影面平行的位置画出，并且不需要标注旋转情况。如图 7-5 所示。

2. 管口方位的表达方法

化工设备上的管口较多，其方位的确定在设备的制造、安装和使用方面是至关重要的。

(1) 主视图　采用多次旋转画法后，为便于识别，对管口按照顺序用小写拉丁字母进行编号，称为管口符号。相同管口的管口符号需用不同脚标加以区别，如 b_1、b_2。

(2) 管口方位图　各种管口在设备上的径向方位，除在俯（左）视图上表示外，必要时还可用管口方位图表示。管口方位图中仅需画出设备的外圆轮廓，设备管口用粗实线示意性表示，用中心线表示管口位置。如图 7-6 所示。

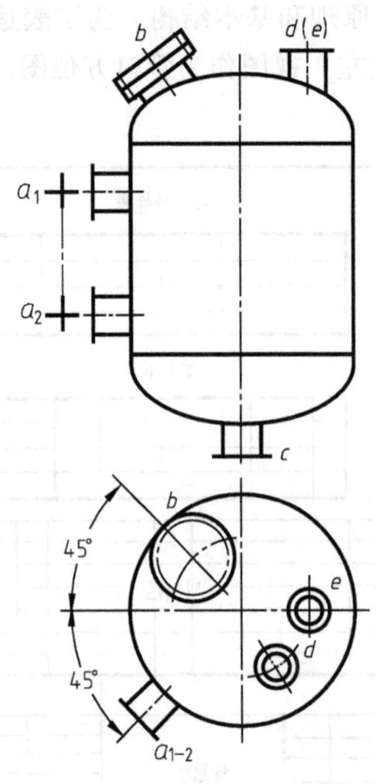

图 7-5　多次旋转的表达方法

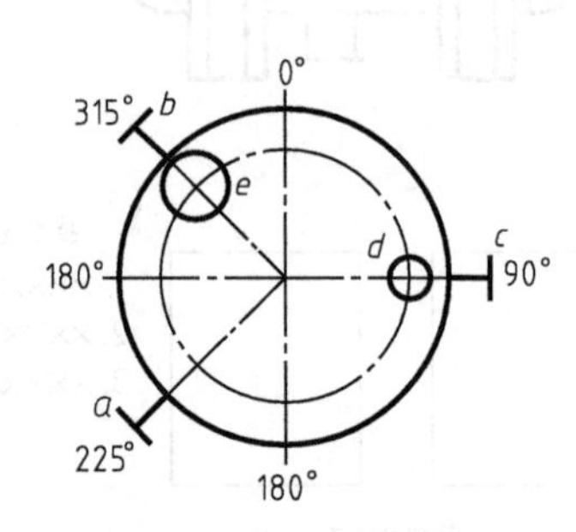

图 7-6　管口方位图

在化工设备图中，管口方位图用来对俯（左）视图进行补充或简化代替。当俯（左）视图已将管口方位表达清楚时，可不必再画管口方位图。

3. 局部结构的表达方法

由于化工设备的总体与零部件之间尺寸相差悬殊，在基本视图中往往无法同时将细部结构表达清楚，应采用局部放大或夸大画法来表达这些结构。

（1）局部放大图　又称为局部详图（节点图），可根据需要采用视图、剖视图、断面图等表达方法。放大图比例需要标注在放大图的上方。必要时也可以用一组放大图来表达局部结构，如图 7-7（a）所示。

（2）夸大画法　对于设备的壁厚、垫片、挡板、折流板及管道壁厚等尺寸较小的细小结构，为便于表达可以不按照比例，适当夸大画出，如图 7-7（b）所示。

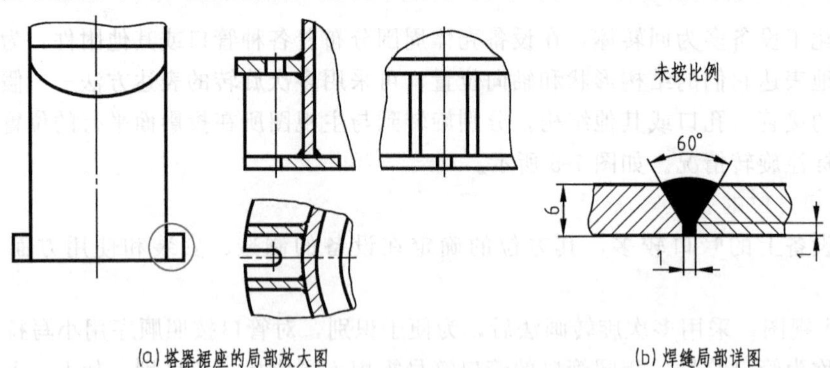

(a) 塔器裙座的局部放大图　　(b) 焊缝局部详图

图 7-7　局部结构的表达方法

4. 断开和分段（层）的表达方法

较长或较高的设备（如换热器、反应塔等）在一定长度或高度方向上的形状结构相同，当按规律变化或重复时，可采用断开画法，以便于清晰表达设备。如图 7-8 所示。

有些设备虽形体较长，但不适于断开画法，则可以采用分段或分层画法。如图 7-9 所示。

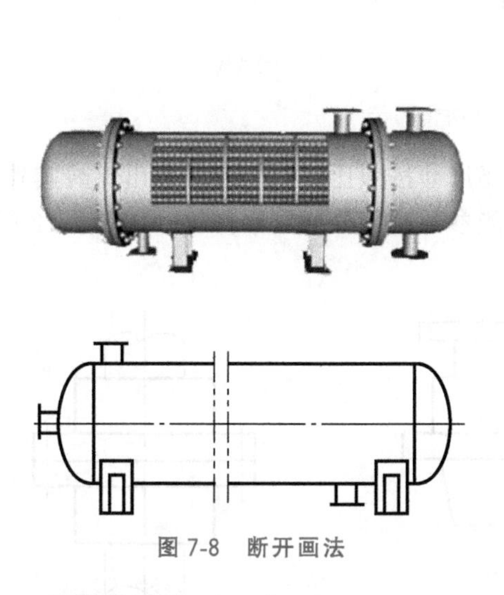

图 7-8　断开画法

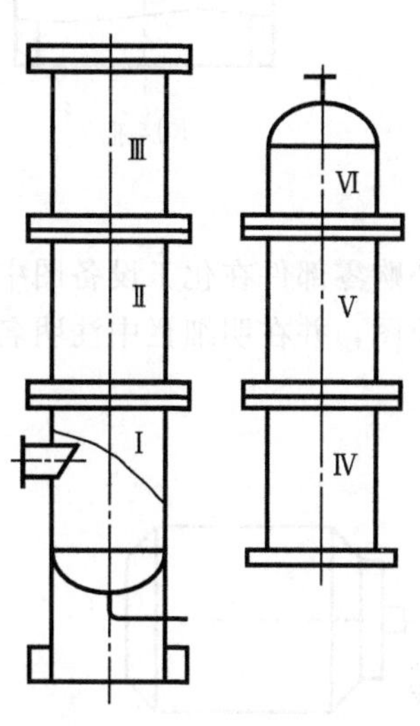

图 7-9　分段（层）方法

5. 焊缝的表示（GB/T 324—2008）

焊接是一种不可拆卸的连接，它是化工设备主要的连接方法。焊接的特点是施工方便，连接可靠。

在化工设备图中，视图中焊缝，可省略不画。对于常压、低压设备，用剖视图或断面图表示焊缝时，焊缝的金属熔焊区通常涂黑表示，如图 7-10（a）所示；对于中、高压设备或某些设备中重要的焊缝，则需要用局部放大图（亦称节点图，可不按比例），并标注焊缝结构的形状和有关尺寸，如图 7-10（b）所示。

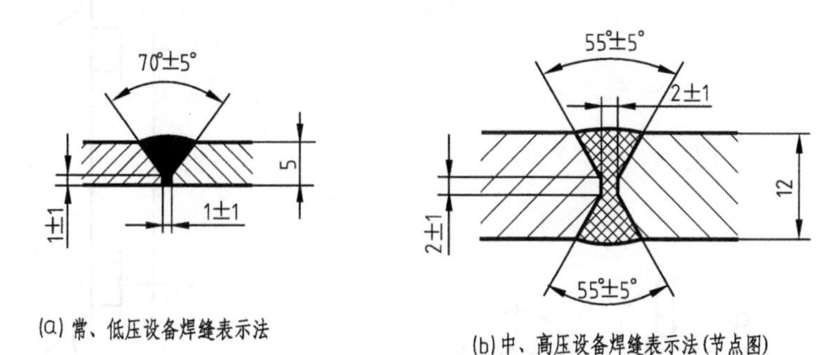

图 7-10　局部结构的表达方法

五、化工设备图的简化画法

化工设备图中，除采用国际标准《技术制图》和《机械制图》的规定画法和简化画法外，根据化工设备的特点，结合实践需要，有关部门对化工设备图的简化画法进行规定。

1. 标准或外购零部件的简化画法

已有标准图的标准零部件，在化工设备图中不必详细画出，只按照比例画出反映其外形特征的简图，并在明细栏中注明名称、规格及标准代号等。如图 7-11 所示。

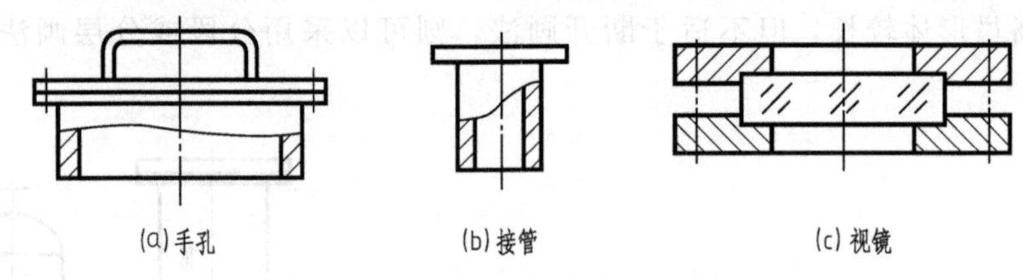

图 7-11 标准部件简化画法

外购零部件在化工设备图中，只需根据主要尺寸按照比例用粗实线画出反映其外形轮廓的简图，并在明细栏中注明名称、规格、性能参数及“外购”字样等。如图 7-12 所示。

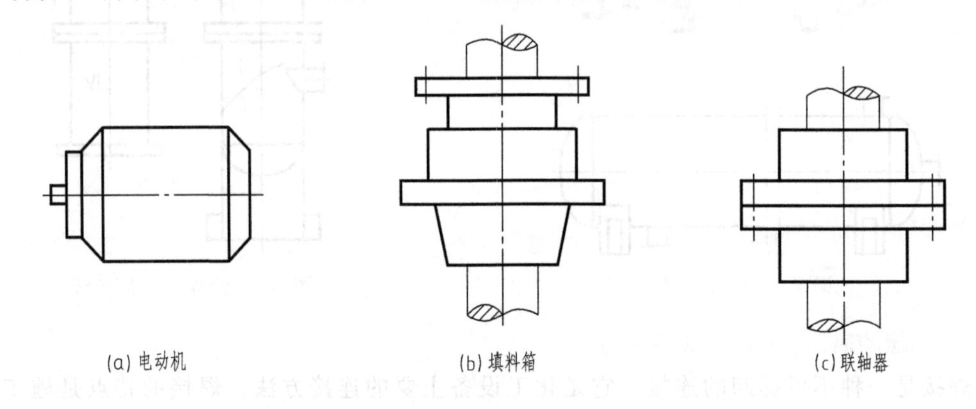

图 7-12 外购零部件的简化画法

2. 管法兰的简化画法

在化工设备图中，不同连接面形式的法兰均可简化，法兰上的螺栓孔用细点画线表示其位置，如图 7-13 所示，其连接面形状及焊接形式等信息可在明细栏及管口表中注明。

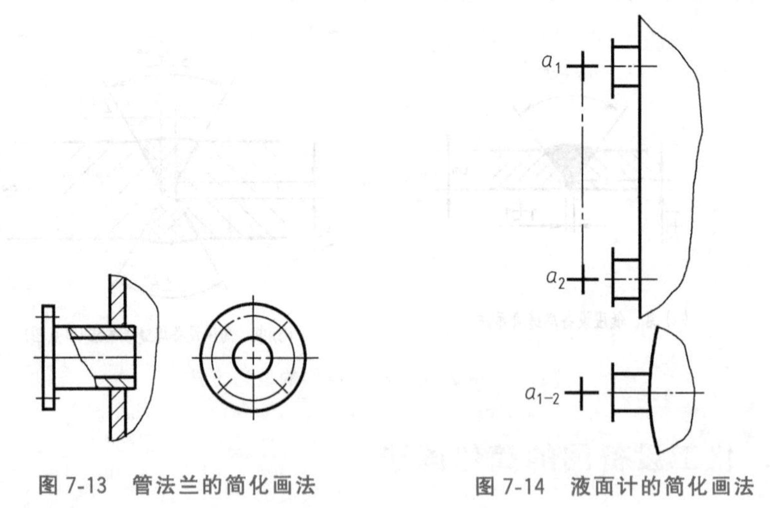

图 7-13 管法兰的简化画法

图 7-14 液面计的简化画法

3. 液面计的简化画法

在化工设备图中，带有两个接管的玻璃管液面计，可用细点画线和“+”符号（粗实线）示意性简化表示，如图 7-14 所示 a_1、a_2，在明细栏中注明液面计的名称、规格、数量及标准代号等。

4. 重复结构的简化画法

① 在零件图中，螺栓孔只在螺孔位置上画出其中心线和轴线，不必画出圆孔的轮廓，如图 7-15（a）所示；在化工设备图中，螺栓连接可用“×”“+”符号（粗实线）表示，如图 7-15（b）所示。

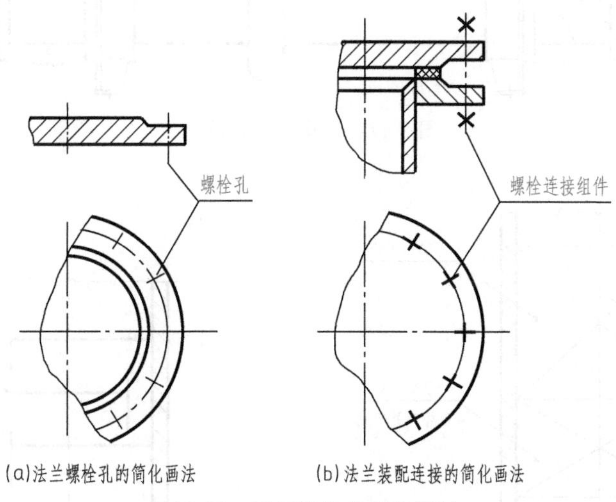

(a)法兰螺栓孔的简化画法　(b)法兰装配连接的简化画法

图 7-15　重复结构的简化画法

② 多孔板上的直径相同且按照一定角度规则排列的孔，可用按一定的角度交叉的细实线表示出孔的中心位置及孔的分布范围，只需画出孔并注明孔数和孔径，如图 7-16 所示。

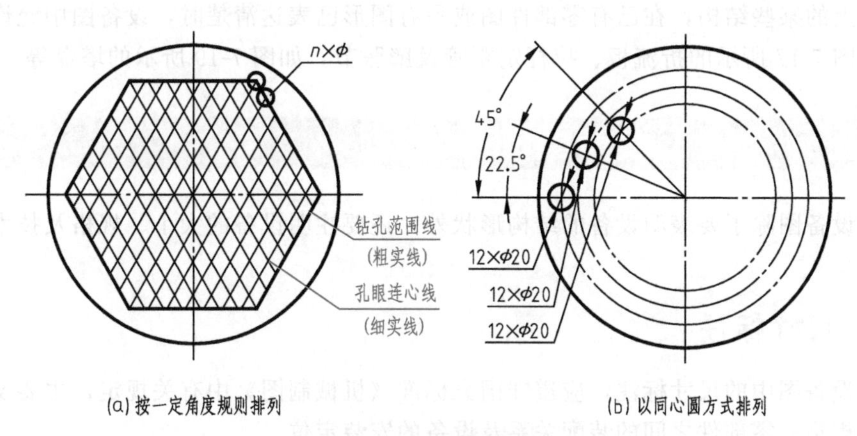

(a) 按一定角度规则排列　(b) 以同心圆方式排列

图 7-16　多孔板的简化画法

③ 设备中按照一定规律排列的管束（如列管式换热器中换热管），在化工设备图中仅需画出其中一根或数根管子，其余管子均采用细点画线表示。如图 7-17 所示。

④ 设备（如塔器）中装填同种材质、同一规格的填充物，在化工设备图中可用内部轮廓的对角线（细实线）表示，同时用引出线注明相关尺寸和文字说明（如填料的规格及堆放方式等），如图 7-18 所示。图中“50×50×5”表示填料磁环的尺寸为“直径×高度×壁厚”。

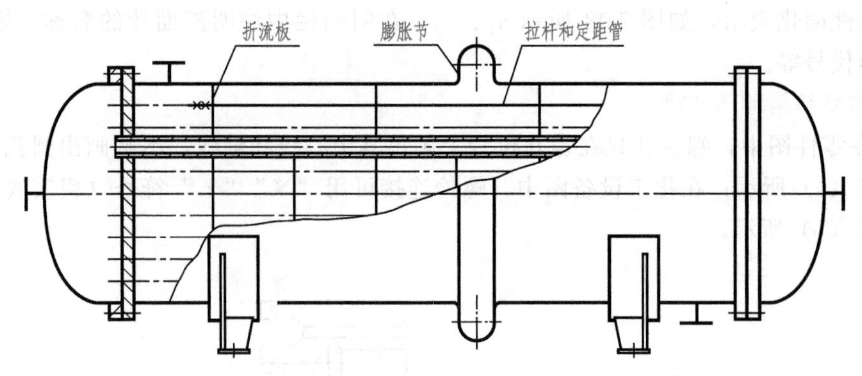

图 7-17 管束的简化画法

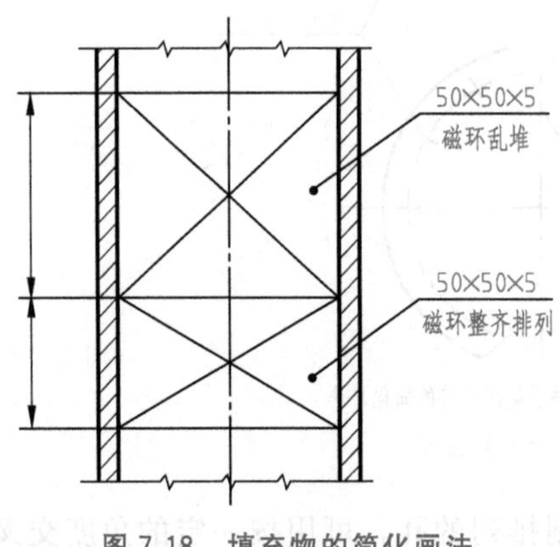

图 7-18 填充物的简化画法

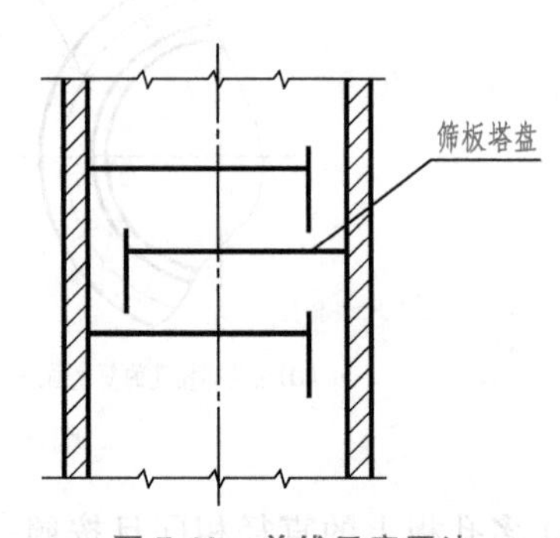

图 7-19 单线示意画法

⑤ 设备结构用单线表示的简化画法。

设备上的某些结构，在已有零部件图或另有图形已表达清楚时，设备图中允许用单线表示。如图 7-17 所示的折流板、拉杆定距管及膨胀节，如图 7-19 所示的塔盘等。

第二节 化工设备图的标注

化工设备图除了要表明设备的结构形状外，还要注明设备的大小、规格及技术要求等内容。

一、尺寸标注

化工设备图中的尺寸标注，应遵守国家标准《机械制图》中有关规定，主要反映设备的大小、规格、零部件之间的装配关系及设备的安装定位。

1. 尺寸种类

化工设备图一般应标注以下几类尺寸：

(1) 特性（规格）尺寸 反映设备的性能特征、生产能力和规格的尺寸。如容器的内径、换热器的容积等，是设计、了解和选用设备的主要依据之一。

(2) 装配尺寸 反映设备各零部件之间装配关系和相对位置的尺寸。

(3) 外形（总体）尺寸 反映设备的总长、宽、高尺寸。总体尺寸在设备的包装、运输、安装过程中是必需的。

(4) 安装尺寸　反映设备安装固定或连接在基础或其他构件上所需的尺寸。

(5) 其他尺寸　化工设备有标准零部件多、焊接结构多等特点，因此化工设备图中还应标注：

① 标准零部件的规格尺寸或主要尺寸；

② 设计计算确定的尺寸（如筒体壁厚等）；

③ 焊缝结构形式尺寸。

化工设备图中的轴向尺寸通常采用链式注法，并允许形成闭合链；某些较大外形（如总长、总高等）通常在尺寸数字前加"～"表示近似尺寸；某些尺寸数字加圆括号"（）"表示参考尺寸。

2. 尺寸基准

化工设备图中尺寸应满足便于制造、检验和安装等的需求，因此需要合理选择尺寸标准。如图 7-20 所示，化工设备图中常用的尺寸基准如下：

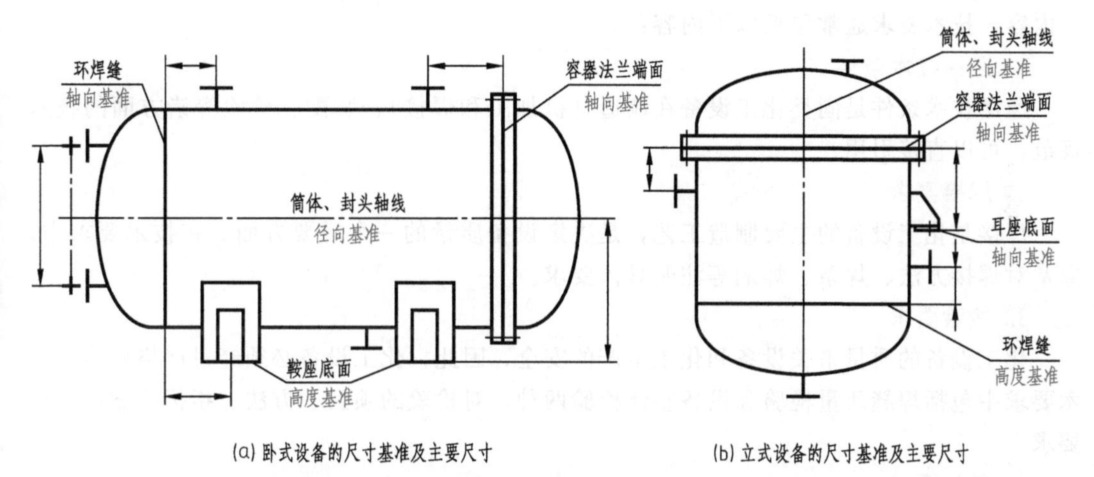

图 7-20　单线示意画法

① 设备主体上的轴线作为径向尺寸基准。

② 设备筒体与封头的环焊缝、设备法兰的端面、支座的底面作为轴向尺寸基准。

3. 典型结构的尺寸注法

(1) 筒体尺寸　通常标注公称直径、壁厚和高度（长度）。

(2) 封头尺寸　通常标注壁厚和封头高度（包括直边高度）。

(3) 管口尺寸　主要标注管口直径和壁厚。管口的接管为无缝钢管时应标注"外径×壁厚"。

二、管口符号和管口表

管口符号用小写拉丁字母编写（字母中 i、o、q 不推荐使用），不同规格、用途及连接面形式的管口均应单独进行编号。管口符号应自主视图的左下方起，按照顺时针方向依次编写。其他视图中的管口符号应依据主视图中的对应符号进行注写。当管口的规格、标准、用途一致时，可合并加"～"注写，如 $b_{1\sim2}$。

管口表通常在明细栏的上方，表中的序号按照字母顺序自上而下填写，公称尺寸填写管口的公称尺寸，无公称直径的管口，按照管口实际内径填写。连接尺寸、标准填写对外连接管口的有关尺寸和标准，不对外连接的管口（如人孔、视镜等）用细斜线表示。

三、技术特性表

技术特性表是表明设备的主要技术特性的表格，如图 7-3 所示。通常放置在管口表的上方。

技术特性表的内容包括工作压力、工作温度、设计压力、设计温度、物料名称等，对于不同类型的设备，需要增加有关内容，如容器类增添全容积（m^3）；反应器类增添全容积（m^3）、搅拌器转速（n/min）；换热器类增添换热面积（m^2）等；塔器类增添设计风压（Pa/m）、地震烈度等。

四、技术要求

技术要求是设备制造、装配、检验等的技术依据，是化工设备图中不可或缺的一项重要内容。技术要求通常包括以下内容：

1. 通用技术条件

通用技术条件是同类化工设备在制造（机加工和焊接）、装配、检验等诸方面的技术规范，可以直接引用。

2. 焊接要求

焊接是化工设备的主要制造工艺，是决定设备质量的一个重要方面。在技术要求中，通常对焊接方法、焊条、焊剂等注明具体要求。

3. 检验要求

化工设备的质量事关设备和化工生产的安全，因此，化工设备必须经过严格检验，技术要求中包括焊缝质量检验和设备整体检验两种，对检验的项目、方法、指标等做出明确要求。

4. 其他要求

包括设备在保温、防腐、包装、运输等方面的要求。

五、零部件序号、明细栏和标题栏

为了便于读图、图样管理以及做好生产准备工作，化工设备图中所有零、部件都必须编写序号，并在标题栏上方填写与图中序号一致的明细表。

1. 零部件序号

化工设备图中的零部件序号的编排形式：序号通常均自主视图的左下方起，按照顺时针方向连续编号，横成行竖成列整齐排列，并尽可能均匀分布。

通常情况下，每一种零部件只编排一个序号；标准化组件（如油杯、滚动轴承、电动机等）看作为一个整体，只编写一个序号。

2. 明细栏

零部件明细栏用于记录设备中各种零部件的具体信息，包括名称、材料、数量及代号等通常置于标题栏上方，并与标题栏对齐。零部件序号按照国家标准规定应自下而上填写。空间不够时，可以在标题栏左侧接续填写。

3. 标题栏

每张化工设备图样都必须画出标题栏，标题栏置于图纸右下角。国家标准规定的标题栏格式和尺寸应按照 GB/T 10609.1—2008《技术制图　标题栏》中的规定绘制。

第三节　化工设备标准零部件

一、概述

化工设备的零部件的种类和规格较多，工艺要求不同，结构形状也各有差异，其中有部分零部件使用率较高，如图 7-21 所示的卧式容器，通常是由筒体、封头、液面计、手（人）孔、加强圈、接管、管法兰支座等零部件组成。为了便于设计、制造和检修，把这些零部件的结构形状统一成若干种规格，相互通用，称为通用零部件。符合标准规格的零部件称为标准件。

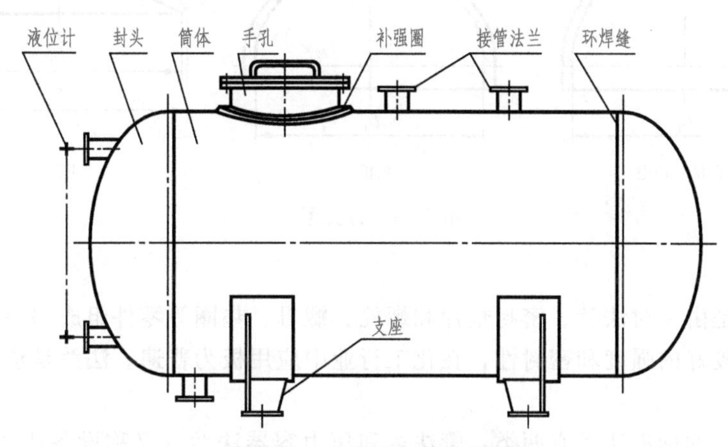

图 7-21　卧式设备基本结构

二、化工设备的标准化通用零部件

1. 筒体

筒体是化工设备的主体部分，以圆柱形筒体应用最广。筒体通常由钢板卷焊成形，其公称直径是指容器内径。当筒体直径小于 500mm 时，可选用无缝钢管作筒体，则公称直径是指钢管的外径。筒体较长时，可用多个筒节焊接（或设备法兰连接）而成。

筒体的主要尺寸是直径、高度（或长度）和壁厚。

2. 封头

封头是化工设备的重要组成部分，它与筒体连接后构成设备的壳体。封头与筒体可以直接焊接，形成不可拆卸的连接，也可以分别焊上法兰，用螺栓、螺母锁紧，构成可拆卸的连接。常见的封头形式有椭圆形（EHA、EHB）、碟形（DHA、DHB）、折边锥形（CHA、CHB、CHC）及球冠形（PSH），如图 7-22 所示。

封头标记示例：

封头类型代号 公称直径×封头名义厚度-封头材料牌号　标准号

【例 7-1】 公称直径 325mm、名义厚度 12mm、材质为 16MnR、以外径为基准的椭圆形封头，标记为

EHB325×12-16MnR JB/T 4746

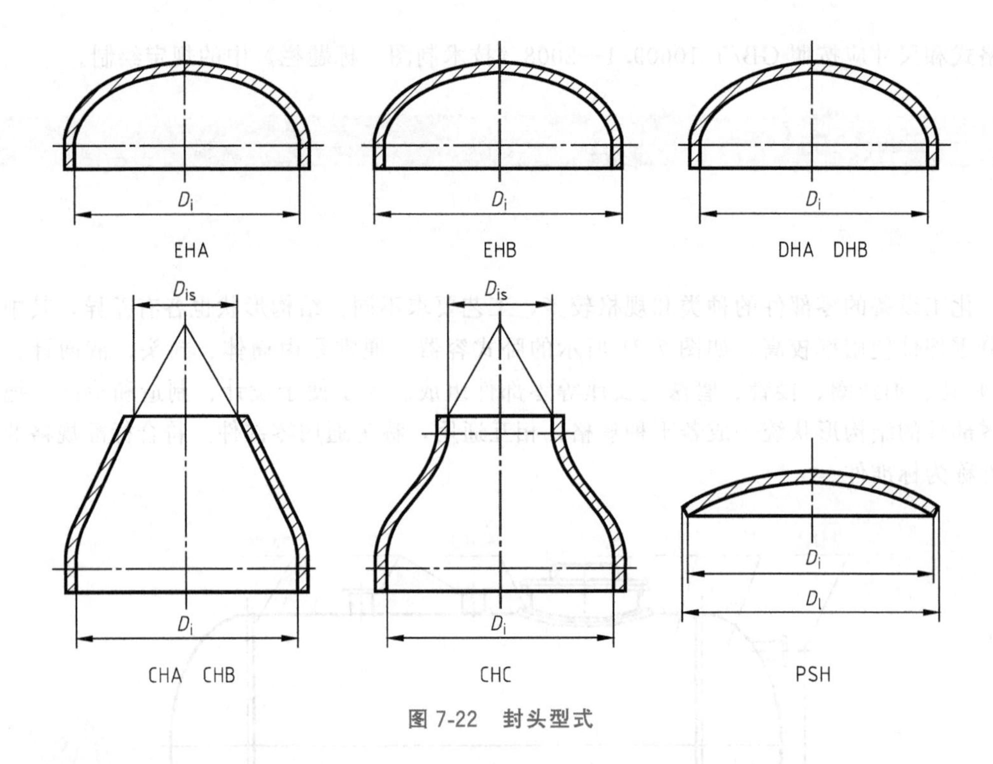

图 7-22 封头型式

3. 法兰

法兰连接是由一对法兰、密封垫片和螺栓、螺母、垫圈等零件组成的一种可拆卸的连接方式，具有较好的强度和密封性，在化工行业中应用极为普遍。法兰是法兰连接中的一个主要零件。

化工设备用的标准法兰有两类：管法兰和压力容器法兰（又称设备法兰）。管法兰主要用于管道间以及设备上的接管与管道的连接。压力容器法兰则主要用于设备筒体与封头的连接。

法兰连接的密封，主要依靠法兰之间的垫片和法兰自身的密封面设计来保证，因此，根据化工生产工艺的要求应选用不同特性的法兰结构与密封面型式，以及不同密封材料的垫片。

标准法兰的主要参数是公称通径（*DN*）和公称压力（*PN*）。

法兰密封面型式：如图 7-23 所示，主要有突面（代号为 RF）、凹（FM）凸（M）面、榫（T）槽（G）面、全平面（FF）和环连接面（RJ）等。

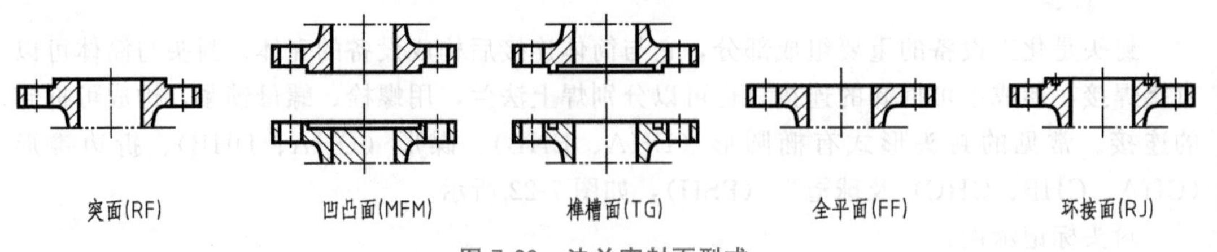

图 7-23 法兰密封面型式

(1) 管法兰 管法兰的公称通径应与所连接的管子直径（一般是无缝钢管的公称直径，通常相当于外径）相一致。

管法兰按其与管子的连接方式分为平焊法兰、对焊法兰、整体法兰、承插焊法兰、螺纹法兰、环松套法兰、法兰盖、衬里法兰盖等，如图 7-24 所示。

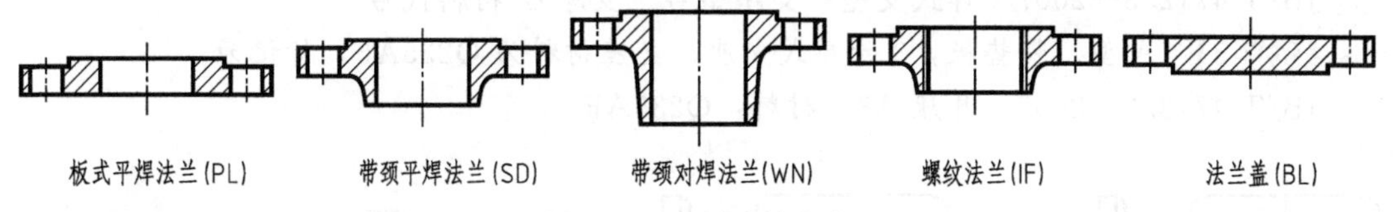

图 7-24 法兰连接方式

法兰标记示例：

标准号 法兰（法兰盖）类型代号 公称通径-公称压力 密封面型式代号 钢管壁厚 材料牌号

【例 7-2】 公称通径 1200mm、公称压力 0.6MPa、配用米制管的突面板式平焊钢制管法兰，材料为 Q235A，其标记为

HG 20592 法兰 PL1 200-0.6 RF Q235A

【例 7-3】 公称通径 100mm、公称压力 10.0MPa、配用米制管的凹面带颈对焊钢制管法兰，材料为 16Mn，钢管壁厚为 8mm，其标记为

HG 20592 法兰 WN 100-10.0 FM S=8mm 16Mn

(2) 压力容器法兰 压力容器法兰用于设备筒体与封头的连接。压力容器法兰的公称通径应与所连接的筒体（或封头）公称直径（通常是指内径）相一致。压力容器法兰分为甲型平焊法兰、乙型平焊法兰和长颈对焊法兰三种。压力容器法兰密封型式有平面密封面(RF)、榫（T）槽（G）密封面、凹（FM）凸（M）密封面三种，另外有三种相应的衬环密封面（代号为“C-”加上相应的密封面代号）。

压力容器法兰标记示例：

法兰名称及代号-密封面型式代号 公称直径-公称压力/法兰厚度-法兰总高度 标准号

【例 7-4】 公称压力 1.60MPa，公称直径 800mm 的榫槽密封面乙型平焊法兰的榫面，其标记为

法兰 T800-1.60 JB/T 4702—2000

若上述法兰为带衬环型，其标记为

法兰 C-T800-1.60 JB/T 4702—2000

4. 支座

支座是用来支承和固定设备位置的部件。支座一般分为立式设备支座、卧式设备支座和球形容器支座三大类。根据支座的结构形状、安装位置、载荷等不同情况，立式支座可分耳式支座（悬挂式）、支承式和裙式支座。卧式支座可分支承式、圈式和鞍式支座。球形容器支座可分支柱式、裙式和半埋式支座等，并已形成标准系列。

(1) 耳式支座（JB/T 4712.3—2007） 耳式支座简称耳座，亦称悬挂式支座，通常用于反应釜、蒸发器及小型立式容器的支承。耳座一般应焊接在设备筒体的外壁，用于支承在钢架、墙体或梁上的以及穿越楼板的立式容器。

耳座的基本结构是由两块肋板、一块底板和一块垫板焊接而成。通过底板上的螺栓孔，用螺栓固定设备。如图 7-25 所示，一般有 A 型（短臂）和 B 型（长臂）和 C 型（加长臂）三种。

耳座的标记格式如下：

JB/T 4712.3—2007 耳式支座 支座型号 支座号-材料代号

【例 7-5】 A 型、带垫板，3 号耳式支座，支座材料为 Q235AF，标记为

JB/T 4712.3—2007 耳座 A3 材料：Q235AF

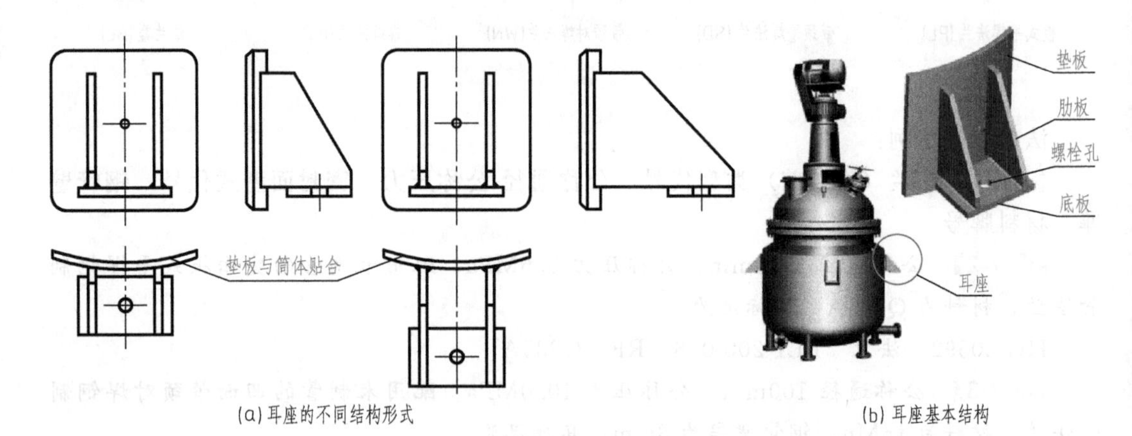

图 7-25 耳座

(2) 支承式支座（JB/T 4712.2—2007） 支承式支座多用于安装在距地坪或基准面较近的具有椭圆式封头的立式容器，其基本结构由一块底板，两块支承板（钢管）和一块垫板焊接而成，底板上有螺栓孔，可用螺栓固定于地基之上。在设备周围一般均匀分布三个支承式支座。

支承式支座有 A 型、B 型（圆管作支承）两种结构，如图 7-26 所示。

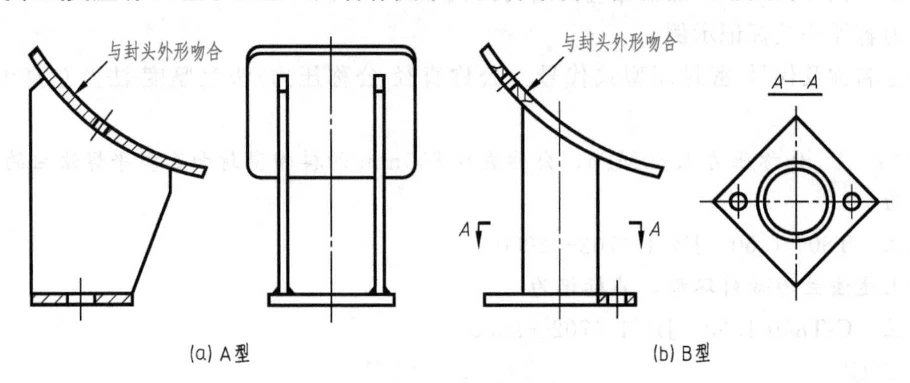

图 7-26 支承式支座

【例 7-6】 钢板焊制的 3 号支承式支座，支座材料和垫板材料均为 Q235AF，标记为

(JB/T 4712.2—2007) 支座 A3 材料：Q235AF/ Q235AF

(3) 鞍式支座（JB/T 4712.1—2007） 鞍式支座是指钢板与卧式容器局部贴合并呈马鞍形的支承结构，亦简称鞍座。其主要是由一块腹板支承着一块圆弧形垫板（与设备筒体外形紧密贴合），腹板焊接在底板之上，中间焊接若干肋板所组成的一种鞍形支架。如图 7-27 所示，卧式容器通常用两个鞍座支承。

同一直径的鞍式支座分为 A 型（轻型）和 B 型（重型）两种，每种类型又分为 F 型（固定式）和 S 型（活动式），固定式的地脚螺栓孔为圆孔，安装后固定不动；滑动式的地脚螺栓孔为长圆孔，安装后使设备可在一定范围内移动，以便于修正设备的微小位移或

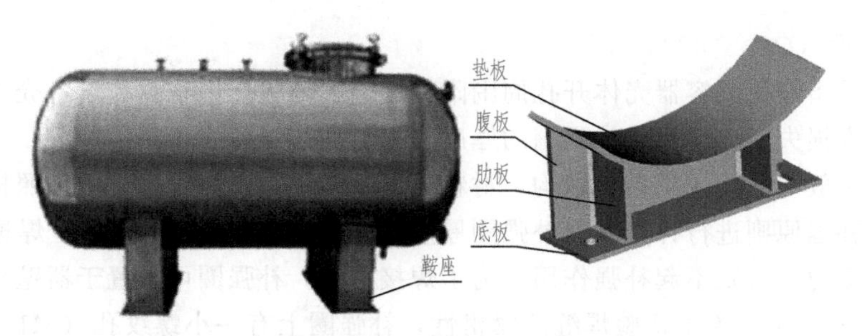

图 7-27 鞍式支座（活动式）及其基本结构

变形。

鞍座的标记格式如下：

标准号 鞍座型号 公称直径-鞍座类型

【例 7-7】 公称直径 *DN*1200，重型滑动鞍座，带加强垫板，鞍座高度 400mm，垫板厚度 12mm，滑动长孔长度为 60mm。其标记为

JB/T 4712.1—2007 鞍座 BⅡ 1200—S

5. 手孔与人孔（HG/T 21515—2014、HG/T 21528—2014）

为了便于安装、检修或清洗设备内部的装置，通常需要在设备上开设手孔或人孔。手孔和人孔的结构基本相同，都是组合件，如图 7-28 所示，包括筒节、法兰、盖、密封垫片和紧固件等。

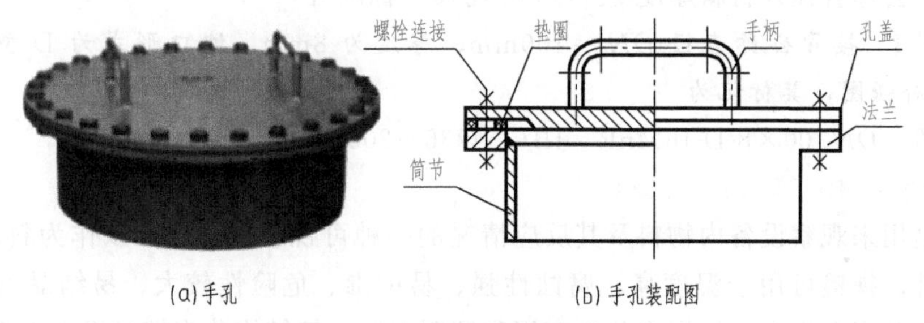

图 7-28 手孔及其基本结构

手孔直径大小应方便工作人员戴手套并持握工具顺利通过，人孔直径大小既要方便工作人员进出，又要考虑对设备壳体强度的削弱。手孔通常为圆柱形，直径有 *DN*150 和 *DN*250 两种。人孔有圆柱形和椭圆柱形两种，圆形直径最小尺寸为 400mm，椭圆的内径尺寸为 400mm×300mm。从工作环境上可分为常压和加压两种，常压人（手）孔的结构简单，密封面要求较低；加压人（手）孔的结构较复杂，密封面要求较高。

孔盖需要经常开闭时，宜选用快开式人、手孔结构。人（手）孔的孔盖法兰和短管法兰通常用铰链连接在一起，亦方便孔盖的自由回转开启，而不必将孔盖取下而占用维修场地。当容器的公称直径大于或等于 1000mm 且筒体与封头为焊接连接时，容器应至少设置一个人孔。

人（手）孔的标记格式如下：

名称 材料类别代号 紧固螺栓（柱）代号 （垫片（圈）代号） 公称直径 标准号

【例 7-8】 公称直径 *DN*450mm、采用 2707 耐酸、碱橡胶板垫片的碳素钢常压人孔，其标记为

人孔（R·A-2707） 450 HG/T 21515—2014

6. **补强圈**（GB/T 4736—2002）

补强圈是指在压力容器壳体开孔周围附加的金属环板。用来弥补设备壳体因开孔过大而造成的强度损失。一般要求补强圈的厚度和材料均与设备壳体相同。

补强圈一般与器壁采用搭接结构，材料与器壁相同，补强圈尺寸可参照标准确定，也可按等面积补强原则进行计算。当补强圈厚度超过 8mm 时，一般采用全焊透结构，使其与器壁同时受力，否则不起补强作用。为了焊接方便，补强圈可以置于器壁外表面。

如图 7-29 所示，为了检验焊缝的紧密性，补强圈上有一小螺纹孔（M10），焊后通入 0.4～0.5MPa 的压缩空气，以检查补强圈连接焊缝的质量。

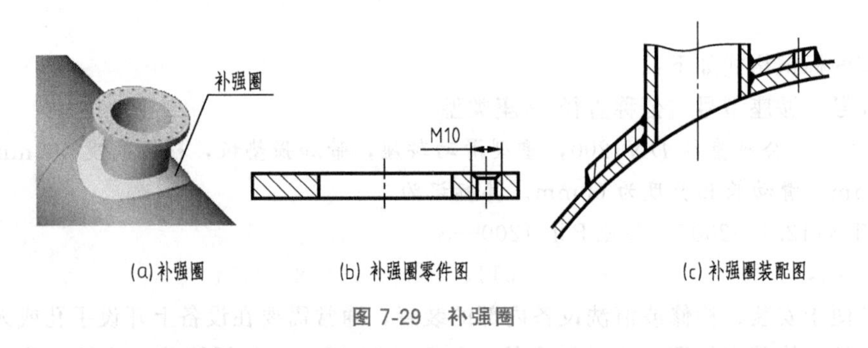

图 7-29 补强圈

补强圈标记格式如下：

名称　公称直径×材料厚度-坡口形式-材质　标准号

【例 7-9】 接管公称直径 DN＝100mm、厚度为 8mm，坡口形式为 D 型，材质为 16MnR 的补强圈，其标记为

补强圈　DN100×8-D-16MnR　JB/T 4736—2002

7. **视镜**（NB/T 47017—2011）

视镜是用来观察设备内物料及其反应情况的一种可视装置，也可以作为料面指示镜，属安全附件。视镜可用于温度高、腐蚀性强、易中毒、危险性较大、易结晶的化工塔器中，以保证其安全生产。按用途分为窥视和照明视镜；按结构分为带衬里和不带衬里、带颈、带罩、双层安全、保温、带刮板、带冲洗装置视镜以及适合于粉状物料用视镜。常用的视镜有衬里视镜、带颈视镜和压力容器视镜（分别有带颈与不带颈两种）和带灯视镜四种。

视镜是组合件，主要由视镜底板、视镜玻璃、阀门组件等组成，如图 7-30 所示。其基本结构是，供观察用的视镜玻璃被夹紧在接缘和压紧环之间，并用双头螺柱紧固，使之连接在一起，构成视镜装置。

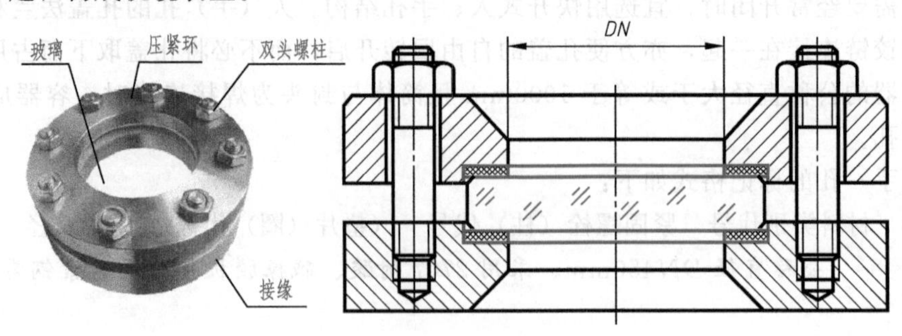

图 7-30 视镜

视镜是外购标准件，在选择视镜时，尽量采用不带颈视镜，因为该视镜结构简单，不易结料，窥视范围大。当视镜需要斜装、设备直径较小或受容器外部保温层限制时，采用带颈视镜。压力容器视镜用于公称压力较大的场合（大于 0.6MPa）。

视镜的标记格式如下：

视镜　视镜公称压力　视镜公称直径　材料代号-射灯代号-冲洗代号

【例 7-10】 公称压力 *PN* 为 1.0MPa，公称直径 *DN* 为 80mm，材料为碳素钢，不带防爆型射灯组合、带冲洗装置的视镜，其标记为

视镜　PN1.0　DN80　Ⅰ-W

8. 玻璃管液面计（HG/T 21592—1995）

液面计是指用以指示和观察容器内介质液位变化的装置，又称“液位计”。如图 7-31 所示，液面计结构有多种型式，尤以玻璃管液面计使用最为广泛。最常用的有玻璃管（G 型）液面计、透光式（T 型）玻璃板液面计、反射式（R 型）玻璃板液面计。玻璃管液面计结构简单、成本低，但易损坏。液面计也是外购件，其性能参数有公称压力、使用温度、主体材料、结构形式等。

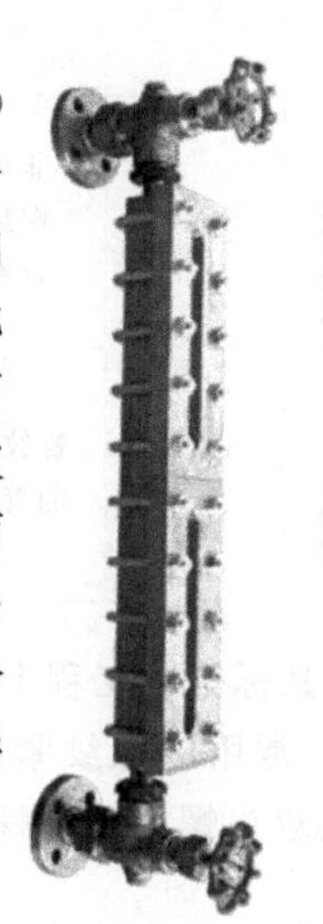
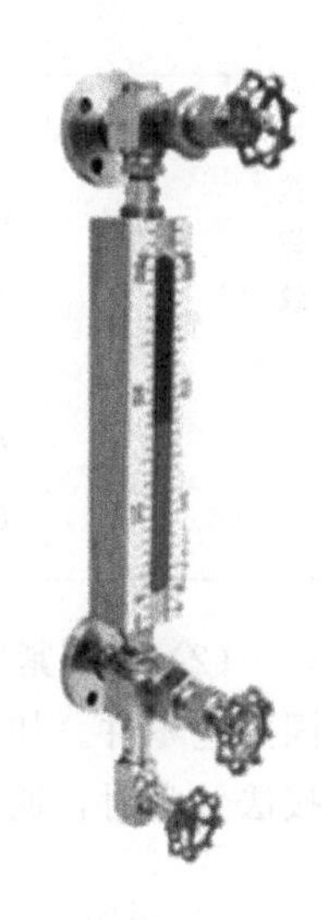

图 7-31　液面计

液面计的标记格式如下：

液面计　法兰型式　型号　公称压力-材料代号　结构形式-公称长度

【例 7-11】 公称压力 1.6MPa、碳钢（Ⅰ）、保温型（W）、法兰标准为 HGJ 46（A）、公称长度 *L*＝500mm 的玻璃管液面计，标记为

液面计　AG1.6-ⅠW-500

9. 螺纹及螺纹连接件

螺纹连接是化工生产中使用最为广泛的可拆卸连接方式。无缝钢管之间、一对法兰之间的连接均可采用螺纹连接。

(1) 螺纹的分类　螺纹是在圆柱或圆锥母体表面上，沿着螺旋线形成的具有特定剖面形状（如三角形、方形、梯形、锯齿形……）的连续凸起和沟槽。在圆柱或圆锥外表面加工形成的螺纹称为外螺纹；在圆柱或圆锥内表面加工形成的螺纹称为内螺纹；按照其母体形状分为圆柱螺纹和圆锥螺纹；按照螺旋线旋向分为左旋和右旋螺纹。如图 7-32 所示。

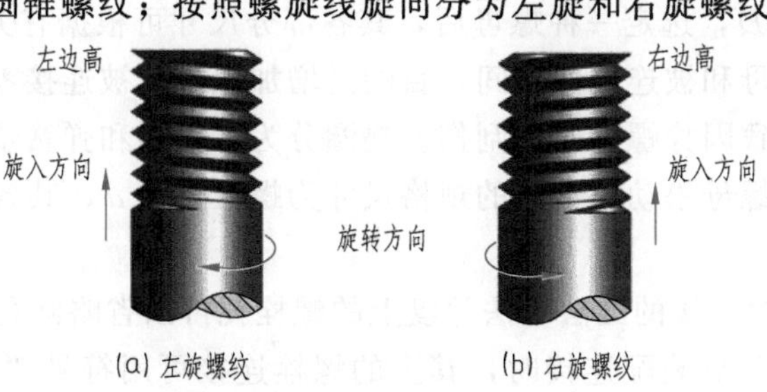

图 7-32　螺纹的旋向

内外螺纹一般成对使用，通过旋合达到连接、固定的目的。

螺纹按照用途不同可分为连接螺纹和传动螺纹两种。连接螺纹起连接作用，传动螺纹用于传递运动和动力。各种类型的螺纹代号、标注示例及用途见表 7-1。

表 7-1　螺纹的种类、标注及应用

螺纹种类		外形及牙型图	特征代号	分类	应用
连接螺纹	普通螺纹	60°	M	粗牙	一般用于机械的连接
				细牙	用于细小、精密或薄壁零件的连接
	管螺纹	55°	G	非螺纹密封的管螺纹	用于水管、气管、油管等一般低压管路的连接
		55°	R Rc Rp	螺纹密封的管螺纹	用于管子、管接头、旋塞、阀门和其他螺纹连接件的附件

(2) 螺纹紧固件的种类及其标记　工程上常用一对内、外螺纹的连接作用来连接或紧固一些零件。如图 7-32 所示，常用的螺纹紧固件有螺栓、双头螺柱、螺母和垫圈等。连接法兰盘时，通常是螺栓（或双头螺柱）与螺母、垫圈配套使用，属于组合件。

图 7-33　常见的螺纹紧固件

螺栓由头部及杆部两部分组成，头部形状以六角形的应用最广。螺栓的规格尺寸为螺纹公称直径 d 及螺栓长度 L ，选定一种螺栓后，其他各部分尺寸可根据有关标准查得。

双头螺柱的两头制有螺纹，一端旋入被连接件的预制螺孔中，称为旋入端；另一端与螺母旋合，紧固另一个被连接件，称为紧固端。双头螺柱的规格尺寸为螺柱直径 d 及紧固端长度 L，其他各部分尺寸可根据有关标准查得。

螺母通常与螺栓或螺柱配合着使用，起连接作用，以六角螺母应用最广。螺母的规格尺寸为螺纹公称直径 D，选定一种螺母后，其各部分尺寸可根据有关标准查得。

垫圈通常垫在螺母和被连接件之间，目的是增加螺母与被连接零件之间的接触面，保护被连接件的表面不致因拧螺母而被刮伤。垫圈分为平垫圈和弹簧垫圈，弹簧垫圈还可以防止因振动而引起的螺母松动。垫圈的规格尺寸为螺栓直径 d，其各部分尺寸可根据有关标准查得。

(3) 螺栓孔及螺栓连接的画法　法兰盘上的螺栓孔可以省略圆孔的投影，仅用对称中心线和轴线表示。法兰盘装配连接时，其上的螺栓连接可用符号“×”（粗实线）表示，若数量较多且均匀分布时，可以只画出若干符号表示其分布方位，如图 7-34 所示。

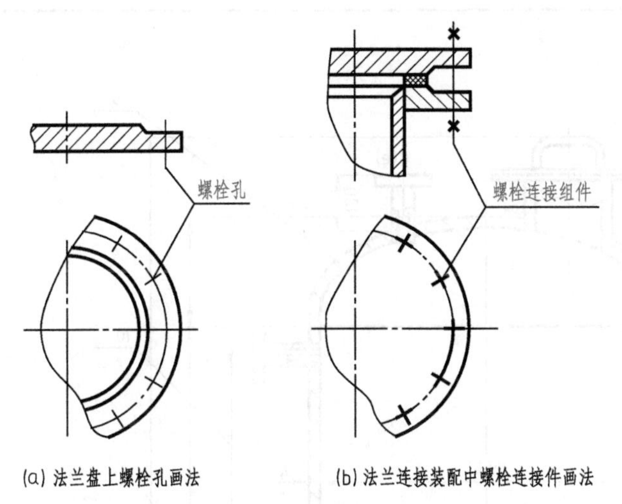

图 7-34 螺纹紧固件的简化画法

第四节 读化工设备图

读化工设备图，就是通过图样中表达的全部内容了解设备的功能、结构特点和技术特性，明确各零件之间的装配连接关系、各主要零部件的结构形状及设备上的管口方位，了解制造、检验、安装等方面的技术要求。

一、读化工设备图的基本要求

通过读化工设备图，应达到以下要求：

① 了解化工设备的名称、用途、性能以及主要技术特性；

② 了解各零部件的材料、结构形状、尺寸以及零部件之间的装配关系；

③ 了解设备整体的结构特征和工作原理；

④ 了解设备上的管口数量和位置；

⑤ 了解设备在设计、制造、检验以及安装等方面的技术要求。

读化工设备图的方法和步骤，与读机械装配图基本相同，但应注意化工设备特殊性以及化工设备图的图示特点。

二、读化工设备图的方法和步骤

1. 概括了解

首先看标题栏，了解设备的名称、规格、绘图比例等内容，看明细栏，了解零部件的数量及主要零部件的选型和规格等，粗看管口表、技术特性表，大致了解设备的视图表达方案，从中了解设备的基本情况，对设备有初步认识。

2. 详细分析

(1) 视图分析　分析设备上的图形，确认视图及其表达方法，并分析各视图之间的关系和作用等。

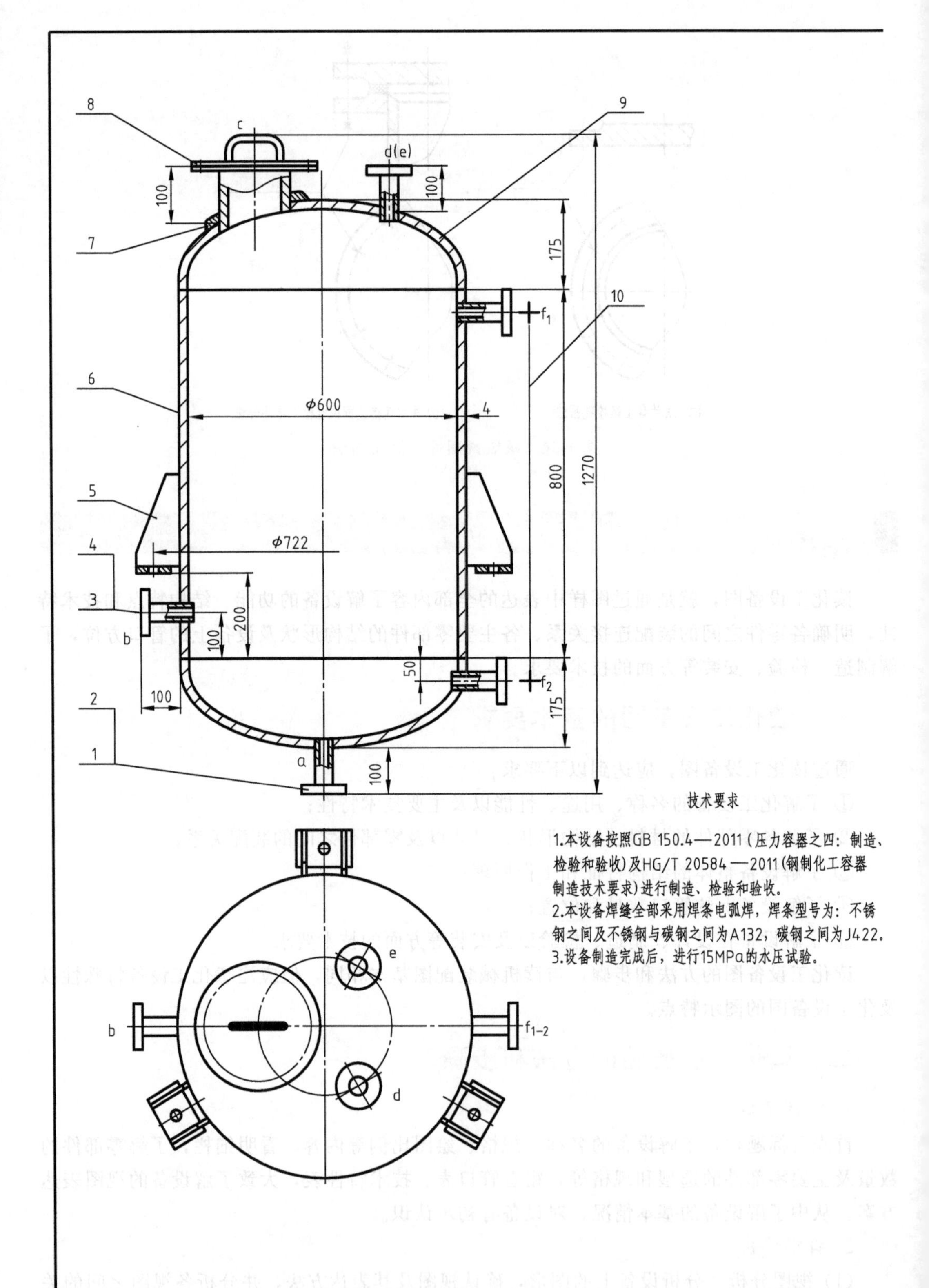

技术要求

1.本设备按照GB 150.4—2011（压力容器之四：制造、检验和验收）及HG/T 20584—2011（钢制化工容器制造技术要求）进行制造、检验和验收。
2.本设备焊缝全部采用焊条电弧焊，焊条型号为：不锈钢之间及不锈钢与碳钢之间为A132，碳钢之间为J422。
3.设备制造完成后，进行15MPa的水压试验。

图 7-35　计量罐

技术特性表

工作压力/MPa	常压	工作温度/℃	常温
设计压力/MPa		设计温度/℃	
物料名称	甲醛		
焊缝系数	0.6	腐蚀裕度/mm	
容器类别			
全容积/m^3	0.28		

管口表

序号	公称尺寸	连接尺寸、标准	连接面型式	用途或名称
a	20	HG/T 20593—2014	平面	物料出口
b	15	HG/T 20593—2014	平面	取样口
c	150	HG/T 20593—2014		手孔
d	20	HG/T 20593—2014	平面	物料进口
e	20	HG/T 20593—2014	平面	放空
f_{1-2}	20	HG/T 20593—2014	平面	液面计口

序号	代号	名称	数量	材料	单件质量	总计质量	备注
10	HG/T 21592—2014	液面计 DAPg16 L=800	1	组合件		7.90	
9	HG/T 21515—2014	手孔DN150	1	组合件		5.80	
8	JB/T 4736—2002	补强圈 DN150 t=4	1			1.56	
7	JB/T 4746—2002	封头DN600×4	2	1Cr18Ni9Ti		27.60	
6	GB/T 9019—2015	筒体 DN600×4 H=800	1	1Cr18Ni9Ti		48.00	
5	JB/T 4712.3—2007	支座	3	Q2.35A		2.70	
4	HG/T 20592—2009	法兰 15-1 l=100	1	1Cr18Ni9Ti		0.34	
3		接管 ϕ18×3 l=100	1	1Cr18Ni9Ti		0.02	
2	HG/T 20592—2009	法兰 25-1	5	1Cr18Ni9Ti		2.10	
1		接管 ϕ25×2.5 l=100	5	1Cr18Ni9Ti		0.50	

设计单位				工程名称	
职责	签字	日期	计量罐	工程项目	
设计				工程阶段	
制图				图号	版次
校核					
审核					
202 年		比例 1:10		共 张	第 张

装配图

(2) 零部件分析　以主视图为中心，结合明细栏的序号逐个将零部件的投影从视图中分离出来，再确认其结构形状和大小；对标准化零部件，应通过查阅相关标准，确认其结构形状及尺寸。

零部件一般较多，对于主要、较复杂的零部件及其装配关系要重点分析。零部件分析一般按照先大后小、先主后次、先易后难的顺序进行分析。

(3) 装配连接关系分析　以主视图为中心，结合其他视图分析零部件之间的相对位置及固定、连接的装配关系。

(4) 分析工作原理　分析每一管口的用途及其在设备的轴向与径向位置，结合管口表了解其用途，从而确定各种物料在设备上的进出流向，即化工设备的主要工作原理。

(5) 分析技术特性和技术要求　通过技术特性和技术要求，明确设备的性能、主要技术指标以及在制造、检验、安装等过程中的各项规定和要求。

3. 归纳总结

在零部件分析的基础上，将各零部件的形状、位置和装配关系等加以综合，进而确定设备的整体形状结构、工作特性、物料流向和操作原理等。

现以图 7-35 所示的计量罐装配图为例，介绍读化工设备图的方法和步骤。

1. 概括了解

从设备图的标题栏、明细表、技术特性表和视图等的内容可知：

该设备的名称是计量罐，它由 10 种零部件组成。其设计压力为常压，设计温度为常温。物料是甲醛；计量罐上有 7 个接管，其各管的用途见接管表所列。

图 7-35 中所示的计量罐装配图，主视图采用全剖视，以表达计量罐的主要结构、接管口、支承座，以及零部件所处的轴向位置、装配情况和结构尺寸。俯视图用以表达各管口的周向方位和计量罐的安装位置及尺寸。A—A 局部剖视图为补充表达接管 e（放空管）的结构和尺寸。

2. 详细分析

按图 7-35 中明细表所列的零部件，逐个弄清它们之间的装配连接关系和主要零部件的结构形状，并了解有关技术要求。

(1) 装配连接关系　筒体与封头采用焊接连接，焊缝的焊接要求在技术要求中已详细说明。同时筒体和封头与设备法兰的连接也采用焊接结构。

各管口的装配位置可由主视图及 A-A 剖视图上所标注的尺寸，以及俯视图上径向的角度来确定。如管口 b 由主视图上的尺寸 100 确定它的轴向位置，而尺寸 100 则表示管法兰端面伸出筒体的距离。

如悬挂式支座 5 焊接在筒体上，支座的装配位置可由主视图及俯视图上标注的尺寸 200 和 $\phi722$ 来确定。

(2) 零部件的结构形状　应由明细表中的序号与其视图对应起来，逐个地将零部件从视图的投影中分离出来，弄清其结构形状和尺寸。并明确零部件的作用及所使用的材料。

对于另有图样的一些零部件，应同时阅读它们的零部件图，以弄清其结构形状。对于标准零部件，则应查阅有关标准及手册，以确定其结构和尺寸。

如悬挂式支座 5 为标准化的通用部件，其详细结构形状及有关尺寸可查阅 JB/T 4712.3—2007 标准。在主视图及俯视图中，也可分析其结构形状。

(3) 了解技术要求　从技术要求中可知：该设备规定应按 GB 150.4—2011 钢制焊接常压容器技术条件进行制造、试验和验收，并对焊接方法、焊缝结构和质量检验提出了要求。

设备除要求进行盛水试漏，还需进行气密性试验。同时，还提出了设备外表面的防腐蚀措施，要求涂红丹底漆。

其他典型设备如反应罐、塔等，装配图的阅读方法步骤同上，可结合有关图样资料自行分析阅读。

本章小结

本章主要介绍了化工设备图绘图和读图的基础知识和方法。通过对本章的学习，应达到以下要求：

1. 由了解化工设备的结构特点入手，熟悉其相应的表达方法，包括特殊画法和简化画法。

2. 了解化工设备常用标准零部件的规定画法及标记，并能够根据标记查阅相关标准、手册。

3. 熟悉化工设备图尺寸标注、各方向的尺寸基准。

4. 掌握阅读化工设备图的基本要求、基本方法及步骤。

第八章 化工工艺图

本章导读

表达化工生产过程与联系的图样称为化工工艺图。它是化工工艺人员进行工艺设计、工艺安排和指导生产的重要技术文件。化工工艺图主要包括工艺流程图、设备布置图、管路布置图和管道轴测图等。

化工工艺图一方面与机械图样紧密相关，另一方面又自有行业相对独立的图样规范。

学习目标

- 了解化工工艺流程、建筑图样的基本知识
- 掌握化工工艺流程图的表达方法和规定画法
- 熟悉化工工艺流程图的设备、管道及仪表等的规定画法及标记
- 掌握化工工艺流程图、设备布置图及管道布置图的读图方法

第一节 化工工艺流程图

化工工艺流程图是用图形、符号和代号等形式，示意性表达产品通过工艺过程中选用的化工设备、管路、附件和仪表等的排列顺序及连接（展开画法）的图样，是用来表达化工生产工艺流程的设计文件。工艺流程图是管道、仪表、设备设计的基础，也是装置操作运行及检修的指南。

一、首页图

在化工工艺设计过程中，为便于识图，将该工艺图中自标准规定中选用的图形、代号和符号等以图表形式集中绘制成首页图，如图 8-1 所示。首页图通常包括以下内容：

① 装置及主项的代号和编号；

② 管道、附件及仪表的图例、符号、设备位号、物料代号以及管道编号等；

③ 自动化控制（化工仪表）专业在工艺过程中采用的检测、控制系统的图例、符号及代号等；

④ 需要说明的其他事项。

管道符号标记

- 工艺物料管
- 辅助物料管
- 设备、管件、阀门、仪表线
- 物料流向
- 管道交叉

阀门

- 闸阀
- 截止阀
- 止回阀
- 球阀

主项代号

04—氨回收工段

12—残液蒸馏工段

物料代号

AR	空气
AL	液氨
CA	压缩空气
CSW	化学污水
CWR	循环冷却水回水
CWS	循环冷却水上水
FG	燃料气

设备类别代号

C	压缩机
E	换热器
F	工业炉
R	反应器
P	泵
T	塔
V	容器

被测变量、字母代号

A	分析
C	控制
F	流量
I	指示
L	液位
P	压力
T	温度
FI	流量指示
PI	压力指示
TI	温度指示
LC	液面控制
TC	温度控制
TDI	温差指示
TDR	尾气

管道编号

$\frac{X}{1}\ \frac{XX}{2}\ \frac{XX}{3}\ \frac{X}{4}$

1—物料代号

2—主项编号

3—管道顺序号

4—管道直径

设备位号

$\frac{X}{1}\ \frac{XX}{2}\ \frac{XX}{3}\ \frac{X}{4}$

1—设备类别代号

2—主项编号

3—设备顺序号

4—相同设备号

设计单位				工程名称	
职责	签字	日期	首页图	工程项目	
设计				工程阶段	施工设计
制图				图号	版次
校核					
审核					
202 年			比例	共 张	第 张

图 8-1 首页图

二、化工工艺流程图

化工工艺流程图是按照化工生产工艺的顺序，将设备和工艺流程线自左向右展开画在同一平面内，并加以必要的标注和说明的一种示意性的展开图。

根据所处阶段不同，工艺流程图可分为初步设计阶段的方案流程图（PFD）、物料流程图和施工阶段的工艺管道及仪表流程图（PID）。

1. 方案流程图（PFD）

在工艺路线选定后，进行可行性设计时完成，不编入设计文件；是施工图设计的主要依据。对于方案流程图的图幅一般不作规定。

绘制时一般按工艺流程顺序将设备图形和工艺流程线自左至右地展开在同一平面上，尽量避免流程线过多往复。

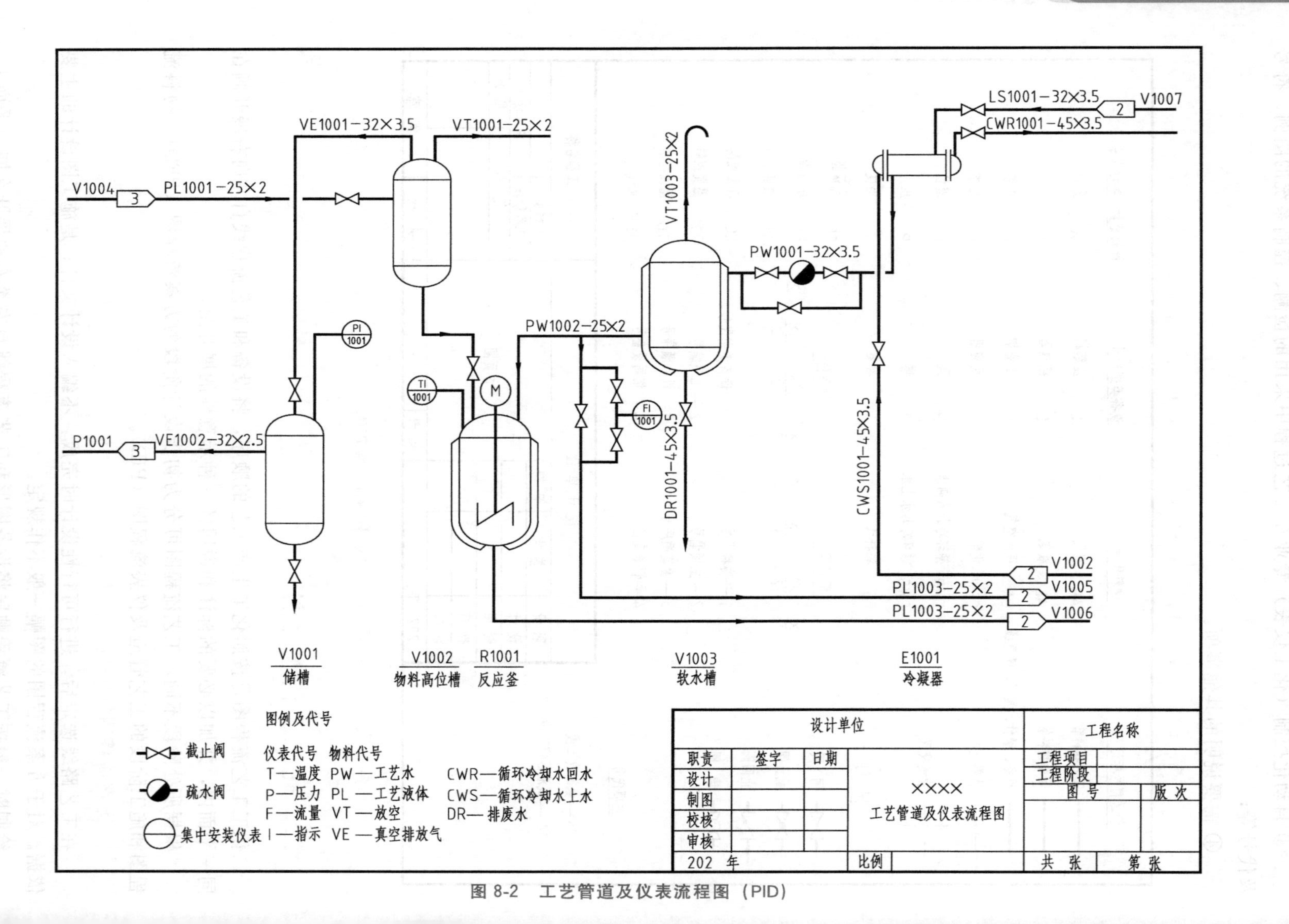

图 8-2 工艺管道及仪表流程图（PID）

2. 物料流程图

在初步设计阶段，完成物料衡算时绘制工艺流程图；是以图形和表格相结合的形式，来反映设计计算某些结果的图样，也是初步设计阶段，完成物料衡算和热量衡算后绘制的。物料流程图相对于方案流程图只是增加了一些数据。

3. 工艺管道及仪表流程图（PID）

在方案流程图的基础上绘制的、内容较为详细的一种工艺流程图。

工艺管道及仪表流程图是施工阶段所提供的图纸，所以又称施工流程图，需要画出所有的生产设备、管道、阀门、管件及仪表。既是设备布置图和管路布置图的设计依据，又是施工安装的依据，同时也是操作运行及检修的重要资料。如图 8-2 所示。

三、工艺管道及仪表流程图(PID)

工艺管道及仪表流程图亦称带控制点的工艺流程图。通常按照主项、工段或工序为单元绘制，复杂的主项可以按照生产过程分段绘制。

1. 基本规定

化工工艺图的图幅、字体、比例、标题栏等仍采用国家标准《技术制图　图纸幅面和格式》(GB/T 14689—2008)，仅对其中某些内容进行一些补充和说明。

(1) 图幅　通常采用 A1 图幅横幅绘制，流程较简单时可采用 A2 图幅，必要时可加长，也可以采用分段分张的流程图格式。

(2) 比例　工艺流程图采用示意展开画法，通常可不按照比例绘制，但设备图例应保持相对比例，允许将实际尺寸过大的设备适当缩小，实际尺寸过小的设备适当放大。同时还应注意设备位置的相对高低，尽量使图面协调、美观。

(3) 图线　图线宽度分为三种：粗线 0.6～0.9mm，中粗线 0.3～0.5mm，细线 0.15～0.25mm。为保证图线清晰，平行图线之间的最小间隔不小于粗线宽度的两倍。

(4) 字体　工艺流程图中的汉字采用长仿宋体，汉字高度不宜小于 2.5mm。指数、分数、注脚尺寸的数字通常采用小一号字体。推荐字体适用对象见表 8-1。

表 8-1　工艺管道及仪表流程图中常用字体

书写内容	图名或视图符号	工程名称	文字说明及轴线号	数字及字母	表格文字
推荐字高	5～7	5	5	3.5	3.5

2. 内容

① 设备的示意图及设备位号；

② 管道、管件的示意图及其代号；

③ 仪表控制点的图形符号及其代号；

④ 设备、管道、管件、仪表控制点等的说明、图例；

⑤ 标题栏：注写图名、图号和签名等。

3. 画法

(1) 设备的画法　在工艺流程图中，所有设备均应按照 HG/T 20519.3—2009 中规定的标准图例绘制。未有规定的设备，要求用细实线画出其简单的外形轮廓和内部主要特征。对复杂的机器设备，允许用一矩形线框（细实线）表示，并在框内注明位号及名称。常用设备的示意画法可参看附表 10。

（2）管道的画法　管道即流程线是工艺流程图的主要表达内容，应用粗实线画出主要物料流程线，中实线画出次要物料流程线，辅助物料流程线用细实线画出，如果只有两种可用粗实线和中实线画出。有特殊要求的管道，画出一段图形，常用管道的图例见表8-2。

表 8-2　工艺管道及仪表流程图的管道图例（HG/T 20519.1—2009）

名称	图例	名称	图例
主要物料管道		电伴热管道	
辅助物料管道		夹套管	
原有管道		隔热管	
伴热(冷)管道		喷淋管	
柔性管		放空管	

管道尽量水平与垂直画出，管道转弯处，一般应画成直角；管道交叉时，一般采用“横断竖不断”或“主不断辅断”的画法，断开的间隙应为线宽的 5 倍左右。

（3）阀门、管件的画法　管道上的阀门和管件用细实线按照标准规定的符号在相应处画出，常用的图形符号见表 8-3。

表 8-3　工艺管道及仪表流程图的常用阀门图例（HG/T 20519.1—2009）

名　称	符　号	名称	符　号
截止阀		球　阀	
闸　阀		蝶　阀	
止回阀		隔膜阀	
旋塞阀		减压阀	
节流阀		疏水阀	

（4）仪表控制点的画法　化工生产过程中，需对管路或设备内不同位置、不同时间流经的物料的压力、温度、流量及液位等参数进行测量、显示或进行取样分析。在工艺流程图中，应按标准图例画出和标注全部与工艺有关的检测标注仪表、调节控制系统和取样阀（组）。

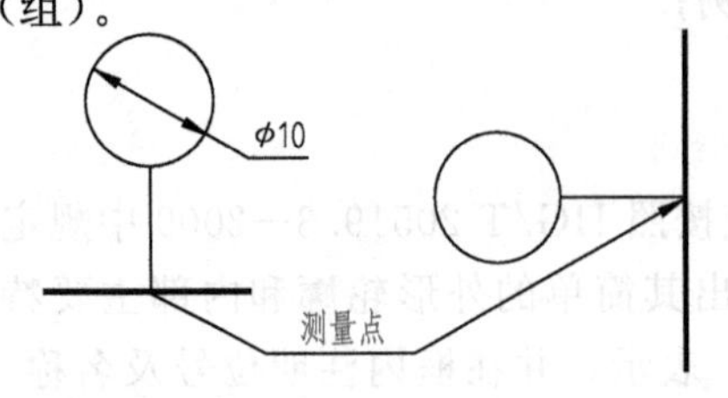

图 8-3　仪表图形符号

工艺流程图中仪表控制点用符号表示，并从其安装位置引出。符号包括图形符号和仪表位号，二者组合起来表达仪表功能、被测变量和检测方法等。

检测仪表的标注，通常由表示检测仪表的小圆圈、指引线和文字说明三部分组成。如图 8-3 所示，仪表的图形符号是一个细实线圆，直径为 10mm。指引线是连接仪表与被测管道（设备）并与管道（或设备）线垂直，其交点即为相应管道或设备的测量点。

表示仪表安装位置及信号线的图形符号如表 8-4 所示。

表 8-4 仪表安装位置的图形符号（摘自 HG/T 20519.6—2009）

安装位置	图形符号	安装位置	图形符号
就地安装仪表		集中盘后安装	
集中盘面安装仪表		就地盘后安装	
就地盘面安装仪表		集中进计算机系统	

部分阀门和控制元件的组合方式的图例如图 8-4 所示。

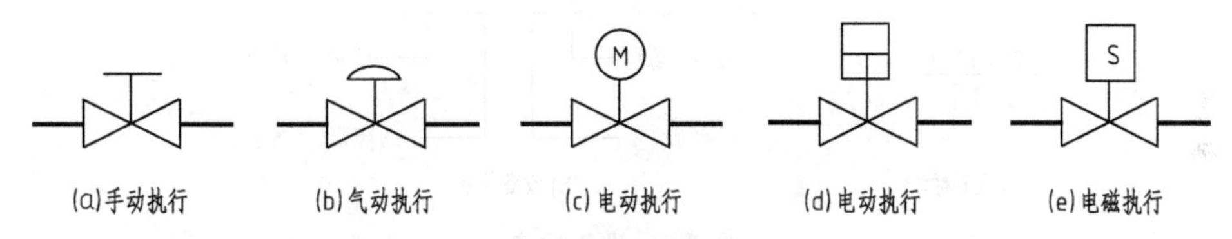

图 8-4 仪表执行机构图例

控制系统常见的信号线有三种，如图 8-5 所示。

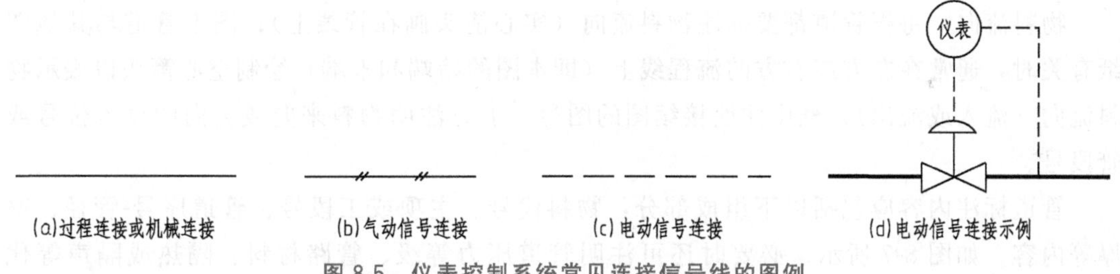

图 8-5 仪表控制系统常见连接信号线的图例

4. 标注

(1) 设备的标注　在工艺流程图中的设备均应给出标注。设备的标注方法如图 8-6 所示，由设备位号、位号线及设备名称组成，分上、中、下三层排列。设备位号由设备分类代号、主项（工段或分区，两位数字）代号、同类设备序号（两位数字）以及相同设备序号（大写拉丁字母）四部分组成。如相同设备数量不止一台而仅画出一台时，则在位号中应注全，如 F0702A－C。设备分类代号见表 8-5。

表 8-5 设备分类代号（摘自 HG/T 20519.2—2009）

序号	类别	代号	应用	序号	类别	代号	应用
1	泵	P	各类型泵	2	压缩机 鼓风机	C	各类型压缩机、鼓风机

续表

序号	类别	代号	应用	序号	类别	代号	应用
3	反应器	R	反应釜(罐)、固定床、硫化床、转化器	7	容器	V	储槽(罐)、气柜、气液分离器、旋风分离器等
4	换热器	E	列管、套管、螺旋板、蛇管、蒸发器等各种换热器	8	火炬 烟囱	S	各种工业火炬和烟囱
5	工业炉	F	裂解炉、加热炉、转化炉、锅炉、电石炉等	9	动力机	M、S、E、D	电动机(M)、内燃机(E)、离心透平机(S)等
6	塔	T	各种填料塔、板式塔、喷淋塔、萃取塔等	10	其他机械	M	各种压滤机、过滤机、挤压机、混合机等

标注的位置：设备的位号、名称一般标注在相应设备的图形的正上方或下方，即在图纸的上端及下端两处，横向排成一行。必要时还可以在设备图形旁边标注设备位号（不注名称）。

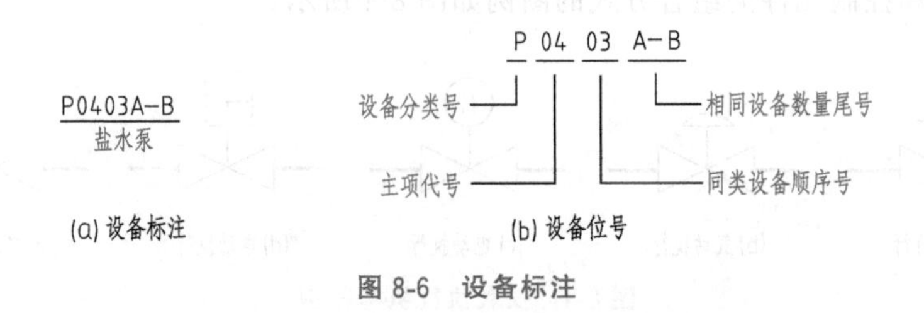

图 8-6　设备标注

(2) 管道的标注　每段管道都应有相应的标注，一般横向管线标注在管线的上方，竖向管线则标注在管线的左方，必要时也可用指引线引出标注。

物料流向：每根管道都要标注物料流向（实心箭头画在管线上）；图上管道与其他图纸有关时，通常在左方或右方的流程线上（即本图的始端和末端）绘制空心箭头以表示物料流向（流入或流出），框中注明接续图的图号，上方注明物料来向或去向的设备位号或管段号。

管道标注内容应包括以下组成部分：物料代号、主项或工段号、管道序号-管径、壁厚等内容，如图 8-7 所示。必要时还可注明管道压力等级、管路材料、隔热或隔声等代号。前两项为一组，其间用一短横线隔开，管道等级等为另一组。

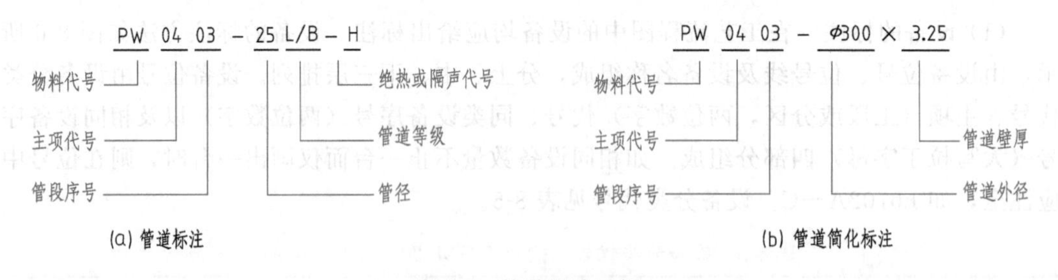

图 8-7　管道标注示例

物料代号按照化工行业的标准规定，以英文名称的首字母（大写）表示，参看表 8-6 所示。

表 8-6 物料名称及代号（摘自 HG/T 20519.2—2009）

类别	物料名称	代号	类别	物料名称	代号	类别	物料名称	代号
工艺物料	工业空气	PA	水	锅炉给水	BW	油	燃料油	FO
	工艺气体	PG		化学污水	CSW		填料油	GO
	工艺液体	PL		循环冷却水回水	CWR		润滑油	LO
	工艺固体	PS		循环冷却水上水	CWS		原油	RO
	气液两相流物料	PGL		脱盐水	DNW		污油	DO
	气固两相流物料	PGS		生活用水	DW	燃料	燃料气	FG
	液固两相流物料	PLS		消防水	FW		液体燃料	FL
	工艺水	PW		热水回水	HWR		液化石油气	LPG
空气	空气	AR		热水上水	HWS		固体燃料	FS
	压缩空气	CA		原水、新鲜水	RW		天然气	NG
	仪表用空气	IA		软水	SW		液化天然气	LNG
蒸汽冷凝器	伴热蒸汽	TS	制冷剂	气氨	AG	其他	真空排放气	VE
	蒸汽冷凝水	SC		液氨	AL		放空	VT
	高压蒸汽	HS		氟利昂	FRG		火柜排放气	FV
	低压蒸汽	LS		冷冻盐水回水	RWR	增补代号	合成气	SG
	中压蒸汽	MS		冷冻盐水上水	RWS		尾气	TG

管道材质代号，参看表 8-7。

表 8-7 管道材质代号（摘自 HG/T 20519.6—2009）

材质类别	代号	材质类别	代号	材质类别	代号	材质类别	代号
铸铁	A	普通低合金钢	C	不锈钢	E	非金属	G
碳钢	B	合金钢	D	有色金属	F	衬里及内防腐	H

（3）仪表控制点的标注　检测仪表的文字——仪表位号标注在表示仪表的小圆圈内，分上、下两层。仪表位号中的字母代号填写在仪表符号的上半圆，数字代号填写在仪表符号的下半圆，如图 8-8 所示。

被测变量代号
仪表功能代号
TCA
04 03
主项代号
仪表序号

图 8-8 仪表位号标注

上层是大写字母代号组合，第一个字母表示被测变量，后继字母表示仪表的功能。下层是数字代号组合，前两位数字表示主项代号，后两位数字表示仪表序号。

字母代号见表 8-8。数字编号表示仪表的顺序号，数字编号可按车间或工段进行编制。

表 8-8 被测变量及仪表功能字母组合代号（摘自 HG/T 20519.6—2009）

被测变量 / 仪表功能	温度 T	温差 TD	压力 P	压差 PD	流量 F	物位 L	分析 A	密度 D	未分类的量 X
指示 I	TI	TDI	PI	PDI	FI	LI	AI	DI	XI
记录 R	TR	TDR	PR	PDR	FR	LR	AR	DR	XR
控制 C	TC	TDC	PC	PDC	FC	LC	AC	DC	XC
变送 T	TT	TDT	PT	PDT	FT	LT	AT	DT	XT

续表

被测变量 / 仪表功能	温度 T	温差 TD	压力 P	压差 PD	流量 F	物位 L	分析 A	密度 D	未分类的量 X
报警 A	TA	TDA	PA	PDA	FA	LA	AA	DA	XA
开关 S	TS	TDS	PS	PDS	FS	LS	AS	DS	XS
指示、控制(IC)	TIC	TDIC	PIC	PDIC	FIC	LIC	AIC	DIC	XIC
指示、开关(IS)	TIS	TDIS	PIS	PDIS	FIS	LIS	AIS	DIS	XIS
记录、报警(RA)	TRA	TDRA	PRA	PDRA	FRA	LRA	ARA	DRA	XRA
控制、变送(CT)	TCT	TDCT	PCT	PDCT	FCT	LCT	ACT	DCT	XCT

四、工艺管道及仪表流程图的阅读

阅读工艺管道及仪表流程图的目的，在于对照流程图了解工艺过程、熟悉现场流程，掌握开停工顺序，维护生产工艺的正常进行。

① 了解设备的数量、名称和位号；

② 分析主要物料的工艺流程；

③ 分析动力和其他物料的工艺流程；

④ 了解阀门、仪表控制点的情况。

第二节 设备布置图

工艺流程图设计中确定的所有设备，必须按照生产工艺要求和实际场地情况，在厂房内外合理布置安装、固定，以保证生产顺利进行。设备布置图是反映建筑物基本结构、设备与建筑物、设备之间的相对位置的图样。设备布置图应在厂房建筑图的基础上绘制所得，因此首先介绍建筑图的基本知识。

一、厂房建筑图的基础知识

厂房建筑图是按照国家工程建设制图标准的规定，用正投影法表达建筑法的内外形状、大小及细部结构等。

1. 厂房建筑的基本结构

厂房属于工业建筑，通常由以下部分组成。

(1) 承重结构　基础、墙、柱、梁、板等。

(2) 维护结构　屋面、外墙、雨篷等。

(3) 交通结构　门、走廊、楼梯、台阶等。

(4) 通风、采光和隔热结构　窗、天井等。

(5) 排水结构　天沟、雨水管、勒脚、散水、明沟等。

(6) 安全和装饰结构　女儿墙、栏杆、扶手等。

厂房建筑常用术语包括开间、进深、层高、标高、中心线以及轴线等。

2. 图线

根据国家关于建筑图样的相关规定，建筑图样有 11 种线型，线宽比为：粗线：细线=4∶1。

3. 绘图比例

由于建筑物的形体较大，通常建筑图均采用缩小的比例绘制，见表 8-9。

表 8-9 建筑图样常用比例（摘自 GB/T 50104—2010）

图名	比 例
建筑物视图	1∶50，1∶100，1∶150，1∶200，1∶300
建筑物局部放大图	1∶10，1∶20，1∶25，1∶30，1∶50
配件、构造详图	1∶1，1∶2，1∶5，1∶10，1∶15，1∶20，1∶25，1∶30，1∶50

4. 厂房建筑图样的表达方法

厂房建筑图样应表达厂房的内、外形状和结构情况，通常包括平面图、立面图、剖面图（简称“平立剖”），是建筑图中基本图样。

（1）平面图　假想用略高于窗台位置的水平面，剖切建筑物并移去上部后，将余下部分向水平面投射所得的剖视图。平面图是水平剖视图，相当于工程图样中的俯视图。平面图不需要标注剖切位置。

平面图用于反映建筑物的平面格局、房间长宽、墙柱、门窗以及交通联系（走廊、楼梯）等。对于多层建筑，通常需要分别绘制每一层的平面图。如图 8-9 中分别画出了一层平面图和二层平面图。

（2）立面图　建筑物的正面、背面及侧面投影图的统称，用来表示建筑物的外貌。

立面图主要表示厂房的外形，反映厂房的长度、高度和层数，以及门窗、雨篷等细部的形式、结构等。如图 8-9 中的①～③立面图表达了该厂房的正面外形及门窗布局。

（3）剖面图　用正平面或侧平面剖切建筑物而画出的剖视图。用于表达建筑物内部在高度方向的结构、形状及尺寸。如图 8-9 中的Ⅰ-Ⅰ剖面图和Ⅱ-Ⅱ剖面图。剖面图须在平面图上标注出剖切位置及符号。如图 8-9 中 EL0.000 平面图中的Ⅰ—Ⅰ和Ⅱ—Ⅱ所示。

如图 8-9 所示，建筑图样中的每个视图通常在图形下方标注视图名称。

5. 定位轴线及编号

定位轴线是用来确定厂房主要承重构件位置及标注尺寸的基线。为了方便定位和查阅图样，通常选择建筑物的墙、柱的中心线作为定位轴线，并加以编号。水平方向（X）编号自左向右用带圆圈的阿拉伯数字表示，竖直方向（Y）自前向后用带圆圈的大写字母表示，如图 8-10 所示。

6. 尺寸

（1）平面尺寸　包括建筑物外形尺寸、内部、细部相对位置及尺寸。通常将相邻两条水平轴线间的距离称为开间，相邻两条竖直轴线间的距离称为进深。

通常平面尺寸的单位默认为 mm，其尺寸线终端采用斜线形式，并往往注成封闭的尺寸链。

（2）高度尺寸　建筑物中各楼层、地面和其他构建物相对于底层室内地面（基准面）的高度称为标高。建筑物的高度采用标高符号标注在剖面图中，标高以 m 为单位，小数点后取三位，单位可省略不注。通常以底层室内地面为基准标高，标记为 EL±000.000，高于基准面时标高为正，低于基准面时标高为负。

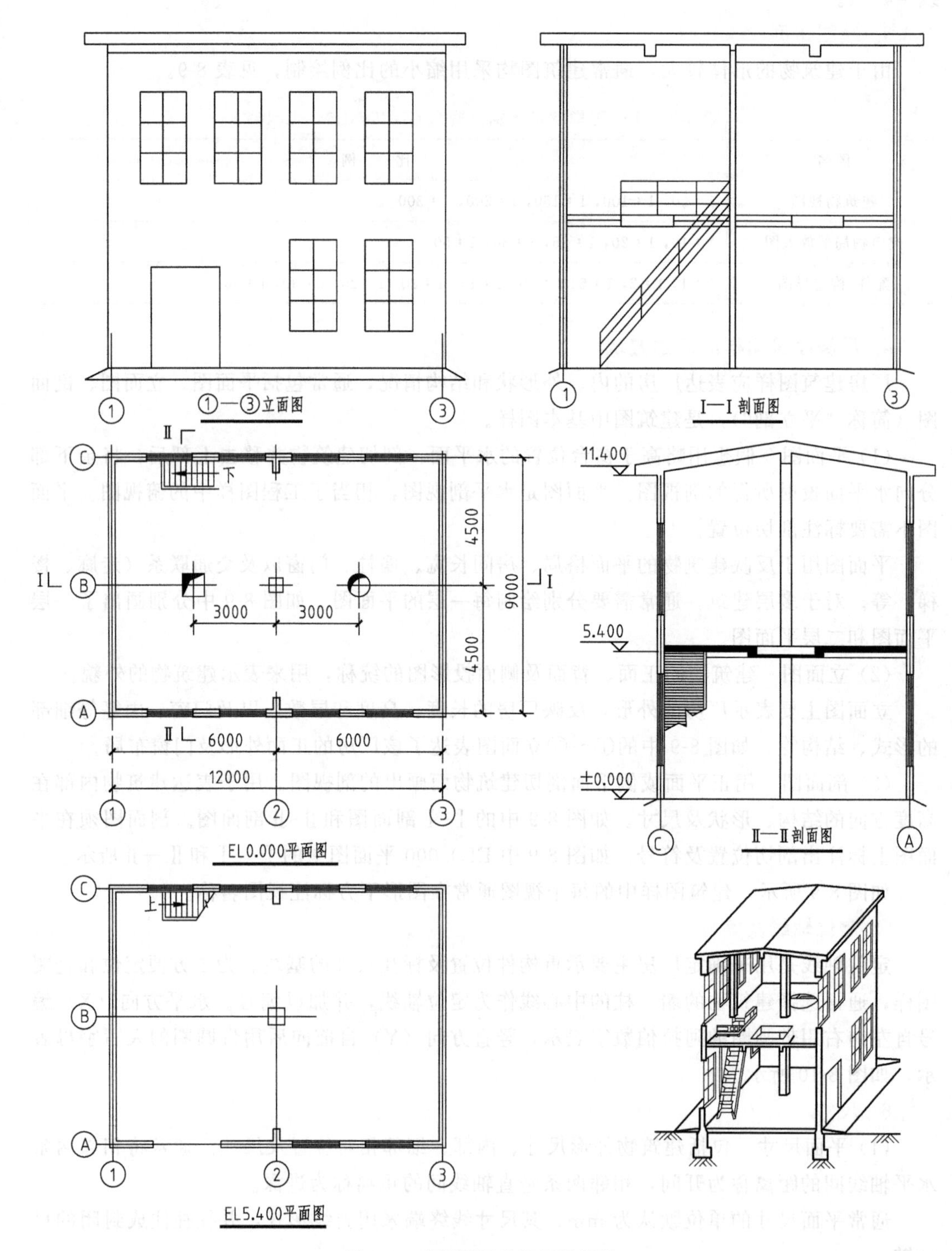

图 8-9　建筑图样的视图及标注

7. 建筑构配件

建筑构配件及其材料种类较多，通常采用国家工程建设标准中规定的图例，用细实线按照比例画出。建筑图样常见图例见表 8-10。

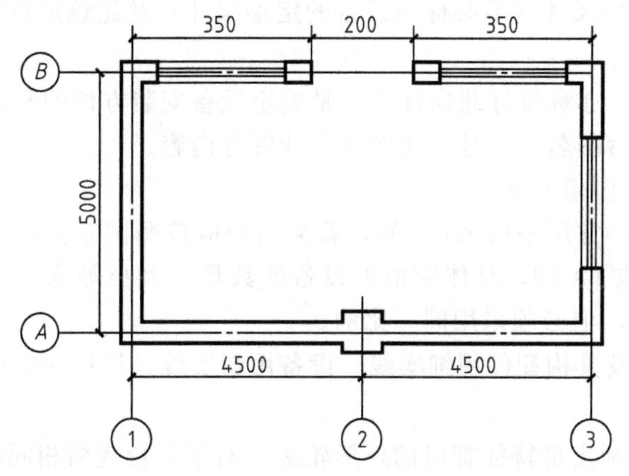

图 8-10 建筑图样的定位轴线及尺寸标注

表 8-10 常用建筑构配件图例（摘自 GB/T 50104—2010）

名称	图例	代号及说明	名称	图例	代号及说明
门		代号 M 剖视图中用双线（细实线），在立面图中两相交线表示开启方向，实线为外开，虚线表示内开，交点表示合页端	窗		代号 C 剖视图中用双线（细实线），在立面图中应表示窗开启方向
孔洞		—	坑槽		—
楼梯	顶层 下	—	栏杆		—

二、设备布置图

设备布置图是在简化的厂房建筑图基础上增加了设备布置内容的图样。用于指导设备的安装施工，并作为管路布置设计、安装施工的重要依据。

1. 分区

设备布置图是按照工艺主项绘制的，当装置界区范围较大且其中布置的设备较多时，可以将设备布置图分成若干区域绘制。在装置总图中表明各个分区的相对位置，分区范围线用细双点画线表示，并绘制分区索引图。

2. 设备布置图的内容

(1) 一组视图　表示厂房建筑的基本结构及设备在其内外的布置情况，包括平面图和剖面图。设备布置图通常以平面图为主，必要时辅之以剖面图。

(2) 尺寸及标注　通常注写与设备定位、布置有关的建筑物的尺寸，建筑物与设备、设备与设备之间的定位尺寸（不必标注设备的定形尺寸）及建筑定位轴线编号，设备位号及名称等。

(3) 安装方位标　亦称设计北向标志，是确定设备安装方位的基准。

(4) 标题栏　注写图名、图号、比例及设计者等内容。

3. 设备布置图的图示、画法

(1) 图幅与比例　常用采用 A1 图幅，若需加长应按照国家标准规定执行。常用比例为 1∶100、1∶200 或 1∶50，具体应根据设备的数量、大小等确定。对于体积较大的装置或主项可分段绘制，但必须采用同一比例。

(2) 画法　厂房及其构配件用细实线、设备用粗实线、厂房的定位轴线及设备中心线用细点画线绘制。

设备应按照比例画出带特征管口的外形轮廓。对于多台规格相同的设备，可只画出其中一台设备的外形，其余只画出基础或用细双点画线的方框表示即可。设备的支架及其安装基础等应用中粗实线画出基本轮廓。对于一台设备穿越多层建（构）筑物时，在每层平面图中均应画出设备的平面位置。

4. 设备布置图的标注

(1) 厂房建筑物的标注　按照建筑图样要求标注，应标注建筑物定位轴线及其外形与内部尺寸。

(2) 设备的标注　设备布置图中通常不标注设备的外形尺寸，只标注设备的定位尺寸。

在平面图中，通常选用厂房定位轴线作为设备定位尺寸的基准，立式设备以其中心定位，卧式设备以中心线及靠近厂房定位轴线一端的支座来定位。

在剖面图中，通常以厂房室内地面作为标高基准，需要标注立式设备的支承点、最高点及重要管口等的标高，卧式设备则需要标注其中心轴线的标高等。

设备的标高标注规定如下：

① 立式设备，如反应器、立式槽罐等，以支承点标高表示，即 POS EL×××.×××；

② 卧式设备，如换热器、卧式槽罐等，以中心线标高表示，即℄ EL×××.×××（℄中心线符号，是由 Centerline 中的字母 C 与 L 组合而成）；

③ 动设备，如泵、压缩机等，以主轴中心线标高表示，即℄ EL×××.×××；或者以设备底盘的底面（即基础顶面）标高表示，即 POS EL×××.×××；

④ 管廊或管架，以管架的架顶标高表示，即 TOS EL×××.×××。

(3) 安装方位标　亦称设计北向标志，是确定设备安装方位的基准。通常将其画在图纸的右上角，用以确定平面图中的方位。方位标用直径 20mm 的圆（细实线），画出水平、竖直中心线，并分别标注 0°、90°、180°、270°等字样。一般采用建筑北向（以“N”表示）作为零度方位基准。如图 8-11 所示。该方位一经确定，其余需要确定方位的图样，如管口方位图、管段图等均应保持一致。

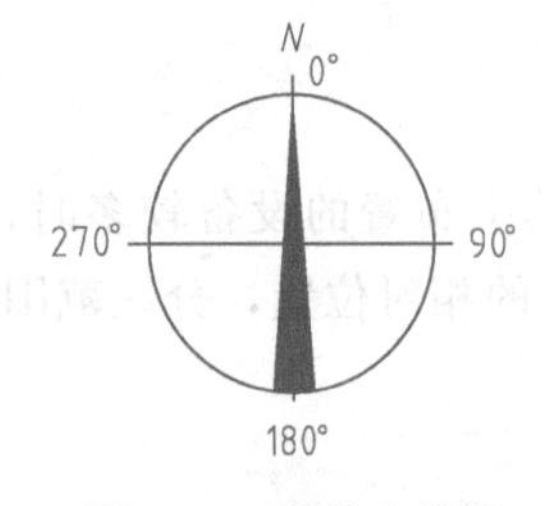

图 8-11　安装方位标

三、读设备布置图

设备布置图主要是确定设备与建筑物结构以及设备之间的定位情况。通过阅读设备布置图，了解设备在装置中的具体布置情况，针对设备的安装施工、操作、维修等，是管道布置的基础。与化工设备图不同，阅读设备布置图不需要对设备外形尺寸及其零部件投影进行分析。

1. 依据标题栏，了解设备布置的概况

设备布置图由一组平面图和剖视图组成，首先明确平面图和立面图的配置，进一步分析剖视图在平面上的剖切位置，弄清各个视图之间的关系。

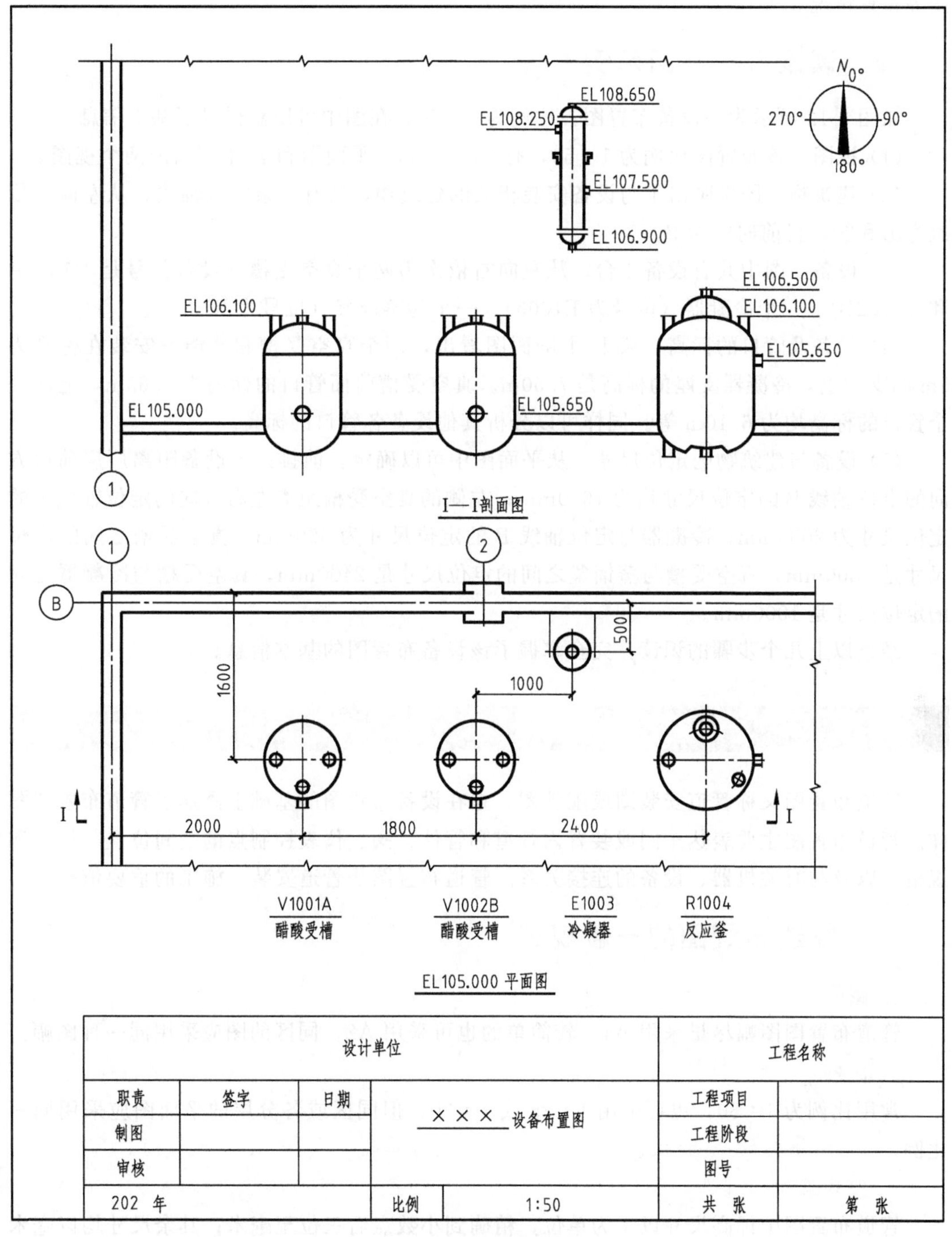

设计单位				工程名称	
职责	签字	日期	××× 设备布置图	工程项目	
制图				工程阶段	
审核				图号	
202 年			比例 1:50	共 张	第 张

图 8-12 设备布置图

2. 对照视图和尺寸，了解建筑物尺寸、结构及尺寸

通过对平面图和立面图的信息结合，对厂房结构进行分析，了解厂房的标高、楼板、墙、柱、梁、楼梯、门、窗及操作平台、坑、孔洞等结构，及它们之间的相对位置。

3. 分析设备的位置

对布置图中设备的排列方式、间距和定位尺寸进行分析，掌握设备的定位、安装及连接等布置情况。

四、读设备布置图示例

如图 8-12 所示为一设备布置图，比例为 1∶50，在图中可以获得以下基本信息。

(1) 视图　该布置图比例为 1∶50，有 EL105.000 平面图和Ⅰ-Ⅰ剖面图两个视图。

(2) 建筑物　图中画出了与设备安装相关的建筑物，共有 3 条定位轴线，从左向右依次为①和②，自前向后为 B。

(3) 设备　图中共有设备 4 台，从左向右依次为两个真空受槽（设备位号是 V1001A 和 V1002B)、一个冷凝器（位号为 E1003)、一个为蒸馏釜（位号为 R1003)。

(4) 设备及管口的标高　从Ⅰ-Ⅰ剖面图看出，两个真空受槽和蒸馏釜安装在标高为 5m 的支架上，冷凝器支座的标高是 7.50m。真空受槽前面管口的标高为 5.65m，上端三个管口的标高均为 6.10m 等。同样可以分析其他设备各管口的标高。

(5) 设备与建筑物的定位尺寸　从平面图中可以确定，前排三个设备距离厂房前后方向的定位轴线 B 的定位尺寸均为 1600mm；左侧的真空受槽距离左右方向的定位轴线①的定位尺寸为 2000mm；冷凝器与定位轴线 B 的定位尺寸为 500mm，真空受槽之间的定位尺寸是 1800mm，真空受槽与蒸馏釜之间的定位尺寸是 2400mm，真空受槽与冷凝器之间的定位尺寸是 1000mm。

经过以上几个步骤的识读，完全掌握了该设备布置图的基本信息。

第三节　管道布置图

管道布置图又称管道安装图或配管图，是在设备布置图的基础上添加了管道布置的图样。管道布置图主要表达车间或装置内管道和管件、阀、仪表控制点的空间位置、尺寸和规格，以及与有关机器、设备的连接关系。管道布置图是管道安装、施工的重要依据。

一、管道布置图的一般规定

1. 图幅

管道布置图图幅尽量采用 A1，较简单的也可采用 A2。同区的图应采用同一种图幅。

2. 比例

常用比例为 1∶50，也可采用 1∶25 或 1∶30，但同区或各分层的平面图应采用同一比例。

3. 尺寸单位

管道布置图中标高尺寸以米为单位，精确到小数点后三位至毫米；其余尺寸均以毫米为单位。管道公称直径以毫米为单位。以上单位可不必注明。

4. 分区

管道布置图应按照设备布置图或分区索引图所划分区域绘制。区域分界线用粗双点画线表示，在区域分界线的外侧标注分界线的代号、坐标、与该图标高相同的相邻部分的管道布置图图号。

二、管道布置图的内容

1. 一组视图

与设备布置图类似，按照正投影原理绘制的平面图、剖面图用以表达整个车间（装置）的建筑物、设备简单轮廓、管道及管件、仪表控制点等的布置安装情况。

管道布置图通常以车间（装置）或工段为单元，一般只绘制平面图，平面图中未能表达清楚的部分，辅之以剖面图或管道轴测图。平面图与剖面图的配置与设备布置图的配置应一致。多层建筑按照楼层绘制管道布置图，各层的平面图可以绘制在一张图纸上，也可分画在几张图纸上。

2. 尺寸、标注

包括以下几个方面。

(1) 视图　注明各视图名称。

(2) 建筑物　作为管道布置的定位基准，标注建筑定位轴线编号、间距尺寸以及地面、楼板、平台及构筑物的标高。

(3) 设备　标注出设备的位号（应与工艺流程图一致）、设备支承点或中心轴线的标高，剖面图内设备位号标注在设备近侧或设备内，并按照设备布置图标注设备的定位尺寸及管口代号。设备标高在设备中心线上方标注设备位号（应与工艺流程图一致），设备中心线下方标注设备标高，当以管道中心线为基准时，只标注设备标高的数值¢ EL×××.×××；当以设备基础的支承点为基准时，设备标高应标注为 POS EL×××.×××。

(4) 管道　以建筑定位轴线、设备中心线、设备管口法兰等为基准，标注管道的定位尺寸及标高。管道布置图中管道标高的标注规定如下：

① 通常用单线表示管道，在管道上方（用双线绘制的管道在中心线的上方）标注管道代号（与工艺流程图一致），正下方标注管道的标高；

② 标高以管道的中心线为基准时，只标注标高的数值 EL×××.×××；

③ 标高以管底为基准时，在标高数值之前添加管底代号 BOP，如 BOP EL×××.×××。

3. 方向标

在绘有平面图的图样右上角位置，表示管路安装方位基准的图标，应与设备布置图设计北向保持一致。

4. 标题栏

注写图名、图号、比例及设计者等内容。

三、管道及管件的图示方法

1. 管道的表示方法

管道的规定画法：在管道布置图中，公称通径 $DN \leqslant 350$mm（14 英寸）的管道，用单线绘制。公称通径 $DN \geqslant 400$mm（16 英寸）的管道，用双线绘制，如图 8-13 所示。

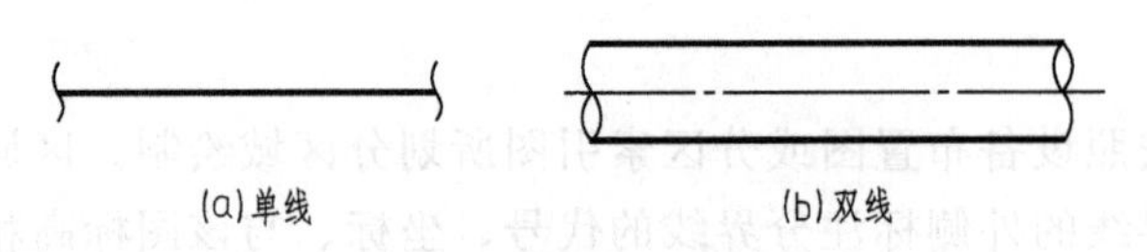

图 8-13 管道的表示方法

2. 其他管子的画法（参见表 8-11）

在管道布置图中，公称直径 $DN \leqslant 50\text{mm}$ 的弯头，一律画成直角，否则均应画成圆角。

管道通常通过 90°弯头实现转折，转折处用圆弧表示。为反映转折方向，规定：当转折方向与投射方向一致时，管线画入小圆心处；当转折方向与投射方向相反时，管线不画入小圆，仅在圆心出画一黑点。

表 8-11 各种管道的画法

名称	单线图			说明
	90°		大于 90°	
管道弯折	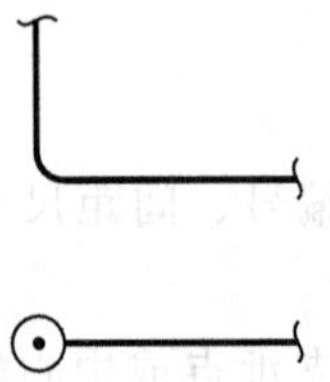	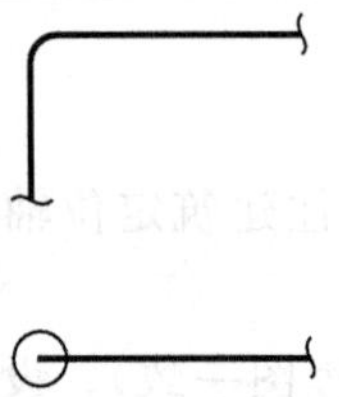	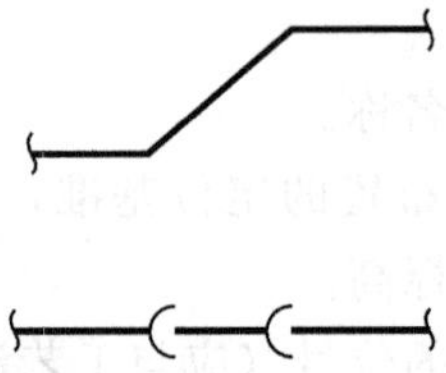	管道在图中只需画出一段时，应在中断处画出断裂符号
管道交叉	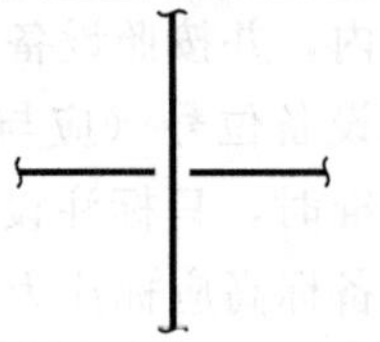			遵循“主不断辅断”或“先断后不断”的原则
管道重叠	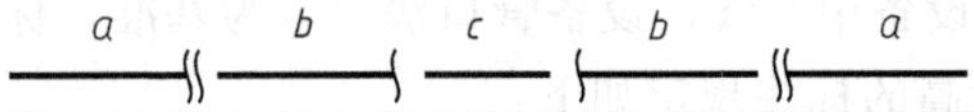 a b c b a			多根管道重叠时，遵循“先断后不断”的原则，并画出断裂符号

3. 管道连接的表示方法

当两段直管相连时，根据连接形式不同，其画法也不相同。常见的管道连接形式及画法见表 8-12。

表 8-12 管道连接的画法

名称	法兰连接	螺纹连接	承插连接	焊接连接
单线图	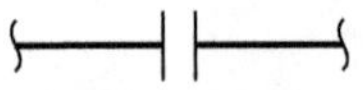	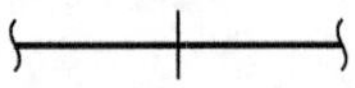	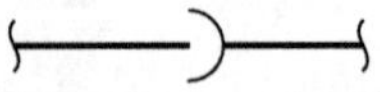	

化工生产中的工艺管路以法兰连接最为常见。高压管路采用焊接，陶瓷管、铸铁管、水泥管采用承插式连接，无缝钢管多采用螺纹连接。因此，无特殊必要时管道连接方式在图中并不画出，而是用文字在有关资料中（如明细栏、管口表等）加以说明。

4. 管件的表示方法

管道中除管子外，还有多种管件，包括弯头、三通等。对于常用的管件应按照 HG/T 20519.4—2009 中规定的图例绘制。无标准图例时可采用简单图形画出外形轮廓。

常见管件图例如表 8-13 所示。

表 8-13 管件的画法

名称	弯头	三通	四通	活接头	盲板法兰	堵头	同心异径管接头	偏心异径管接头
单线图								

常用阀门在管道中的安装方位，一般应在管道中用细实线画出，以闸阀为例，其三视图和正等轴测图画法如表 8-14 所示。

表 8-14 管件的画法

类别	三视图	轴测图	类别	三视图	轴测图
闸阀			止回阀		
截止阀			球阀		

5. 管架的表示方法

管道通常需要用各种形式的管架安装、固定在地面或构筑物上。管架在管道布置图中用符号表示，如表 8-14 所示，并在其旁边标注管架的编号，如表 8-15 所示。

表 8-15 管架的画法

名称	固定管架	导向管架	滑动管架	多管符合型管架
图示				

管架编号由五部分组成，标注的格式如图 8-14 所示。

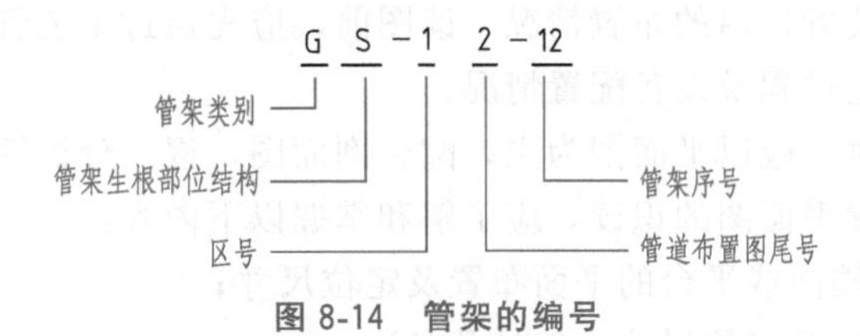

图 8-14 管架的编号

管架类别与管架生根部位结构的代号见表 8-16。

表 8-16 管架类别和管架生根部位的结构（摘自 GB/T 20519.4—2009）

管 架 类 别				管架生根部位结构			
名 称	代 号	名 称	代 号	结构名称	代 号	结构名称	代 号
固定架	A	吊 架	H	混凝土结构	C	地面基础	F

续表

管架类别				管架生根部位结构			
名 称	代 号	名 称	代 号	结构名称	代 号	结构名称	代 号
导向架	G	弹性吊架	S	钢结构	S	墙	W
滑动架	R	弹簧支座	P	设备	V	—	—

四、管道布置图的标注

1. 建（构）筑物的标注

在管道布置图中，建筑物通常被用作管道布置的定位基准，因此，在各视图中均应标注建筑物定位轴线的编号及各轴线之间的定位尺寸，标注方式与设备布置图相同。

2. 设备的标注

设备是管道布置的主要定位基准，因此，在管道布置图中应注出设备位号，其位号、标注方式与设备布置图相同。

3. 管道的标注

在管道布置图中应标注所有管道的定位尺寸、标高及管段编号，并以平面图为主，标注所有管道的定位尺寸。

① 管道的定位尺寸均以建（构）筑物的定位轴线、设备中心线、设备支承点、设备管口中心线、分区界线作为基准进行标注。平面图中以毫米为单位，剖面图中的标高以米为单位。

② 管道上方应标注与工艺流程图中一致的管道编号，下方标注管道标高，并在管道标记附近用实心箭头表示物料流向。

4. 管架及管件的标注

图中应标注管架的编号、定位尺寸及标高。管道上的附件通常不必标注尺寸。对有特殊要求的管件，应注明特殊要求或说明。

五、阅读管道布置图

阅读管道布置图主要为解决管道与设备之间的连接问题，并确定各条管道、管件、阀门及控制点在车间（装置）内的布置情况。读图前，应先通过工艺管道和仪表流程图、设备布置图了解生产工艺过程及设备配置情况。

阅读管道布置图时，应以平面图为主，配合剖面图，逐一分析管道的空间走向及布置情况。通过对管道布置平面图的识读，应了解和掌握以下内容：

① 厂房建筑各层楼面或平台的平面布置及定位尺寸；

② 设备的平面布置及定位尺寸、编号及名称；

③ 管道的平面布置、定位尺寸、编号、规格及介质流向等；

④ 管件、管架、阀门及仪表控制点等的种类及平面位置。

通过对管道布置立面图的识读，应了解和掌握以下内容：

① 厂房建筑各层楼面或平台的立面结构及标高；

② 设备的立面布置情况、标高、编号及名称；

③ 管道的立面布置情况、标高、编号、规格及介质流向等；

④ 管件、管架、阀门及仪表控制点等的立面布置和高度位置。

阅读管道布置图的基本方法和步骤如下：

现以图 8-15 为例，说明管道布置图的步骤。

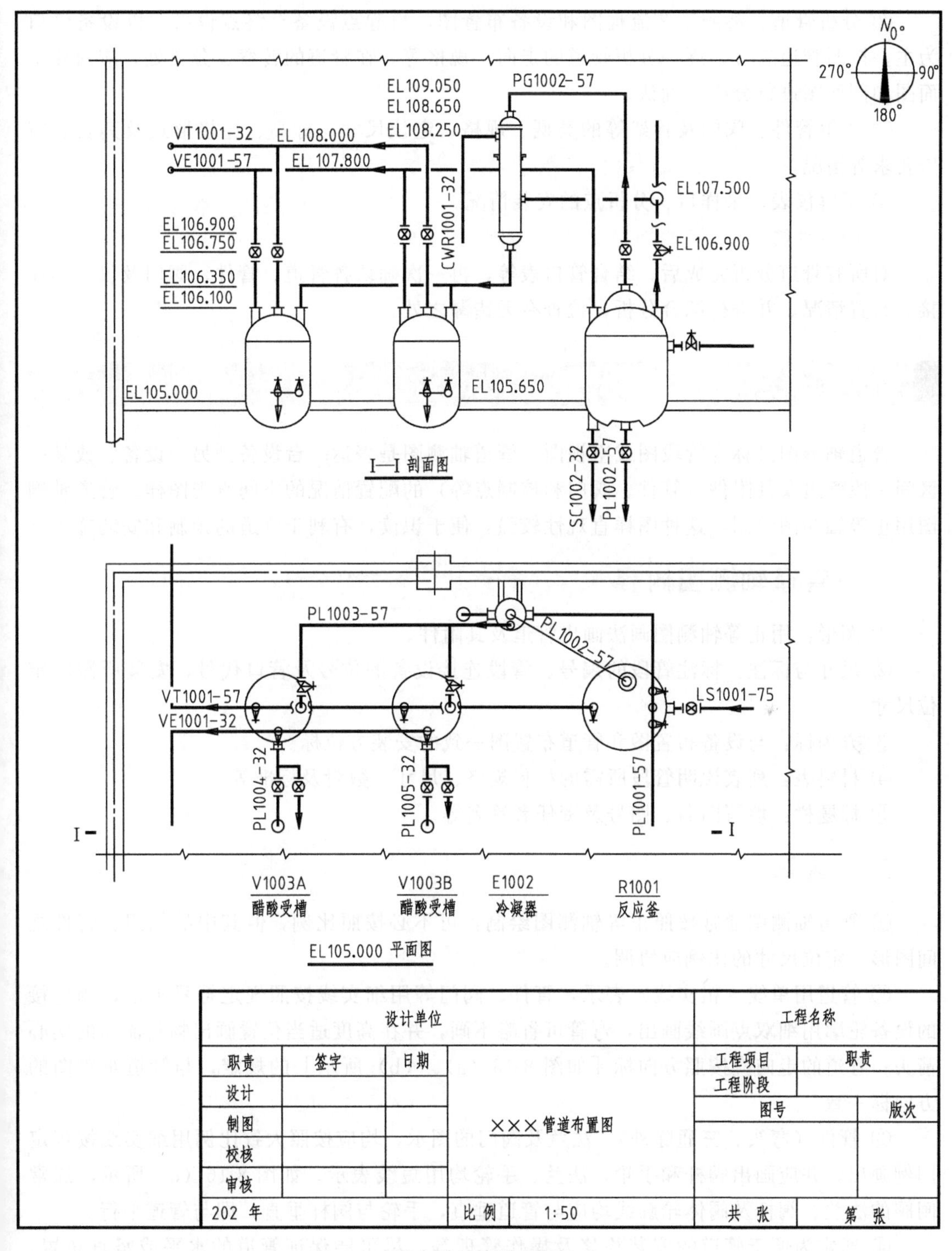

图 8-15 管道布置图

1. 概括了解

结合标题栏、视图名称及标注先了解管道平面图、剖面图的配置、视图数量等。

2. 详细分析

① 了解厂房建筑、设备的布置、定位尺寸及管口方位等。

② 分析管道：参照工艺流程图和设备布置图，自起点设备至终点设备，以设备管口为主，按照管道编号，逐一分析管道的走向、规格等。在管道的转弯、分支处，应对照平面图和剖面图进行分析、确认。

③ 了解管件、阀门及管架等的类型、规格、定位尺寸、标高、连接形式及其安装特殊要求等情况。

④ 了解仪表、采样口、分析点的安装情况。

3. 归纳总结

对所有管道分析完成后，结合管口表等，再一次确认各管道、管件、阀门及仪表的连接、布置情况，并进行综合分析，检查有无错漏之处。

第四节 管道轴测图

管道轴测图又称为管段图或空视图。管道轴测图是表达一台设备到另一设备、或某一区间一段管道及其附件（管件、阀门和控制点等）的配置情况的空间直观图样。管道轴测图用正等轴测图绘制，这种图样直观性较强，便于识读，有利于管道的预制和安装施工。

一、管道轴测图内容

① 图形：用正等轴测图画法画出管道及其附件。

② 尺寸与标注：标注管段的编号、管段连接设备的位号及管口代号，安装所需的定位尺寸。

③ 方为标：与设备布置图和管道布置图一致的安装方位标。

④ 材料表：列表说明管段所需的材料规格、尺寸、数量及标准等。

⑤ 标题栏：填写图名、图号及责任者签名等。

二、画法

① 管道轴测图通常按照正等轴测图绘制，可不必按照比例，但其中的阀门、管件之间图形、定位尺寸的比例应协调。

② 管道用单线（粗实线）表示，管件、阀门等用细实线按照规定符号画出，相连接的设备轮廓用细双点画线画出，弯管可省略不画，并在高度适当位置画出物料流向的实心箭头；管道的走向应按照方向标［如图 8-16（a）、（b）所示］的规定，与管道布置图的方向标一致。

③ 管件（弯头、三通除外）、法兰及阀门的图示，均应按照大致比例用细实线按规定图例画出，并应画出阀杆和手轮，法兰、手轮均用短线表示。如图 8-16（c）所示，通常闸阀的法兰、阀杆及阀体轮廓线均应与管道垂直，手轮与阀杆垂直，即与管道平行。

④ 通常为便于管道的安装检修及操作管理等，尽可能保证管道的水平或竖直布置，即管道走向与三个轴测轴平行（上下、左右或前后方向）。

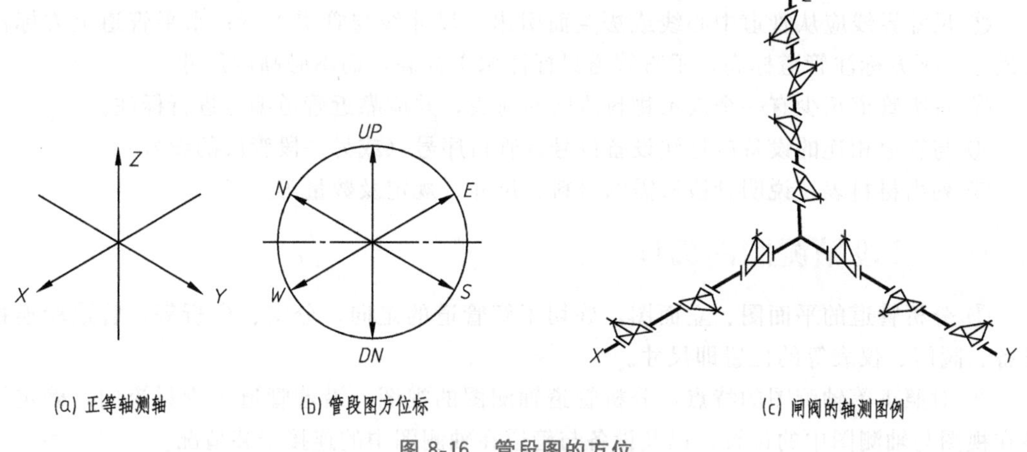

(a) 正等轴测轴　(b) 管段图方位标　(c) 闸阀的轴测图例

图 8-16　管段图的方位

有时为了避让或工艺、施工的特殊情况下，管道必须倾斜布置，这样的管道称为偏置管。在平面内的偏置管，用对角平面表示，并标注两个方向的偏移尺寸或角度，如图 8-17 (a) 所示。对于空间偏置管，可画出偏置管所在的立体轮廓，并标注偏移尺寸和标高，如图 8-17 (b) 所示。

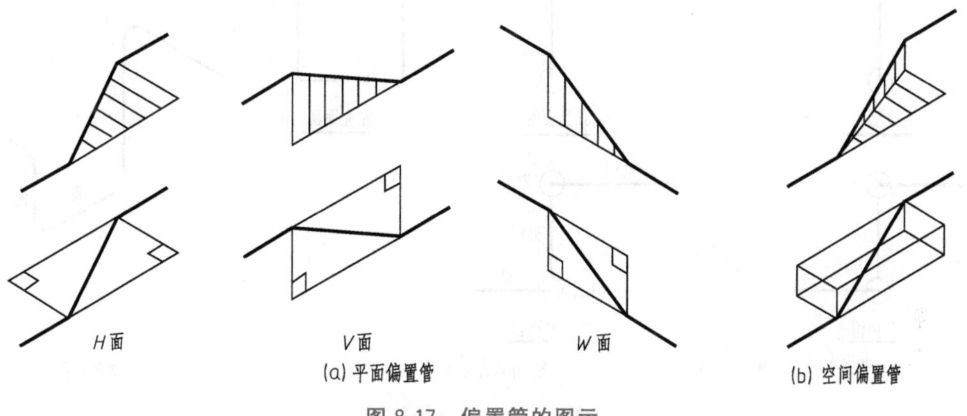

(a) 平面偏置管　(b) 空间偏置管

图 8-17　偏置管的图示

⑤ 管道的连接方式不同，画法也不同。如图 8-18 所示，法兰连接用两条短线表示，焊接用圆点表示，螺纹连接和承插连接均用一条短线表示。

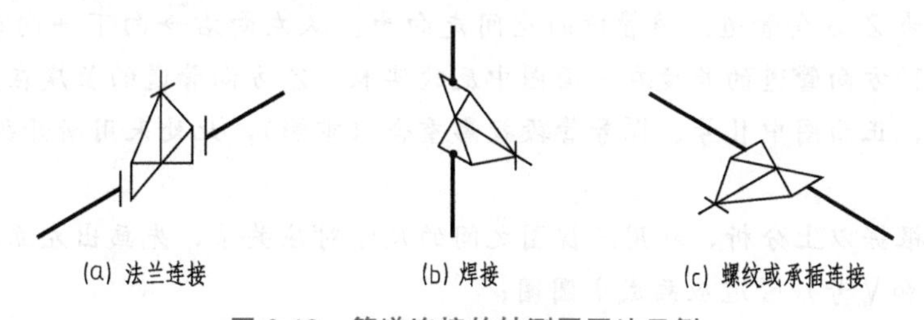

(a) 法兰连接　(b) 焊接　(c) 螺纹或承插连接

图 8-18　管道连接的轴测图画法示例

三、尺寸与标注

① 包括管道、管件、阀门等为满足施工、安装精准所需的全部尺寸；阀门的阀杆应

标注其安装方位，若阀杆不在正坐标轴方向，应标注出阀杆的角度。

② 尺寸界线应从管道中心线或法兰面引出，尺寸线与管道平行；水平管道上方标注管道号，下方标注管道标高，垂直管道只标注水平标高，而不必高度尺寸。

③ 每级管道至少有一个表示物料流向的箭头，并应靠近管道编号进行标注。

④ 与管道相连的设备应标注设备位号、管口序号（或另一段管段的编号）。

⑤ 列出材料表，说明管段所需的材料、尺寸、规定及数量等。

四、管段轴测图的阅读

① 分析管道的平面图、立面图，确切了解管道的走向、分支、弯折等，管道所连接设备、阀门、仪表等的位置即尺寸。

② 对照正等轴测图的特点，分析管道轴测图的视图，沿着管道中物料流向，确定设备在视图与轴测图中的位置，以及设备与管道在轴测图中的连接安装情况。

【例 8-1】 已知一管路的平、立面图，如图 8-19（a）所示，试分析其走向，并画出左立面图及轴测图。

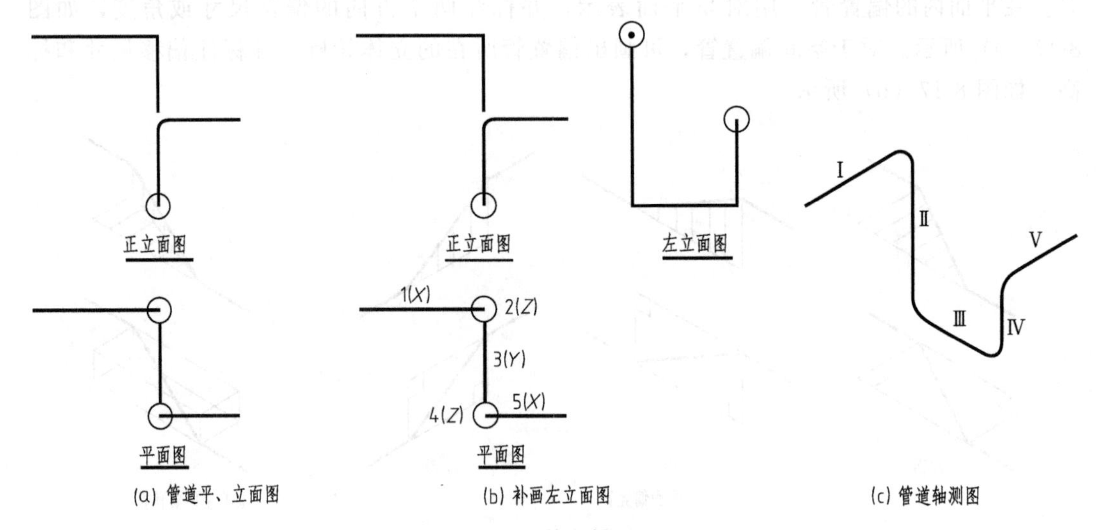

图 8-19 管段轴测图

分析：先从平面图入手，为方便区分，按照自左向右的顺序给管段编号，并确定管段的走向。如图 8-19（b）中平面图所示，平面图中水平线为 X 方向管道，竖直线为 Y 方向管道，小圆圈为 Z 方向管道。该管段的空间走向为：从左向右→向下→向前→向上→向右。其中 X、Y 方向管道的长度在平面图中反映实长，Z 方向管道的长度在正立面图中反映实长。另外，正面图中Ⅱ号、Ⅳ号管段投影重合（重影），此处采用断开画法。

作图：

步骤一：根据以上分析，利用三视图之间的尺寸对应关系，先画出左立面图，其中的 X 方向（Ⅰ号和Ⅴ号）管道应画成小圆圈；

步骤二：根据正等测图的方向标，对应管段的编号、走向及长度，按照顺序依次画出Ⅰ—Ⅴ管段轴测图，并用弯管连接，如图 8-19（c）所示。

【例 8-2】 已知一管路的平、立面图，如图 8-20（a）所示，试分析其走向，并画出轴测图。

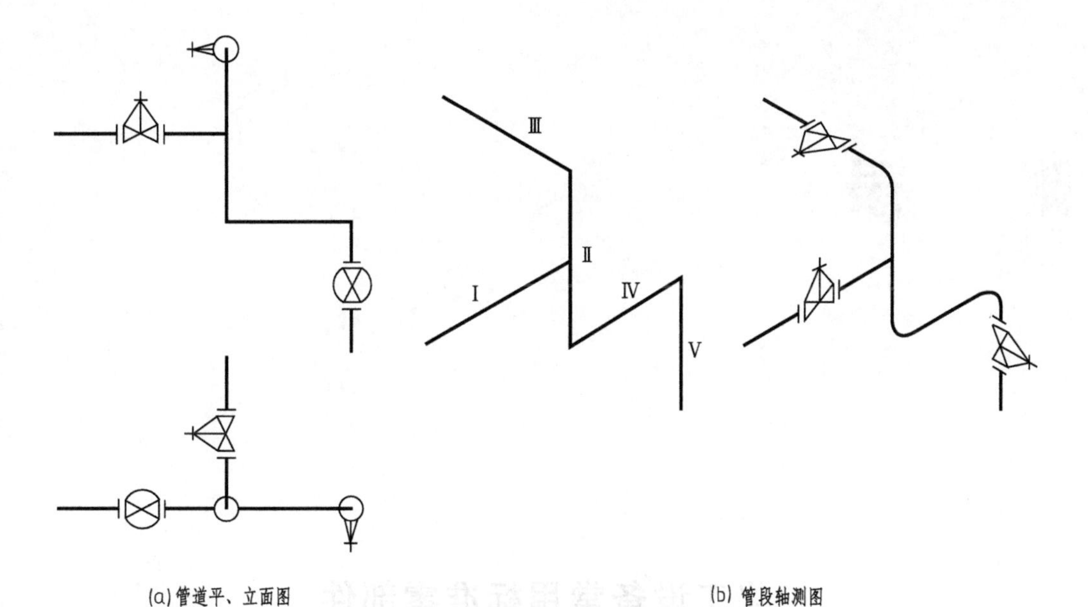

(a)管道平、立面图　　(b)管段轴测图

图 8-20　管段的轴测图

分析：先从平面图入手，按照自左向右的顺序给管段编号Ⅰ—Ⅴ，并确定管段的走向。如图 8-19（b）中平面图所示，该管段的空间走向为：其中一段从左向右→向下→向右→向下，另一段为从后向前。另外，管段中有三个阀门，从正面图中可以确定Ⅰ号管段中阀门的手轮向上，Ⅲ号管段中阀门的手轮向左，从平面图中可以确定Ⅴ号管段中阀门的手轮向前。

作图：

步骤一：根据以上分析，利用三视图之间的尺寸对应关系，根据正等测图的方向标，对应管段的编号、走向及长度，按照顺序依次画出Ⅰ—Ⅴ管段轴测图；

步骤二：根据阀门所在管段走向及手轮方向，按照顺序依次画出阀门轴测图，并用弯管连接，如图 8-20（b）中轴测图所示。

管道轴测图表达范围仅限于一段管道，反映的只是局部，因此，管道轴测图往往与设备布置图、管道布置图等配合，以反映整个装置（车间）设备与管道安装布置的全貌。

本章小结

本章主要介绍了化工工艺图的基础知识和一般规则。主要知识点归纳如下：

1. 工艺流程图中设备、管道、阀门及仪表等的画法、标记。
2. 建筑图样的基本知识，包括视图、尺寸及标注等。
3. 设备布置图、管道布置图以及管道轴测图的视图、画法、尺寸及标注等。
4. 工艺流程图、设备布置图、管道布置图以及管道轴测图内容及读图。

附录

化工设备常用标准零部件

附表 1　椭圆形封头（摘自 GB/T 25198—2010）　　mm

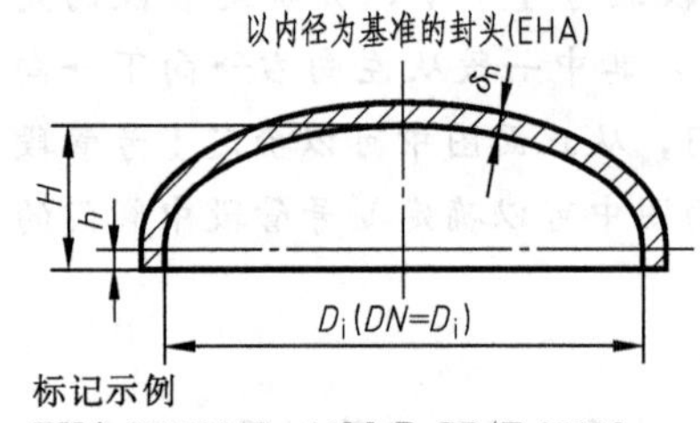

以外径为基准的封头(EHB)

DN—公称直径
D_i—内径；D_o—外径
H、H_0—封头高度
δ_n—封头名义厚度
H—直边高度（$DN\leqslant2000$ 时，$H=25$；$DN>2000$ 时，$H=40$）

标记示例

EHA 2000×12—16MnR GB/T 25198

（公称直径 2000mm、名义厚度 12mm、材质 16MnR、以内径为基准的椭圆形封头）

以内径为基准的椭圆形封头/EHA					
公称直径 DN	总深度 H	名义厚度 δ_n	公称直径 DN	总深度 H	名义厚度 δ_n
300	100	2～8	1600	425	6～32
350	113		1700	450	8～32
400	125	3～14	1800	475	
450	138		1900	500	
500	150	3～20	2000	525	
550	163		2100	565	
600	175		2200	590	
650	188		2300	615	10～32
700	200		2400	640	
750	213		2500	665	
800	225	4～28	2600	690	
850	238		2700	715	
900	250		2800	740	
950	263		2900	765	
1000	275		3000	790	
1100	300	5～32	3100	815	12～32
1200	325		3200	840	
1300	350	6～32	3300	865	16～32
1400	375		3400	890	
1500	400		3500	915	

续表

以内径为基准的椭圆形封头/EHB					
公称直径 DN	总深度 H_0	名义厚度 δ_n	公称直径 DN	总深度 H_0	名义厚度 δ_n
159	65	4～8	325	106	6～12
219	80	5～8	377	119	8～14
273	93	6～12	426	132	
厚度系列	2,4,5,6,8,10,12,14,16,18,20,22,24,26,28,30,32				

附表 2　板式平焊钢制管法兰和法兰盖（摘自 HG/T 20292—2009）

板式平焊钢制管法兰

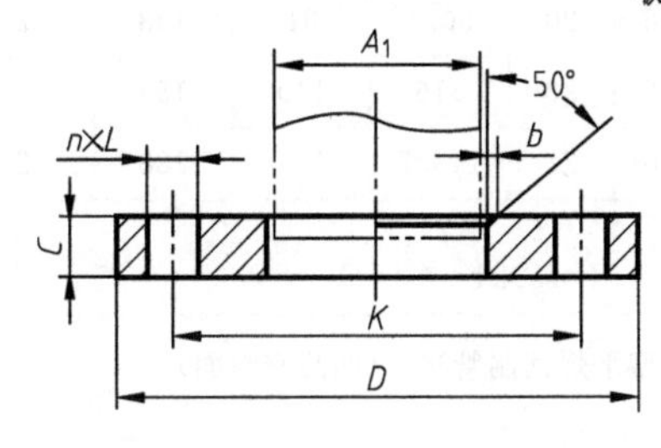

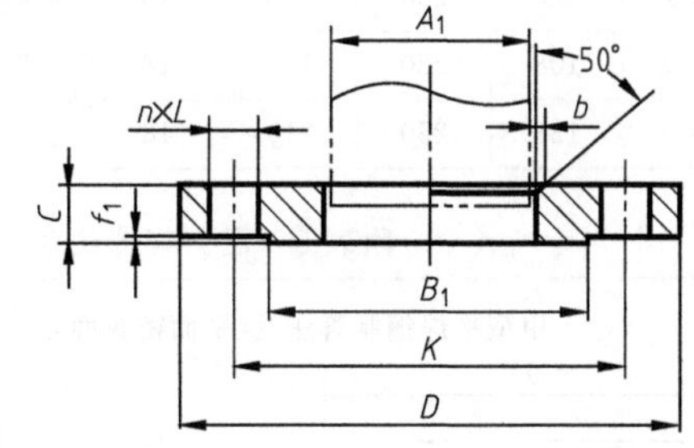

法兰盖

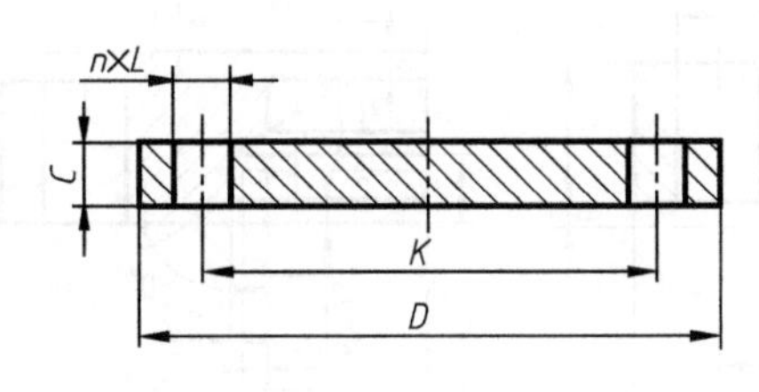

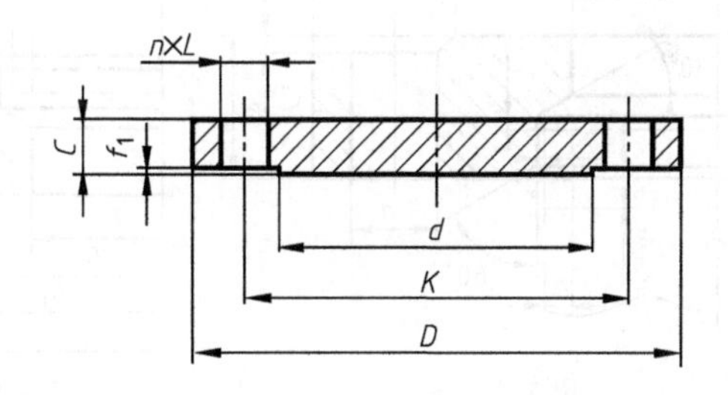

标记示例

HG/T 20592 法兰 PL 250 (B)-6 RF Q235A

（公称尺寸 DN＝250mm、公称压力 PN＝0.6MPa、配用公制管的突面板式平焊法兰、其材料为 Q235A）

HG/T 20592 法兰盖 PL 250 (B)-6 FF Q235A

（公称尺寸 DN＝250mm、公称压力 PN＝0.6MPa、配用公制管的全平面法盖兰、其材料为 Q235A）

PN6 板式平焊钢制管法兰　　mm

公称尺寸 DN	钢管外径 A_1		连接尺寸					法兰与法兰盖厚度	法兰内径 B_1		密封面直径	密封面厚度	坡口宽度
	A	B	法兰外径 D	螺栓孔中心圆直径 K	螺栓孔直径 L	螺栓孔数量 n/个	螺栓规格 Th		A	B	d	f_1	b
50	60.3	57	140	110	14	4	M12	16	61.5	59	90	2	0
65	76.1	76	160	130	14	4	M12	16	77.5	78	110	2	0
80	88.9	89	190	150	18	4	M16	18	90.5	91	128	2	0
100	114.3	108	210	170	18	4	M16	18	116	110	148	2	0
PN10 板式平焊钢制管法兰　mm													
50	60.3	57	140	110	14	4	M12	16	61.5	59	90	2	0
65	76.1	76	160	130	14	4	M12	16	77.5	78	110	2	0
80	88.9	89	190	150	18	4	M16	18	90.5	91	128	2	0
100	114.3	108	210	170	18	4	M16	18	116	110	148	2	0
125	60.3	57	140	110	14	4	M16	16	61.5	59	90	2	0

续表

公称尺寸 DN	钢管外径 A_1		连接尺寸					法兰与法兰盖厚度	法兰内径 B_1		密封面直径	密封面厚度	坡口宽度
	A	B	法兰外径 D	螺栓孔中心圆直径 K	螺栓孔直径 L	螺栓孔数量 n /个	螺栓规格 Th		A	B	d	f_1	b
*PN*16 板式平焊钢制管法兰													mm
50	60.3	57	165	125	18	4	M16	19	61.5	59	102	2	5
65	76.1	76	185	145	18	8	M16	20	77.5	78	122	2	6
80	88.9	89	200	160	18	8	M16	20	90.5	91	138	2	6
100	114.3	108	220	180	18	8	M16	22	116	110	158	2	6
125	139.7	133	250	210	18	8	M16	22	143.5	135	188	2	6

附表 3 压力容器法兰（摘自 NB/T 47021—2012）

甲型平焊钢制管法兰(平面密封面)　　甲型平焊钢制管法兰(凹凸密封面)

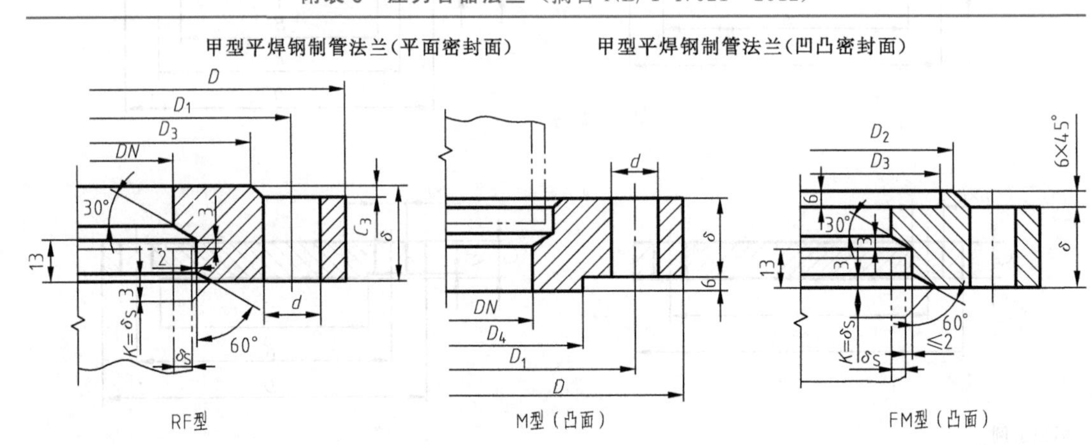

公称直径 DN/mm	法兰/mm							螺柱	
	D	D_1	D_2	D_3	D_4	δ	d	规格	数量
PN=0.25MPa									
1000	1130	1090	1055	1045	1042	40	23	M16	32
1100	1230	1190	115	1141	1138	40	23	M16	32
1200	1330	1290	1255	1241	1238	44	23	M16	36
1300	1430	1390	1355	1341	1338	46	23	M20	40
1400	1530	1490	1455	1441	1438	46	23	M20	40
1500	1630	1590	1555	1541	1538	48	23	M20	44
PN=0.6MPa									
700	830	790	755	745	742	36	23	M20	24
800	930	890	855	845	842	40	23	M20	24
900	1030	990	955	945	942	44	23	M20	28
1000	1130	1090	1055	1045	1042	48	23	M20	32
1100	1190	1155	1155	1141	1138	55	23	M20	40
1200	1290	1255	1255	1241	1238	60	23	M20	48

续表

公称直径 DN/mm	法兰/mm							螺柱	
	D	D_1	D_2	D_3	D_4	δ	d	规格	数量
PN=1.0MPa									
450	565	530	500	490	487	34	18	M16	24
500	630	590	555	545	542	34	23	M20	20
550	680	640	605	595	592	38	23	M20	24
600	730	690	655	645	642	40	23	M20	24
650	750	740	705	705	692	44	23	M20	28
700	830	790	755	745	742	46	23	M20	32
800	930	890	855	845	842	54	23	M20	40
900	1030	990	955	945	942	60	23	M20	48
PN=1.6MPa									
300	430	390	355	345	342	30	23	M20	16
350	480	440	405	395	392	32	23	M20	16
400	530	490	455	445	442	36	23	M20	20
450	580	540	505	495	492	40	23	M20	24
500	630	590	555	545	542	44	23	M20	28
550	680	640	605	595	592	50	23	M20	36
600	730	690	655	645	642	54	23	M20	40
650	780	740	705	695	692	58	23	M20	44

附表 4　压力容器法兰（摘自 NB/T 47022—2012）

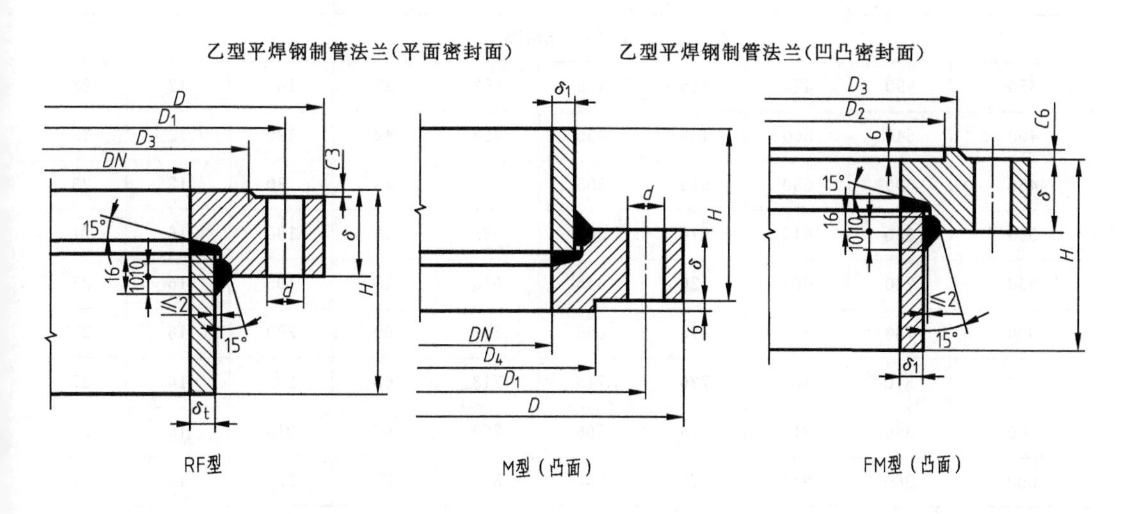

续表

公称直径 DN/mm	法兰(mm)							螺柱	
	D	D_1	D_2	D_3	D_4	δ	d	规格	数量
PN=0.25MPa									
2600	2760	2715	2676	2656	2653	96	345	16	27
2800	2960	2915	2876	2856	2853	102	350	16	27
3000	3160	3115	3076	3056	3053	104	355	16	27
PN=0.6MPa									
1500	1660	1615	1576	1556	1553	74	270	16	27
1600	1760	1715	1676	1656	1653	76	275	16	27
1700	1860	1815	1776	1756	1753	78	280	16	27
1800	1960	1915	1876	1856	1853	80	280	16	27
PN=1.0MPa									
1500	1660	1615	1576	1556	1553	78	275	16	27
1600	1760	1715	1676	1656	1653	82	280	16	27
1700	1860	1815	1776	1756	1753	88	280	16	27
1800	1960	1915	1876	1856	1853	94	290	16	27
PN=1.6MPa									
1000	1160	1115	1076	1066	1063	66	260	16	27
1100	1260	1215	1176	1156	1153	76	270	16	27
1200	1360	1315	1276	1256	1253	85	280	16	27
1300	1460	1415	1376	1356	1353	94	290	16	27
1400	1560	1515	1476	1456	1453	103	295	16	27
PN=2.5MPa									
350	490	450	415	405	402	37	185	12	23
400	540	500	465	455	452	42	190	12	23
450	590	550	515	505	502	43	180	12	23
500	660	615	576	566	563	43	190	16	27
550	710	665	626	616	613	45	195	16	27
600	760	715	676	666	663	50	200	16	27
650	810	765	726	716	713	60	205	16	27
700	860	815	776	766	763	66	210	16	27
800	960	915	876	866	863	77	220	16	27

附表 5　耳式支座（摘自 JB/T 4712.3—2007）

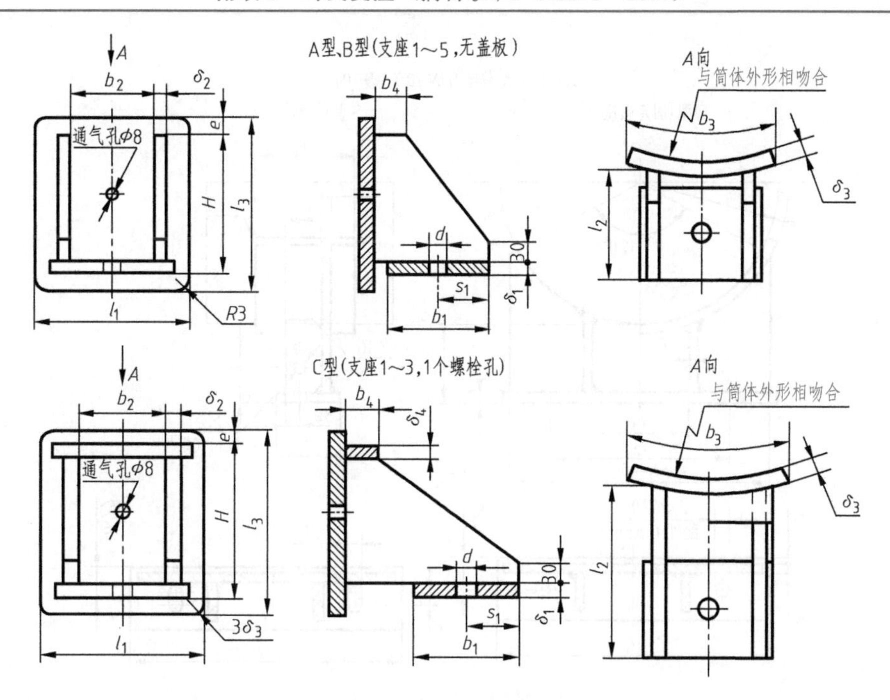

标记示例

HG/T 20592 法兰 PL 250 (B)-6 RF Q235A

（公称尺寸 DN＝250mm、公称压力 PN＝0.6MPa、配用公制管的突面板式平焊法兰、其材料为 Q235A）

支座号			1	2	3	4	5	6	7	8
容器直径			300～600	500～1000	700～1400	1000～2000	1300～2600	1500～3000	1700～3400	2000～4000
高度 H			125	160	200	250	320	400	480	600
底板	l_1		100	125	160	200	250	320	375	480
	b		60	80	105	140	180	230	280	360
	δ_1		6	8	10	14	16	20	22	26
	s_1		30	40	50	70	90	15	130	145
肋板	l_2	A、AN 型	80	100	125	160	200	250	300	380
		B、BN 型	160	180	205	290	330	380	430	510
	δ_2	A、AN 型	4	5	6	8	10	12	14	16
		B、BN 型	5	6	8	10	12	14	16	18
	b_2		70	90	110	140	180	230	280	350
垫板	l_3		160	200	250	315	400	500	600	720
	b_3		125	160	200	250	320	400	480	600
	δ_3		6	6	8	8	10	12	14	16
	e		20	24	30	40	48	60	70	72
地脚螺栓规格			M20	M20	M24	M24	M24	M30	M30	30

注：A、B 型支座号 1～5 无盖板；C 型支座号 4～8 为双螺栓孔，其中心距为 c。

附表6 鞍式支座（摘自 JB/T 4712.1—2007）

mm

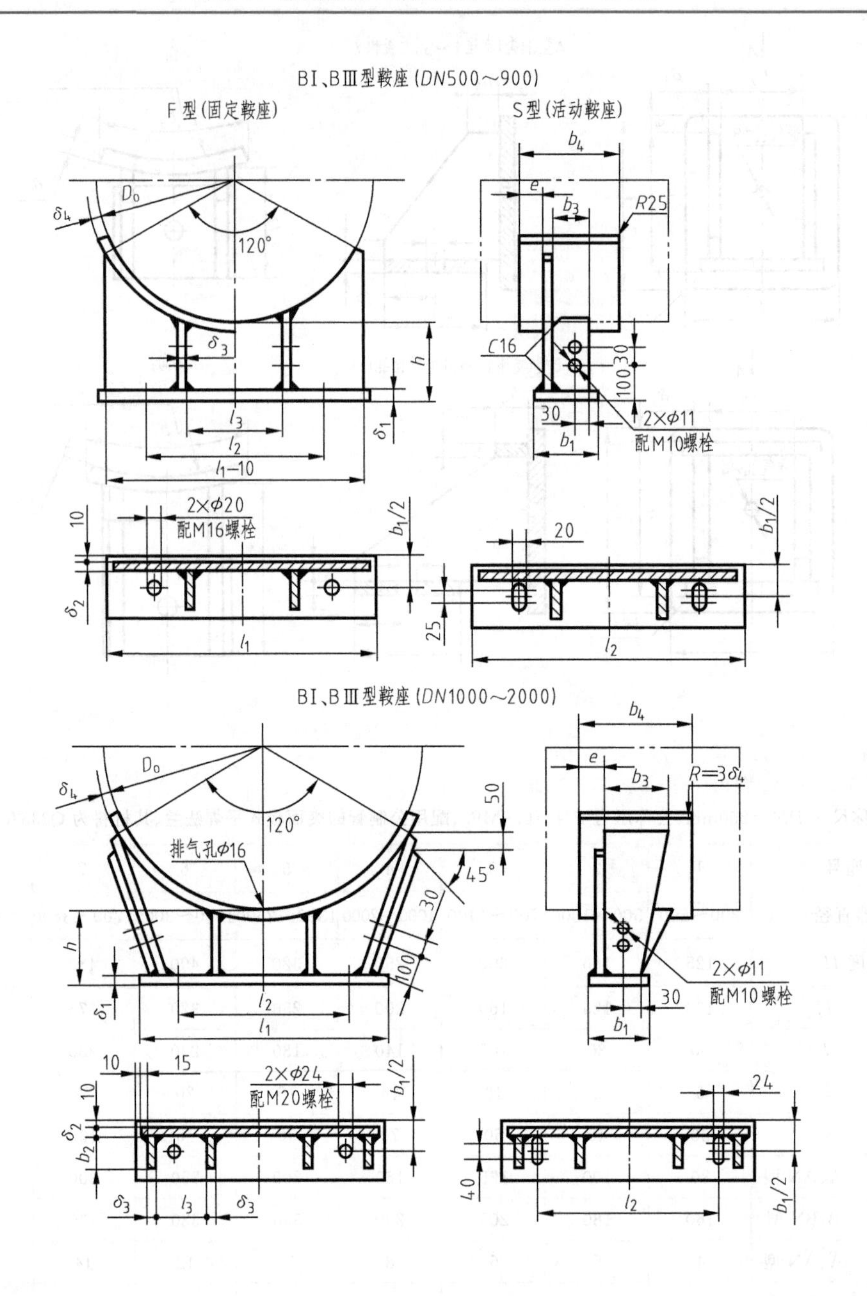

标记示例：JB/T 4712.1—2007 鞍座 BⅢ 1000-S

（公称尺寸 DN1000mm、120°包角、重型、带垫板、标准高度的焊制活动鞍座）

鞍座型式	公称直径 DN	鞍座高度 h	底板			腹板	肋板				垫板				螺栓间距 l_2
			l_1	b_1	δ_1	δ_2	l_3	b_2	b_3	δ_3	弧长	b_4	δ_4	e	
DN500～900	700	200	640	150	10	8	350	—	120	8	830	200	6	36	460
	800		720			10	400	—		10	940				530
	900		810				450	—			1060				590

续表

鞍座型式	公称直径 DN	鞍座高度 h	底板			腹板	肋板				垫板				螺栓间距 l_2
			l_1	b_1	δ_1	δ_2	l_3	b_2	b_3	δ_3	弧长	b_4	δ_4	e	
DN1000~2000	1200	200	880	170	10/12	6/8	200	140	180	6/10	1410	270	6/8	40	720
	1300		940				215				1520				780
	1400		1000			6/10	230				1640				840
	1500	250	1060	200	12/16	8/10	242	170	230	8/12	1760	320	8/10		900
	1600		1120				257				1870				960
	1700		1200				277				1990				1040
	1800		1280	220		8/12	296	190	260		2100	350			1120
	1900		1360				316				2220				1200
	2000		1420				331				2330				1260

附表 7　人孔与手孔　　mm

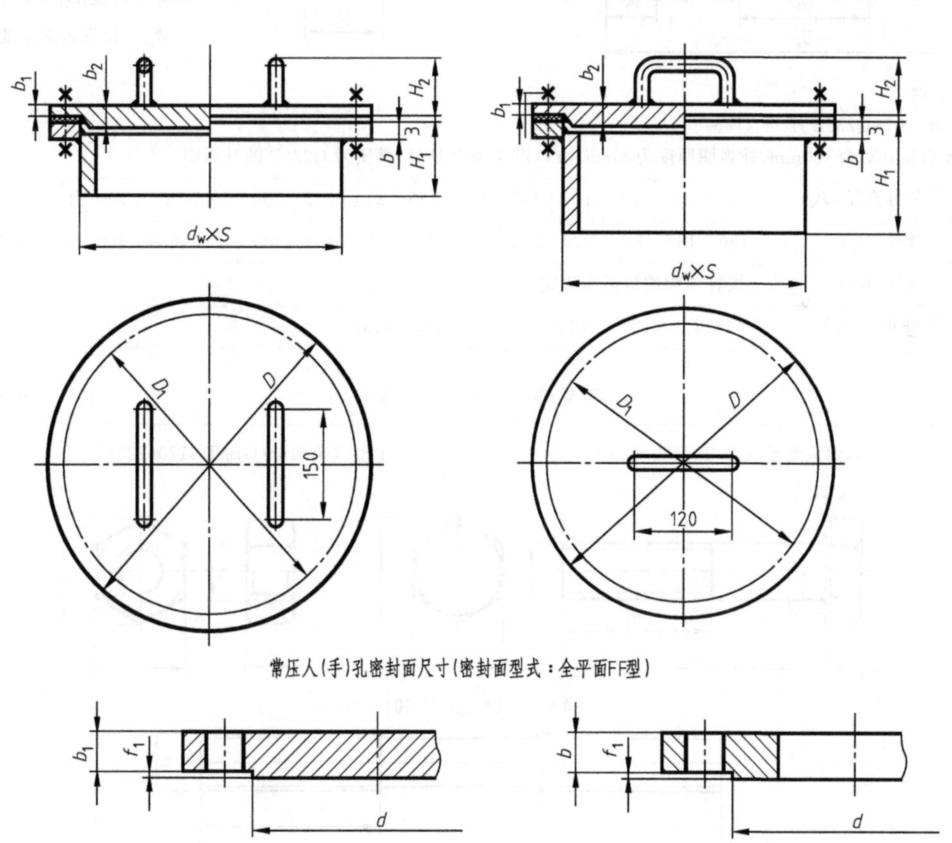

标记示例

人孔 Ib(A-XB350)450　HG/T 21515

(公称直径 450mm、H_1 为 160、Ⅰ类材料、采用石棉橡胶板垫圈的常压人孔)

续表

公称直径 DN	$d_W \times S$	D	D_1	B	b	b_1	b_2	H_1	H_2	螺栓		密封面尺寸	
										数量	规格	d	f_1
150	159×4.5	235	205	120	10	6	8	100	72	8	M16×40	202	2
250	273×6.5	350	320	120	12	8	10	120	74	12	M16×45	312	2
(400)	426×6	515	480	250	14	10	12	150	90	16	M16×50	465	2
450	480×6	570	535	250	14	10	12	160	90	20	M16×50	520	2
500	530×6	620	585	300	14	10	12	160	90	20	M16×50	570	2
600	630×6	720	685	300	16	12	14	180	92	24	M16×55	670	2

附表 8 补强圈（摘自 HG/T 20292—2009）

mm

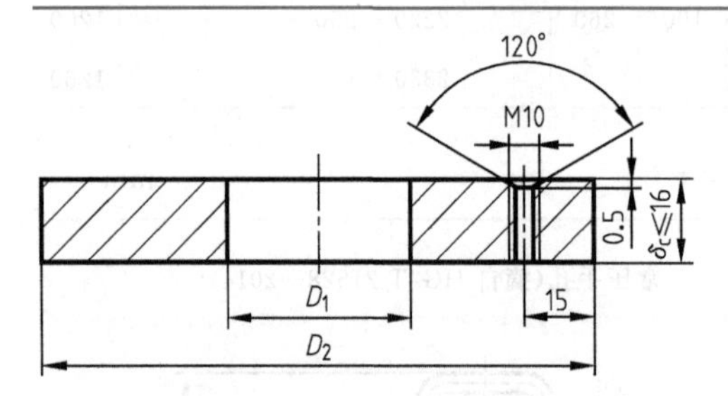

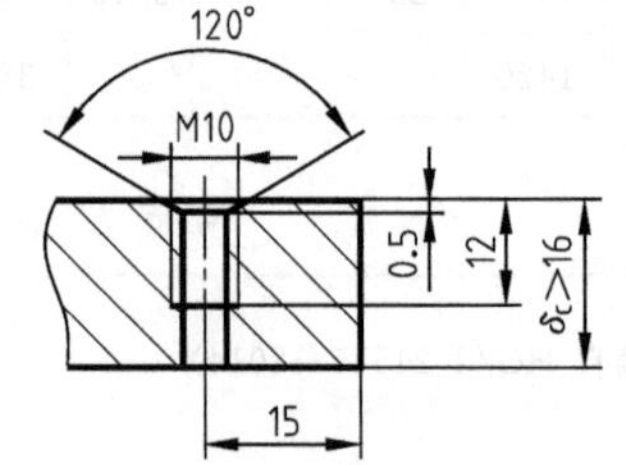

D_1—补强圈内径
D_2—补强圈外径
dN—接管公称直径
d_o—接管外径
δ_c—补强圈厚度
δ_n—壳体开孔处名义厚度
δ_{nt}—接管名义厚度

标记示例

dN100×8-D-Q235B JB/T 4736

（接管直径 dN 为 100mm、补强圈厚度为 8mm、坡口形式采用 D 型、材质为 Q235B 的补强圈）

接管公称直径(d_N)	50	65	80	100	125	150	175	200	225	250	300	350	400	450	500	600
外径(D_2)	130	160	180	200	250	300	350	400	440	480	550	620	680	760	840	980
内径(D_1)	按补强圈坡口类型确定															
厚度系列(δ_c)	4、6、8、10、12、14、16、18、20、22、24、26、28、30															

附表 9 管法兰用紧固件

mm

六角头螺栓(GB/T 5782—2016)

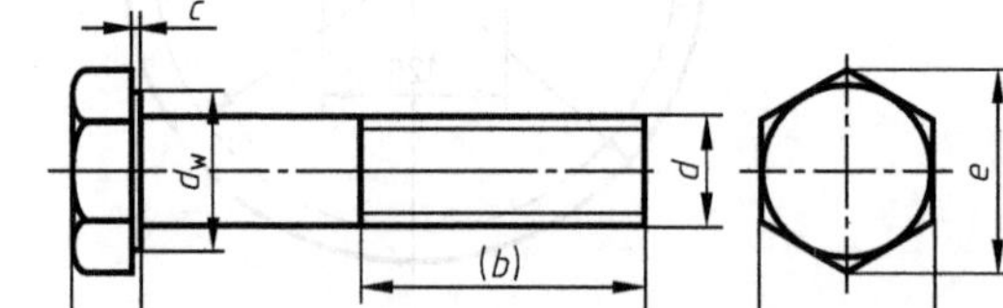

Ⅰ型六角螺母(GB/T 6170—2015)

等长双头螺柱(GB/T 901—1988)

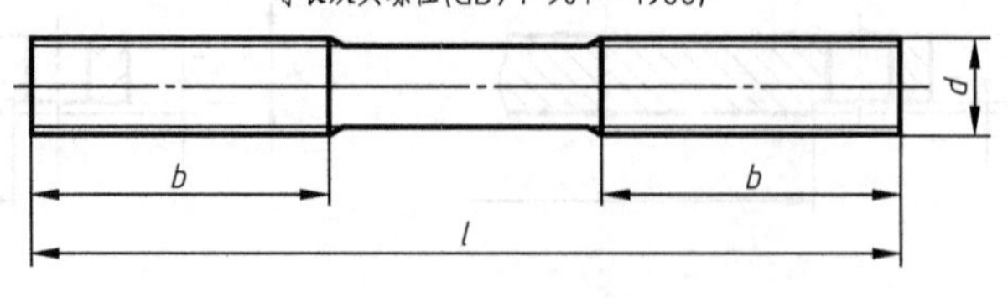

标记示例

螺栓 GB/T 5782 M10×60

（螺纹规格为 M10、公称长度 l=60mm、产品等级为 A 级的六角头螺栓）

续表

六角头螺栓							
螺纹规格 d		M10	M12	M16	M20	M24	M30
$b_{(参考)}$	$l_{(公称)} \leqslant 125$	26	30	38	46	54	66
	$125 < l_{(公称)} \leqslant 200$	32	36	44	52	60	72
	$l_{(公称)} > 200$	45	49	57	65	73	85
$S_{(公称)}$		16	18	24	30	36	45
$K_{(公称)}$		6.4	7.5	10	12.5	15	18.7
$e_{(最大)}$	A	17.77	20.03	26.75	33.53	39.98	—
	B	17.59	19.85	26.17	32.95	39.55	50.85
$d_{w(最小)}$	A	14.63	16.63	22.49	28.19	33.61	—
	B	14.47	16.47	22	27.7	33.25	42.75
$c_{(最大)}$		0.6	0.6	0.8	0.8	0.8	0.8
l(范围)		45～100	50～120	65～160	80～200	90～240	110～300
$l_{(公称)}$	12、16、20～70(5 进位)80～160(10 进位)、180～500(20 进位)						
等长双头螺柱							
b	32	36	44	52	60	72	32
$l_{(范围)}$	40～300	50～300	60～300	70～300	90～300	120～400	40～300
$l_{(公称)}$	40、45、50(55)、60、(65)、70、(75)、80、(85)、90、(95)、100、110、120、130、140、150、160、170、180、190、200、(210)、220、(230)、(240)、250、(260)、300						
Ⅰ型六角头螺母							
$e_{(最小)}$	17.8	20	26.8	33	39.6	50.9	17.8
$s_{(公称)}$	16	18	24	30	36	46	16
$m_{(最大)}$	8.4	10.8	14.8	18	21.5	25.6	8.4

附表 10　工艺流程图中设备图例(摘自 HG/T 20519.2—2009)

设备类型	代号	图例	设备类型	代号	图例
塔	T	填料塔　板式塔　喷洒塔	换热器	E	固定管板式列管换热器　U形管式换热器　浮头式列管换热器 板式换热器　翅片管换热器　喷淋式冷却器
容器	V	卧式容器　蝶形封头容器　球罐 锥形罐　平顶容器　(地下/半地下)池、坑、槽	泵	P	离心泵　液下泵　齿轮泵 螺杆泵　往复泵　喷射泵

续表

设备类型	代号	图例	设备类型	代号	图例
反应器	R	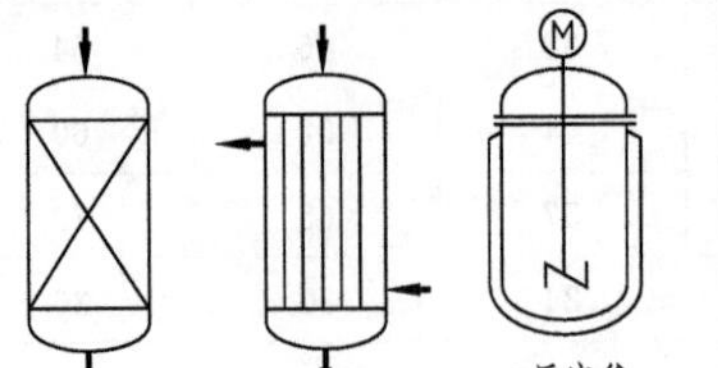 固定床反应器　列管式反应器　反应釜（开式、带搅拌、夹套）	压缩机	C	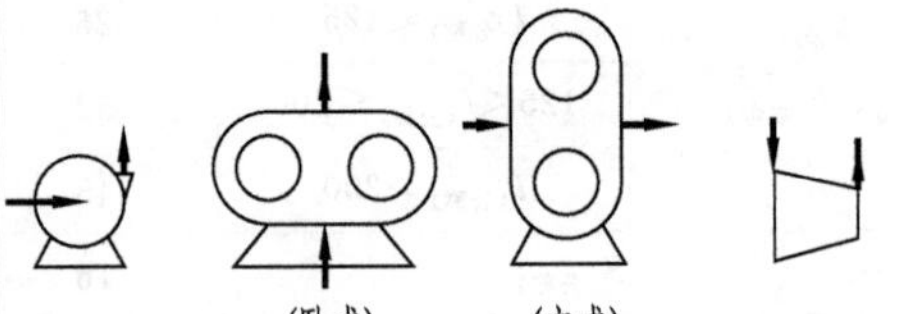 鼓风机　旋转式压缩机（卧式）（立式）　离心式压缩机
工业炉	F	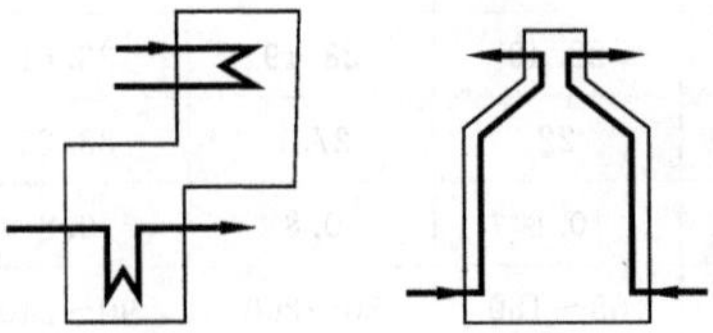 箱式炉　圆筒炉	火炬烟囱	S	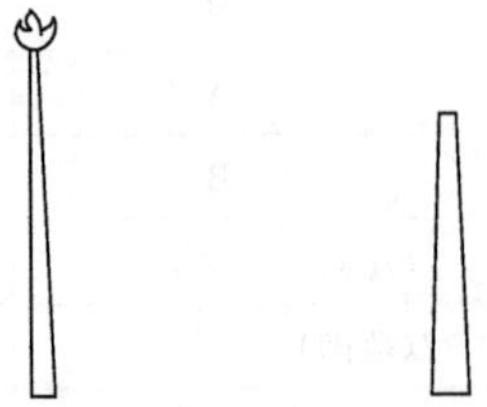 火炬　烟筒
其他机械	M	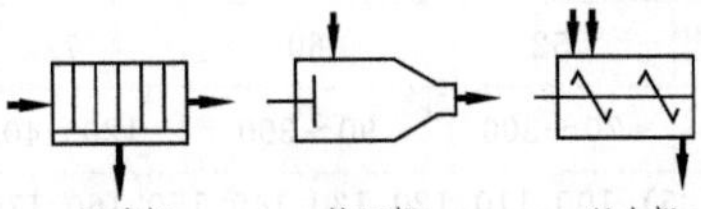 压滤机　挤压机　混合机	动力机	—	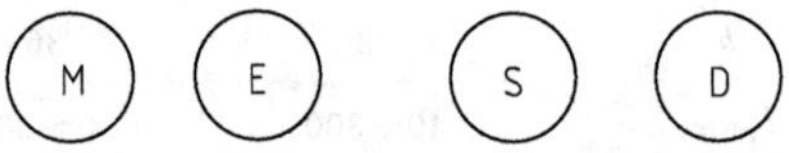 M 电动机　E 内燃机、燃气机　S 汽轮机　D 其他动力机

参考文献

[1] 金大鹰. 机械制图. 第4版. 北京：机械工业出版社， 2016.
[2] 钱可强. 机械制图. 第4版. 北京：高等教育出版社， 2014.
[3] 胡建生. 化工制图. 第4版. 北京：化学工业出版社， 2018.
[4] 林大钧. 简明化工制图. 第3版. 北京：化学工业出版社， 2016.
[5] 严竹生. 化工制图. 北京：化学工业出版社， 2016.
[6] 陆英. 化工制图. 北京：高等教育出版社， 2017.
[7] 董振珂. 化工制图. 第3版. 北京：化学工业出版社， 2020.
[8] 邢锋芝. 化工制图与CAD. 北京：天津大学出版社， 2012.
[9] 张立军. 化工制图. 北京：化学工业出版社， 2019.
[10] 周大军. 化工工艺制图. 北京：化学工业出版社， 2016.
[11] 张慧. 化工制图. 北京：北京理工大学出版社， 2016.